创新型职业教育精品教材

互联网+教育改革新理念教材

应用高等数学

主审　富伯亭　郭　丽

主编　杨　莉　郑俊艳　郭二芳

内容提要

本书结合职业院校教学现状及发展趋势，以“必需、够用”为原则，全面、系统地介绍了高等数学基础知识，内容共分为 5 章，主要包括函数、导数与微分、积分、线性代数初步、简单线性规划及其应用。

本书结构编排合理，内容深入浅出，语言通俗易懂，并配有许多数学建模及案例，融入 MATLAB 软件求解、作图等内容，集实用性、指导性、操作性于一体，可作为职业院校各专业学生的高等数学教材。

图书在版编目（CIP）数据

应用高等数学 / 杨莉，郑俊艳，郭二芳主编. -- 上海 : 上海交通大学出版社，2023.10
ISBN 978-7-313-29245-2

Ⅰ. ①应… Ⅱ. ①杨… ②郑… ③郭… Ⅲ. ①高等数学－高等学校－教材 Ⅳ. ①013

中国国家版本馆 CIP 数据核字(2023)第 148976 号

应用高等数学
YINGYONG GAODENG SHUXUE

主　　编：杨　莉　郑俊艳　郭二芳
出版发行：上海交通大学出版社　　地　　址：上海市番禺路 951 号
邮政编码：200030　　电　　话：021-64071208
印　　制：三河市祥达印刷包装有限公司　　经　　销：全国新华书店
开　　本：787 mm×1092 mm　1/16　　印　　张：14
字　　数：282 千字
版　　次：2023 年 10 月第 1 版　　印　　次：2023 年 10 月第 1 次印刷
书　　号：ISBN 978-7-313-29245-2　　电子书号：ISBN 978-7-89424-445-1
定　　价：49.80 元

前言 PREFACE

近年来，我国科学技术飞速发展，数学作为一门基础学科在其中发挥了重要作用．同时数学学科也在不断地发展和完善，这主要体现在两个方面：一方面，数学的分支学科越来越细化；另一方面，数学与其他学科的融合也越来越深入．可以说，数学思想和方法在各行各业的应用无处不在．

职业教育承担着培养高素质技能型人才的重任，因此在职业院校开展数学教育就显得尤为重要．为此，我们根据多年一线教学的实践经验，以“必需、够用”为原则，精心编写了本书，旨在培养学生良好的思维能力、创新能力和学习能力，提高学生运用数学工具解决实际问题的能力，并为学生学习后续专业课程打下坚实基础．

一、本书内容

本书共分为5章内容，具体如下．

（1）第 1 章为函数，主要介绍了函数的概念、函数的基本性质、几类常见函数，以及极限的概念和函数连续性．

（2）第 2 章为导数与微分，主要介绍了导数的定义、导数的几何意义、可导与连续的关系，以及导数的基本公式与求导法则、导数的应用、微分及其应用．

（3）第 3 章为积分，主要介绍了不定积分的概念和性质、基本积分公式、换元积分法、分部积分法，以及定积分的概念和性质、计算、应用．

（4）第 4 章为线性代数初步，主要介绍了矩阵的概念及运算、矩阵的初等变换．

（5）第 5 章为简单线性规划及其应用，主要介绍了线性规划问题和线性规划案例应用．

二、本书特色

具体来讲，本书具有如下特色.

1. 铸魂育人，润物无声

党的二十大报告指出："育人的根本在于立德." 本书有机融入党的二十大精神，积极贯彻"价值塑造、能力培养、知识传授"三位一体的育人理念，将素质教育潜移默化地融入教学过程. 例如，书中添加了"数学文化""思想火炬"等栏目，介绍与本章内容相关的数学文化和数学思想，展现数学的魅力和奥妙，可拓宽学生的视野，增强学生的创新意识、民族自豪感和使命感.

2. 引例先行，便于理解

本书告别了传统的、直接给出数学定义、定理和性质的讲解方式，将生活中的实际问题作为引例，通过对引例进行分析和研究，自然地引出理论知识，让学生了解这些知识的背景与现实意义，便于学生理解和掌握理论知识.

3. 化繁为简，易学易懂

编者在仔细研究高等数学知识体系的基础上，结合实际教学经验，摒弃了过于复杂的论证及说明过程，在保证知识严谨性的同时，给出最直接、清晰、简洁的定义、定理和性质，让学生更易识记.

4. 数学建模，注重实用

本书在每节都精心设计了相关知识点的数学建模案例，以体现数学知识在各领域的广泛应用，提升学生综合运用所学知识分析、解决实际问题的能力，锻炼学生的工作思维和实践技能，帮助学生更快地适应企业.

5. 软件助力，与时俱进

随着科学技术的发展，计算机的应用越来越广泛，数学计算软件也日臻完善. 为了适应发展，本书的每道例题后面都附有利用 MATLAB 软件进行计算的过程，旨在培养学生利用数学计算软件解决数学问题的能力.

6. 巧设模块，助力学习

本书设有丰富多样的模块，如"注意""学以致用""知识宝典"等，可以丰富学生知识面，拓宽学生思维，活跃课堂气氛，减轻学生学习负担.

7. 精选习题，巩固知识

本书在每节后精心设置了大量习题，同时在每章结束前设置了综合复习题，习题难度适中且不超纲，考查的知识点覆盖相应的教学内容，可以帮助学生检验学习效果、巩固所学知识.

8. 平台支撑，资源丰富

本书将“互联网+”思维融入教材. 读者可以借助手机或其他移动设备扫描二维码观看微课视频，也可登录文旌综合教育平台“文旌课堂”查看和下载本书配套资源，如优质课件等. 读者在学习过程中有任何疑问，都可以登录该平台寻求帮助.

此外，本书还提供了在线题库，支持“教学作业，一键发布”，教师只需要通过微信或“文旌课堂”App 扫描扉页二维码，即可迅速选题、一键发布、智能批改，并查看学生的作业分析报告，从而提高教学效率、提升教学体验. 学生可在线完成作业，巩固所学知识，提高学习效率.

本书由富伯亭、郭丽担任主审，杨莉、郑俊艳、郭二芳担任主编，张洪红、李伟担任副主编，关菲、邹建明、王欢、王萍参与编写. 具体分工：富伯亭负责本书的整体策划，郭丽负责本书的统筹工作，杨莉编写第 2 章，郑俊艳编写第 1 章，郭二芳编写第 5 章，李伟编写第 3 章，关菲编写第 4 章，邹建明、王欢负责整本书的版式策划工作，张洪红、王萍负责整本书的校对修改工作.

由于编者水平有限，本书存在的欠缺和不妥之处，欢迎广大读者不吝赐教，提出宝贵意见，以便我们进行修订和完善.

本书配套资源下载网址和联系方式

网址：https://www.wenjingketang.com

电话：4001179835

邮箱：book@wenjingketang.com

片 头

目录 CONTENTS

第1章 函数

本章寄语

初等数学主要研究的对象为常量与匀变量，以静止的观点研究问题．应用高等数学主要研究的对象为非匀变量，运用以直代曲、以不变代变的方法研究问题．在本章中，函数是研究对象，极限是研究方法，连续是研究桥梁，这些内容可为后续的学习奠定基础，特别是函数在各领域中的实际应用．

1.1 函数

知识目标

（1）了解函数的概念、数学建模知识．

（2）熟悉函数的基本性质、基本函数运算的 MATLAB 命令及调用格式．

（3）掌握函数的表示法、复合函数的复合过程．

能力目标

（1）能正确运用函数的概念和性质，结合函数表示法建立简单应用问题中的函数关系式．

（2）能解决与生活或专业有关的简单实际问题．

素质目标

（1）培养认真思考问题、科学分析问题和理性处理问题的习惯．

（2）培养“理论是实践的基础，实践是理论的延伸”意识．

1.1.1 函数的概念

引例 1 2022 年 11 月 30 日 7 时 33 分，“神舟十五号”3 名航天员顺利进驻中国空间站，与“神舟十四号”航天员乘组首次实现“太空会师”. 为纪念这一重要时刻，某平台购进一批神舟飞船模型，每个模型定价 69 元，那么卖出 x 个模型所得销售额是多少？

【分析】卖出 1 个神舟飞船模型，销售额是 69 元；卖出 2 个，销售额是 2×69 元，卖出 3 个，销售额是 3×69 元；……；卖出 x 个，销售额是 $69x$ 元. 即在集合 $A=\{0,1,2,3,4,\cdots\}$ 中任取一值，按照乘以 69 的法则，在集合 $B=\{0,69,138,207,276,\cdots\}$ 中有唯一一个值与它对应. 如果用 x 表示 A 中的任一值，y 表示 B 中相对应的值，那么 $y=69x$ 反映了销售量 x 与销售额 y 之间的函数关系.

函数概念、性质与常见函数

1. 函数的定义

定义 1 设有两个变量 x 和 y，当变量 x 在非空数集 D 内取某一数值时，按照某种对应法则 f，有唯一确定的数值 y 与之对应，则称变量 y 为变量 x 的函数，记为 $y=f(x)$，$x\in D$. 其中，D 称为函数的**定义域**，x 称为**自变量**，y 称为**函数**（或**因变量**）.

当自变量 x 取数 $x_0\in D$ 时，通过对应法则 f，与 x_0 对应的因变量 y 的值称为函数 $y=f(x)$ 在 x_0 处的函数值，记为 $f(x_0)$ 或 $y\big|_{x=x_0}$. 当 x_0 取遍 D 内的各个数值时，对应 y 值的全体组成的数集称为函数的**值域**，记作 M，如图 1-1 所示.

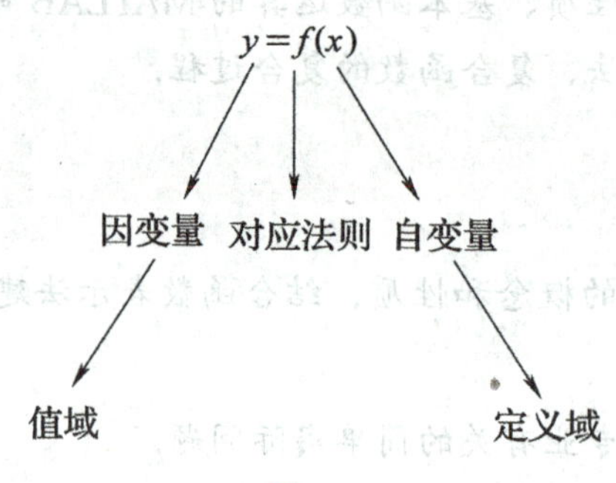

图 1-1

2. 函数的表示法

函数通常有以下三种表示法.

（1）**解析法**：用数学式子表示两个变量之间的函数关系. 优点：能简明、准确、清

楚地表示出函数与自变量之间的数量关系．缺点：求对应值时往往要经过较复杂的运算，而且在实际问题中，有的函数关系不一定能用数学式子表示出来．

（2）**图形法：**用图形表示两个变量之间的函数关系．优点：通过函数图形可以直观、形象地把函数关系表示出来．缺点：从图形观察得到的数量关系是近似的．注：所有函数都有图形，但并不是所有图形都与函数对应．

（3）**列表法：**用列表的方法来表示两个变量之间的函数关系．优点：通过表格中已知自变量的值，可以直接读出与之对应的函数值．缺点：只能列出部分自变量与函数值，难以反映函数的全貌．

例 1 求下列函数的函数值．

（1）设函数 $f(x)=x^2+5x-2$，求 $f(2)$，$f(3a)$．

（2）设函数 $f(x)=x^2+\sqrt{x-1}$，求 $f(2)$，$f(b+1)$．

解 （1）因为 $f(x)$ 的对应法则为 x^2+5x-2，所以

$$f(2)=2^2+5\times2-2=12,\quad f(3a)=(3a)^2+5\times(3a)-2=9a^2+15a-2.$$

（2）因为 $f(x)$ 的对应法则为 $x^2+\sqrt{x-1}$，所以

$$f(2)=2^2+\sqrt{2-1}=5,\quad f(b+1)=(b+1)^2+\sqrt{(b+1)-1}=b^2+2b+\sqrt{b}+1.$$

利用 MATLAB 求解函数值

（1）

```
命令行窗口
>> syms x a
>> y=x^2+5*x-2;
>> y1=subs(y,2)

y1 =

12

>> y2=subs(y,3*a)

y2 =

9*a^2 + 15*a - 2
```

（2）

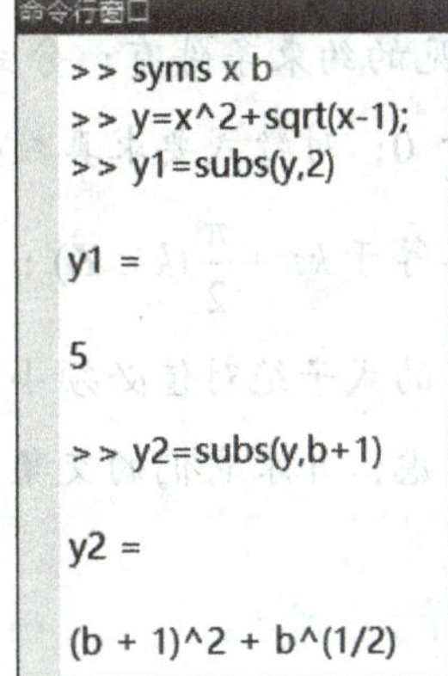

例 2 求下列函数的定义域．

（1）$y=\dfrac{3x}{x^2-x}$．

（2）$y=\sqrt{x^2+5x-6}$．

解 （1）因为 $x^2-x\neq 0$，解得 $x\neq 0$ 且 $x\neq 1$，所以所求的定义域为

$$(-\infty,0)\cup(0,1)\cup(1,+\infty).$$

（2）因为 $x^2+5x-6\geqslant 0$，解得 $x\geqslant 1$ 或 $x\leqslant -6$，所以所求的定义域为

$$(-\infty,-6]\cup[1,+\infty).$$

利用 MATLAB 求解方程

（1）

```
命令行窗口
>> syms x
>> solve(x^2-x==0)

ans =

 0
 1
```

（2）

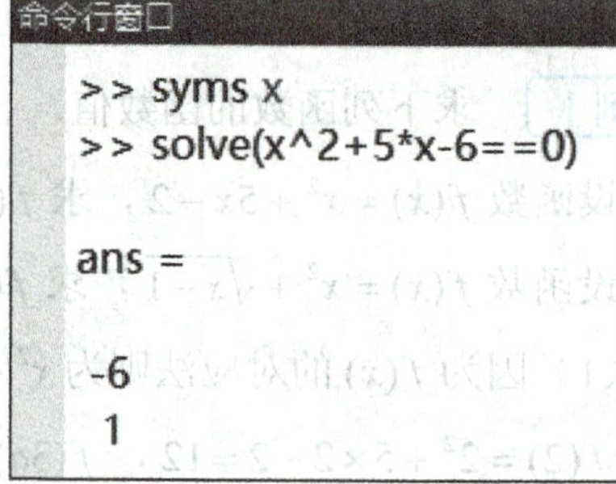

注意

（1）函数的定义域一般用区间或集合来表示．在实际应用问题中，除了要根据函数关系式本身来确定自变量的取值范围外，还要考虑自变量的实际意义．

（2）常见的约束条件有：分式要求分母必须不等于零；偶次根式要求被开方式必须大于或等于 0；对数式要求真数必须大于零，底必须大于零且不等于 1；正切符号下的式子必须不等于 $k\pi+\frac{\pi}{2}(k\in\mathbf{Z})$；余切符号下的式子必须不等于 $k\pi(k\in\mathbf{Z})$；反正弦、反余弦符号下的式子绝对值必须小于或等于 1．如果函数关系式中同时有以上几种情况，则必须同时考虑，并求它们的交集．

3．函数的三要素

函数的定义域、对应法则、值域称为函数的三要素．如果两个函数的定义域与对应法则一致，则这两个函数是同一函数．

例 3 判断下列两组函数是否为同一函数．

（1）$f(x)=\sqrt{x^2}$ 与 $g(x)=|x|$．　　（2）$f(x)=x+1$ 与 $g(x)=\dfrac{x^2-1}{x-1}$．

解　(1) 虽然函数 $f(x)=\sqrt{x^2}$ 与 $g(x)=|x|$ 的表示形式不同，但二者的定义域与对应法则一致，故它们是同一函数.

(2) 虽然函数 $f(x)=x+1$ 与 $g(x)=\dfrac{x^2-1}{x-1}$ 化简后的表示形式相同，但 $f(x)$ 的定义域为 **R**，$g(x)$ 的定义域为 $(-\infty,1)\cup(1,+\infty)$，二者定义域不同，故它们不是同一函数.

1.1.2　函数的基本性质

1. 单调性

定义 2　设函数 $y=f(x)$ 在区间 (a,b) 内有定义，如果对于区间 (a,b) 内的任意两点 x_1,x_2，当 $x_1<x_2$ 时，都有 $f(x_1)<f(x_2)$（或 $f(x_1)>f(x_2)$）成立，则称函数 $y=f(x)$ 在区间 (a,b) 内是单调递增（或单调递减）的，并称区间 (a,b) 为单调递增区间（或单调递减区间）.

单调递增和单调递减的函数统称为单调函数，单调递增区间和单调递减区间统称为单调区间. 从图形上看，单调递增就是从左往右图形上升，如图 1-2（a）所示；单调递减则是从左往右图形下降，如图 1-2（b）所示.

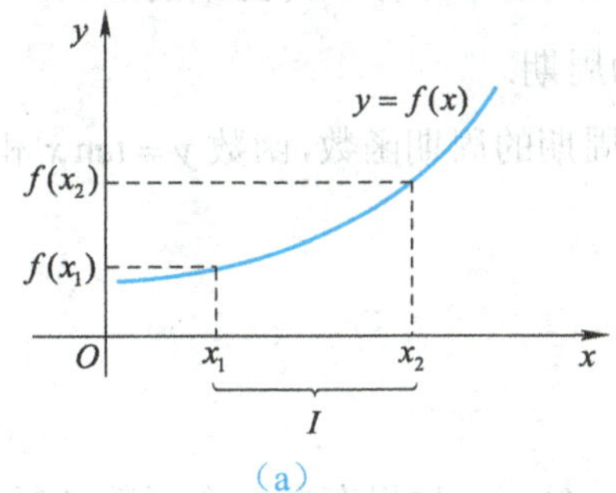

(a)

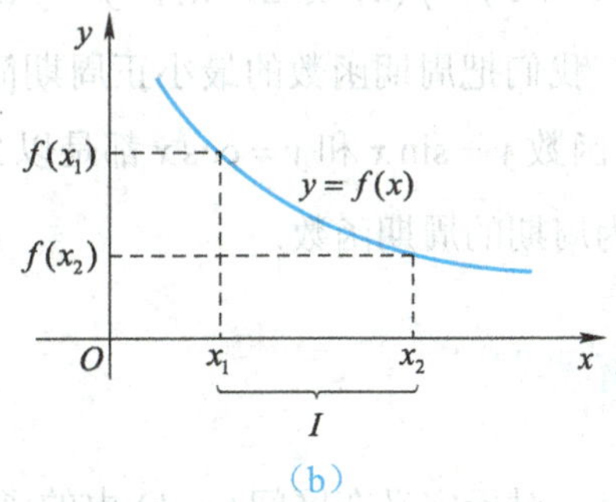

(b)

图 1-2

注意

单调性是函数的局部性质，其与区间是紧密联系的. 例如，函数 $f(x)=x^2$ 在区间 $(-\infty,0]$ 内是单调递减的，在区间 $[0,+\infty)$ 内是单调递增的，但在整个定义域内不具有单调性.

2. 奇偶性

定义 3 设函数 $f(x)$ 的定义域 (a,b) 关于原点对称，如果对于任一 $x\in(a,b)$，都有 $f(-x)=-f(x)$ 成立，则称函数 $f(x)$ 在区间 (a,b) 内是奇函数；如果对于任一 $x\in(a,b)$，都有 $f(-x)=f(x)$ 成立，则称函数 $f(x)$ 在区间 (a,b) 内是偶函数.

奇函数图形关于原点对称，如图 1-3（a）所示；偶函数图形关于 y 轴对称，如图 1-3（b）所示.

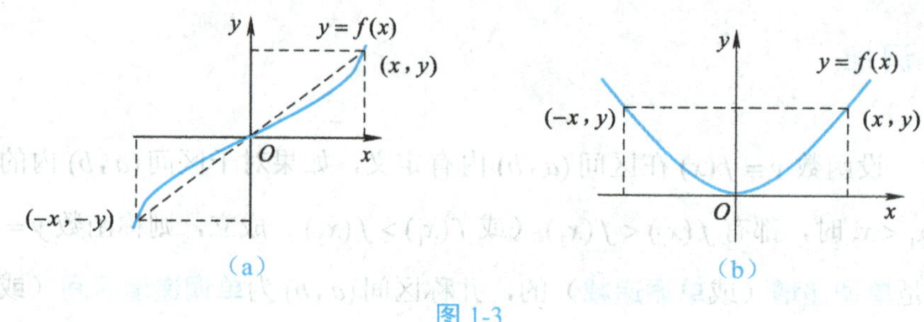

图 1-3

3. 周期性

定义 4 对于函数 $y=f(x)$，如果存在一个常数 $T\ (T\neq 0)$，使得对于其定义域内的所有 x，都有 $f(x+T)=f(x)$ 成立，则称 $y=f(x)$ 是周期函数，称 T 为函数的周期.

通常，我们把周期函数的最小正周期简称为周期.

例如，函数 $y=\sin x$ 和 $y=\cos x$ 都是以 2π 为周期的周期函数，函数 $y=\tan x$ 和 $y=\cot x$ 都是以 π 为周期的周期函数.

4. 有界性

定义 5 对于定义在区间 (a,b) 内的函数 $y=f(x)$，如果存在一个正数 M，使得对于区间 (a,b) 内的所有 x，都有 $|f(x)|\leqslant M$ 成立，则称 $y=f(x)$ 在 (a,b) 内是有界的. 如果 M 不存在，则称 $y=f(x)$ 在区间 (a,b) 内是无界的.

对于任一 $x\in(-\infty,+\infty)$，都有 $|\sin x|\leqslant 1$，所以 $y=\sin x$ 在区间 $(-\infty,+\infty)$ 内是有界的.

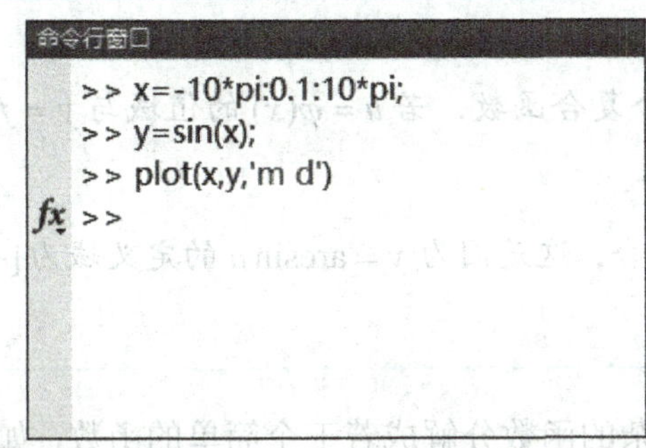

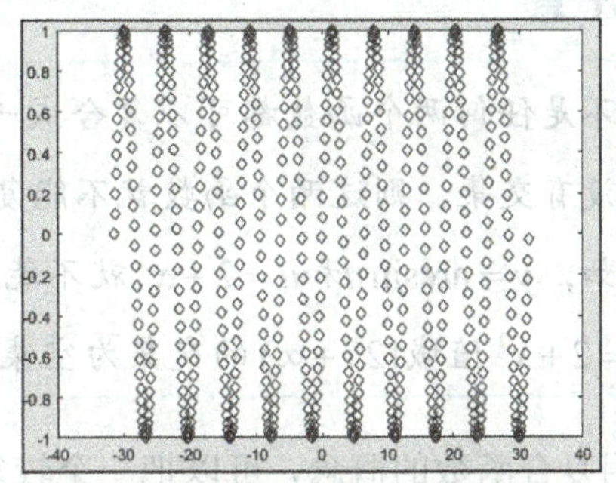

函数 $y=\frac{1}{x}$ 在区间 $(0,1)$ 内是无界的，因为不存在这样的正数 M，使得对于 $(0,1)$ 内的所有 x，都有 $\left|\frac{1}{x}\right| \leqslant M$ 成立.

利用 MATLAB 绘制 $y=\frac{1}{x}$ 图形

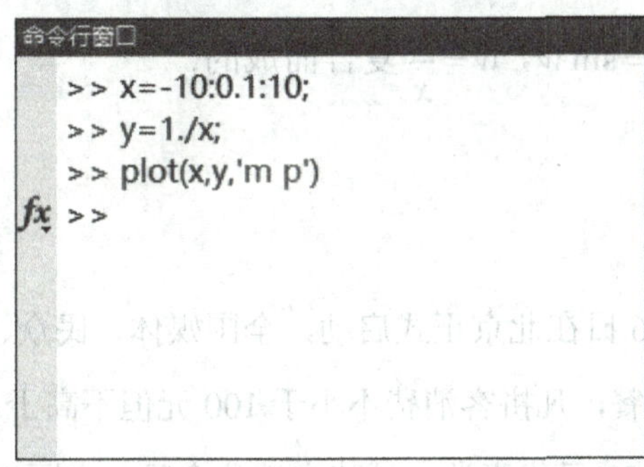

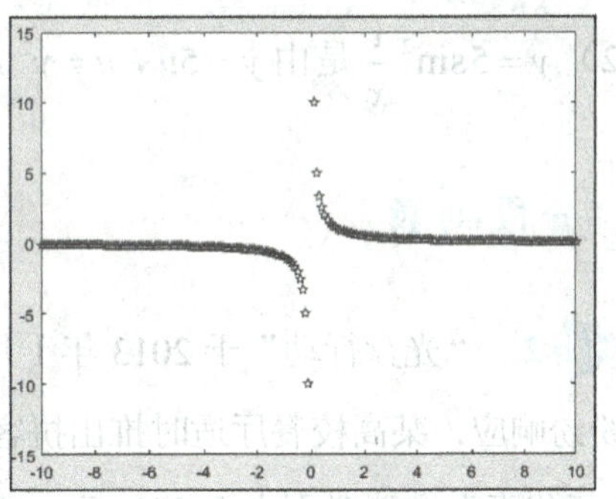

1.1.3 几类常见函数

1. 复合函数

定义 6 设 y 是 u 的函数 $y=f(u)$，u 是 x 的函数 $u=\varphi(x)$，若 $u=\varphi(x)$ 的值域与 $y=f(u)$ 的定义域的交集不是空集，则 y 通过变量 u 所形成的新函数 $y=f[\varphi(x)]$ 称为 x 的**复合函数**，其中 u 称为**中间变量**.

例如，由 $y=u^2$，$u=\cos x$ 复合而成的复合函数为 $y=\cos^2 x$.

注意

并不是任何两个函数都可以复合成一个复合函数．若$u=\varphi(x)$的值域与$y=f(u)$的定义域没有交集，则这两个函数就不能复合．

例如，$y=\arcsin u$和$u=2+x^2$就不能复合，这是因为$y=\arcsin u$的定义域为$[-1,1]$，它与$u=2+x^2$值域$[2,+\infty)$的交集为空集．

利用复合函数的概念，可以把一个较复杂的函数分解成若干个简单的函数，如基本初等函数或由常数与基本初等函数经过有限次四则运算后形成的函数．将复合函数进行分解的原则：由外向里，逐层分解．

例 4 写出下列函数的复合过程．

（1）$y=(3+2x)^2$．　　（2）$y=5\sin^2\dfrac{1}{x}$．

解 （1）$y=(3+2x)^2$是由$y=u^2$，$u=3+2x$复合而成的．

（2）$y=5\sin^2\dfrac{1}{x}$是由$y=5u$，$u=v^2$，$v=\sin w$，$w=\dfrac{1}{x}$复合而成的．

2．分段函数

引例 2 “光盘行动”于2013年1月16日在北京正式启动，全国媒体、民众、餐厅、院校等纷纷响应．某高校餐厅适时推出拼客套餐，凡拼客消费不小于100元但不高于200元，可获30元优惠券；消费不小于200元，可获50元优惠券．试建立消费金额与实际支付金额的函数关系．

解 设消费金额为x元时，实际支付金额为y元，则可建立如下函数表达式：

$$y=\begin{cases}x, & 0<x<100,\\ x-30, & 100\leqslant x<200,\\ x-50, & x\geqslant 200.\end{cases}$$

引例中，函数在自变量不同的取值范围内是用不同的数学式子来表示的．像上述函数这样，在其定义域内，当自变量在不同的范围内取值时，需要用不同的数学式子来表示，这类函数称为分段函数．

注意

（1）分段函数是用几个数学式子表示一个函数，而不是表示几个函数.

（2）分段函数的定义域是各段自变量取值集合的并集.

（3）求分段函数的函数值时，应先确定自变量取值所在的范围，再按照相应的数学式子进行计算.

例 5　设函数 $f(x)=\begin{cases}2x+1, & -2<x\leqslant 1,\\ x^2, & 1<x<4,\end{cases}$ 求 $f(1), f(2)$.

解　$f(1)=2\times 1+1=3$，$f(2)=2^2=4$.

利用 MATLAB 求解

编辑器 - C:\Program Files\MATLAB\R2016b\bin\untitled.m

untitled.m

```
function[output_args]=untitled(input_args)
x=input('请输入x的值：')
if -2<x&x<=1
    f=2*x+1;
else
    f=x^2;
end
f
```

命令行窗口

```
>> untitled
请输入x的值：1

x =

    1


f =

    3
```

命令行窗口

```
>> untitled
请输入x的值：2

x =

    2


f =

    4
```

3. 基本初等函数

我们以前学过以下几类函数.

常数函数：$y=C$（C为常数）.

幂函数：$y=x^a$（a为常数）.

指数函数：$y=a^x$（$a>0$，$a\neq 1$，a为常数）.

对数函数：$y=\log_a x$（$a>0$，$a\neq 1$，a为常数）.

三角函数：$y=\sin x$，$y=\cos x$，$y=\tan x$，$y=\cot x$，$y=\sec x$，$y=\csc x$.

反三角函数：$y=\arcsin x$，$y=\arccos x$，$y=\arctan x$，$y=\operatorname{arccot} x$.

这六类函数统称为基本初等函数. 由基本初等函数经过有限次四则运算和有限次复合而成，并可以用一个式子表示的函数称为初等函数. 初等函数以外的函数称为非初等函数.

例如，$y=\ln\cos x$ 和 $y=\sqrt{\ln 5x+3^x+\sin^2 x}$ 等都是初等函数，而符号函数

$$y=\operatorname{sgn} x=\begin{cases}1, & x>0,\\ 0, & x=0,\\ -1, & x<0\end{cases}$$ 是非初等函数.

1.1.4 数学建模简介

著名科学家钱学森教授说："信息时代高技术的竞争本质上是数学技术的竞争."换言之，高技术发展的关键是数学技术的发展，而数学技术与高技术结合的关键就是数学建模. 数学建模所涉及的问题都是现实生活中的实际问题，其范围广、学科多，包括工业、农业、医学、生物学、政治、经济、军事、社会、管理、信息技术等方面，也可以说数学建模无处不在.

例如，每个人都有过下雨天没有带伞被淋雨的经历，遇到这种情况时，大多数人为了少淋雨会选择赶紧奔跑，那么雨中奔跑真的能让全身少淋雨吗？

通过运用数学知识，综合分析当时的风向、风速等因素，建立数学模型，然后分析、求解，会准确得出：当雨垂直落下或迎面吹来时，跑的速度越快淋雨越少；当雨从背面吹来时，人跑的速度大于等于雨速的水平分量且人体与雨线小于一定夹角时，跑的速度越快淋雨越少.

习题 1.1

1. 设 $f(x)=\begin{cases}x^2+1, & x>0, \\ \sin x, & x\leqslant 0,\end{cases}$ 求 $f\left(-\dfrac{\pi}{2}\right)$，$f(0)$，$f\left(\dfrac{1}{2}\right)$.

2. 函数 $y=\dfrac{\sqrt{x+1}}{x-1}$ 的定义域为________________.

3. 由函数 $y=\mathrm{e}^u$，$u=\sin v$，$v=2^x$ 复合而成的函数为__________.

4. 函数 $y=\ln\sin\mathrm{e}^x$ 是由________________函数复合而成的.

5. 某酒店有 200 间房间，如果房间定价每间不超过 40 元时，则可全部预订出去；如果每间定价高出 1 元，则会少预订出去 4 间. 设房间预订后的服务折旧等成本费用为每间 8 元，试建立酒店一天的利润 L 与房间定价 p 之间的关系.

1.2 极限的概念

知识目标

(1) 了解函数极限的概念、无穷大与无穷小的含义.

(2) 熟悉函数极限的性质、无穷大与无穷小的性质.

(3) 掌握极限的四则运算法则、两个重要极限数学模型及其特点.

能力目标

(1) 能运用极限的四则运算法则、两个重要极限数学模型特点、无穷大与无穷小的性质求解函数的极限.

(2) 能运用极限思想解决实际问题.

(3) 逐步具备动手操作的实践能力和应用软件解决问题的能力.

素质目标

(1) 树立量变与质变的辩证思维意识.

(2) 培养耐心、细心、规范书写的基本素养.

在古希腊、古埃及和古代中国的大量书籍中，均有极限思想的体现，下面介绍其中两个典型的例子.

引例 1 （无穷等比数列）我国春秋战国时期的哲学家庄子在《庄子·天下篇》中提到“一尺之棰，日取其半，万世不竭”，其中隐含着一个无穷等比数列，即

$$1, \frac{1}{2}, \frac{1}{4}, \cdots, \frac{1}{2^n}, \cdots.$$

若将此数列中的各项对应到数轴上，可直观地看出，当n无限增大时，点$\frac{1}{2^n}$无限接近于原点，说明数列的项$\frac{1}{2^n}$无限接近于常数0，这就体现了极限思想.

引例 2 （割圆术）我国魏晋时期的数学家刘徽在《九章算术注》中提到“割之弥细，所失弥少．割之又割，以至于不可割，则与圆周合体而无所失矣”，这就是所谓的割圆术．割圆术的思路是从圆内接正六边形开始分割圆周，边数n逐次倍增，随着边数n的无限增大，正n边形的周长越来越接近于圆的周长，正n边形的面积也越来越接近于圆的面积．割圆术也体现了极限思想.

极限是研究函数的一种最基本的方法，它是研究函数变量变化趋势的基本工具．高等数学中的诸多基本概念（如连续、导数、定积分等）都是建立在极限思想的基础上的.

1.2.1 函数的极限

在自变量x的某个变化过程中，如果对应的函数值$f(x)$无限接近于某个确定的常数A，则称A为自变量x在该变化过程中函数$f(x)$的**极限**.

极限的概念与性质

显然，极限A是与自变量x的变化过程紧密相关的，下面我们分类讨论.

1. 自变量趋于无穷大时函数的极限

定义 1 设函数$f(x)$在自变量x的绝对值大于某一正数时有定义，如果当$|x|$无限增大时，相应的的函数值$f(x)$无限接近于常数A，则称A为函数$f(x)$当$x\to\infty$时的极限，记为

$$\lim_{x\to\infty} f(x)=A \text{ 或 } f(x)\to A\ (x\to\infty).$$

如果当自变量 x 只取正值且无限增大（或只取负值且无限减小）时，函数 $f(x)$ 无限接近于常数 A，则称 A 为函数 $f(x)$ 当 $x\to+\infty$（或 $x\to-\infty$）时的极限，记为

$$\lim_{x\to+\infty} f(x)=A \text{ 或 } \lim_{x\to-\infty} f(x)=A .$$

例如，$\lim\limits_{x\to-\infty}\frac{1}{x}=0$，$\lim\limits_{x\to+\infty}\frac{1}{x}=0$，$\lim\limits_{x\to\infty}\frac{1}{x}=0$.

注意

当 $x\to\infty$ 时，应同时考虑 $x\to-\infty$ 与 $x\to+\infty$.

下面我们看如下定理.

定理 1 $\lim\limits_{x\to\infty} f(x)=A$ 的充要条件是 $\lim\limits_{x\to-\infty} f(x)=\lim\limits_{x\to+\infty} f(x)=A$.

例 1 求极限 $\lim\limits_{x\to\infty}\left(1+\frac{1}{x}\right)$.

解 因为当 x 的绝对值无限增大时，$\frac{1}{x}$ 无限接近于 0，即函数 $1+\frac{1}{x}$ 无限接近于常数 1，所以 $\lim\limits_{x\to\infty}\left(1+\frac{1}{x}\right)=1$.

利用 MATLAB 求解

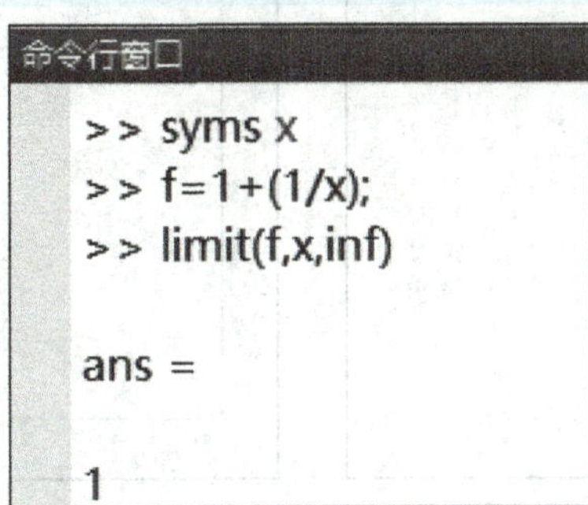

```
命令行窗口
>> syms x
>> f=1+(1/x);
>> limit(f,x,inf)

ans =

1
```

例 2 讨论极限 $\lim\limits_{x\to\infty}\sin x$ 是否存在.

解 观察函数 $y=\sin x$ 的图形易知：当自变量 x 的绝对值无限增大时，对应的函数值 y 在区间 $[-1,1]$ 上振荡，不会无限接近于任何一个确定的常数，所以极限 $\lim\limits_{x\to\infty}\sin x$ 不存在.

利用 MATLAB 绘制 $y=\sin x$ 图形

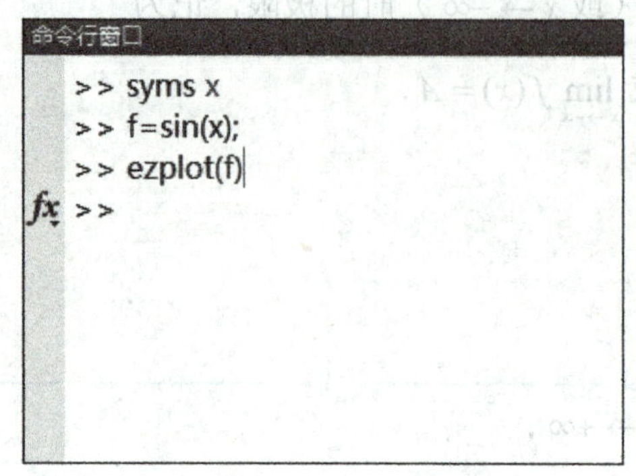

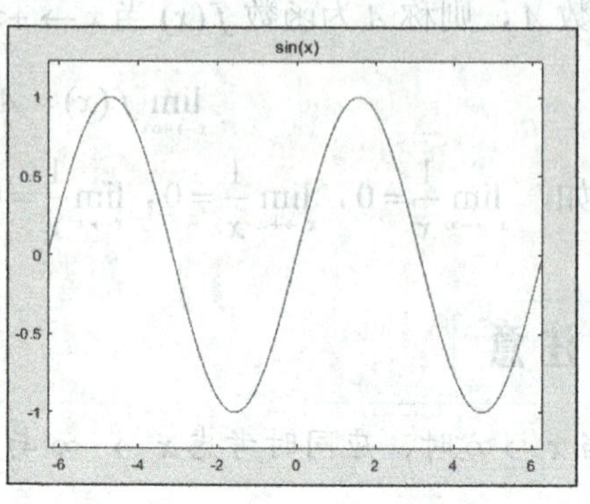

例 3　讨论极限 $\lim\limits_{x\to\infty}\arctan x$ 是否存在.

解　观察函数 $y=\arctan x$ 的图形易知：当 $x\to-\infty$ 时，对应的函数值 y 无限接近于常数 $-\frac{\pi}{2}$；当 $x\to+\infty$ 时，对应的函数值 y 无限接近于常数 $\frac{\pi}{2}$，所以 $\lim\limits_{x\to-\infty}\arctan x=-\frac{\pi}{2}$，$\lim\limits_{x\to+\infty}\arctan x=\frac{\pi}{2}$. 由于 $\lim\limits_{x\to-\infty}\arctan x\neq\lim\limits_{x\to+\infty}\arctan x$，因此极限 $\lim\limits_{x\to\infty}\arctan x$ 不存在.

利用 MATLAB 绘制 $y=\arctan x$ 图形

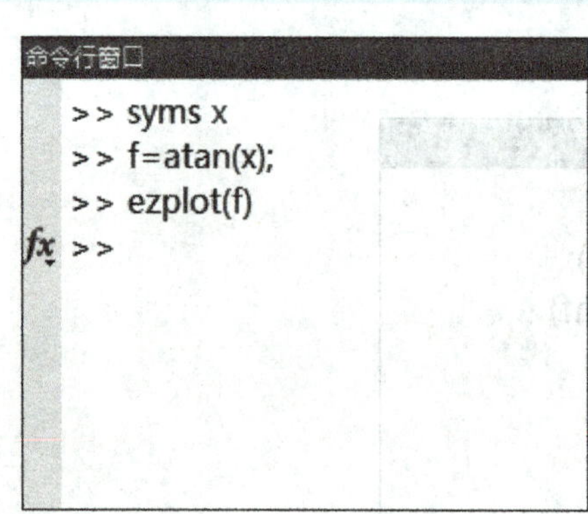

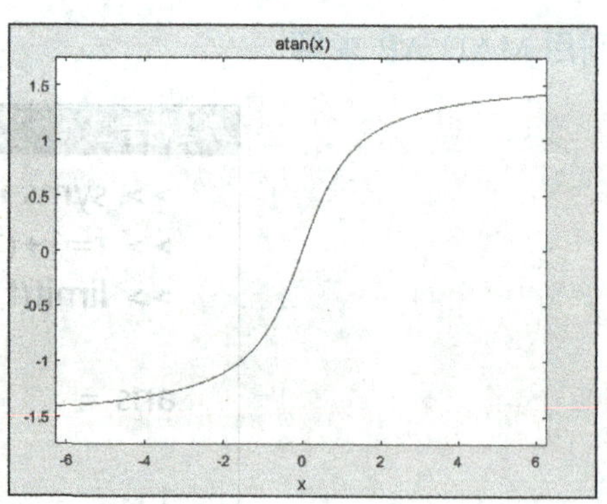

2. 自变量趋于有限值时函数的极限

定义 2　设函数 $f(x)$ 在点 x_0 的附近有定义，如果当 $x\to x_0$ $(x\neq x_0)$ 时，相应的函数值 $f(x)$ 无限接近于常数 A，则称 A 为函数 $f(x)$ 当 $x\to x_0$ 时的**极限**，记为

$$\lim_{x\to x_0}f(x)=A \text{ 或 } f(x)\to A\ (x\to x_0).$$

如果当自变量 x 从 x_0 的左侧（或右侧）趋于 x_0 时，相应的函数值 $f(x)$ 无限接近于常

数 A，则称 A 为函数 $f(x)$ 在点 x_0 处的左极限（或右极限），记为

$$\lim_{x\to x_0^-} f(x)=A\ （或\lim_{x\to x_0^+} f(x)=A\ ）.$$

函数的左极限和右极限统称为单边极限（或单侧极限），$\lim\limits_{x\to x_0} f(x)$ 称为双边极限.

定理 2 $\lim\limits_{x\to x_0} f(x)=A$ 的充要条件是 $\lim\limits_{x\to x_0^-} f(x)=\lim\limits_{x\to x_0^+} f(x)=A$.

例 4 设 $f(x)=\begin{cases}-x，& x<0，\\ 1，& x=0，\\ x，& x>0，\end{cases}$ 求 $\lim\limits_{x\to 0^-} f(x)$，$\lim\limits_{x\to 0^+} f(x)$，并讨论 $\lim\limits_{x\to 0} f(x)$ 是否存在.

解 $\lim\limits_{x\to 0^-} f(x)=\lim\limits_{x\to 0^-}(-x)=0$；$\lim\limits_{x\to 0^+} f(x)=\lim\limits_{x\to 0^+} x=0$，所以 $\lim\limits_{x\to 0} f(x)=0$.

利用 MATLAB 求解

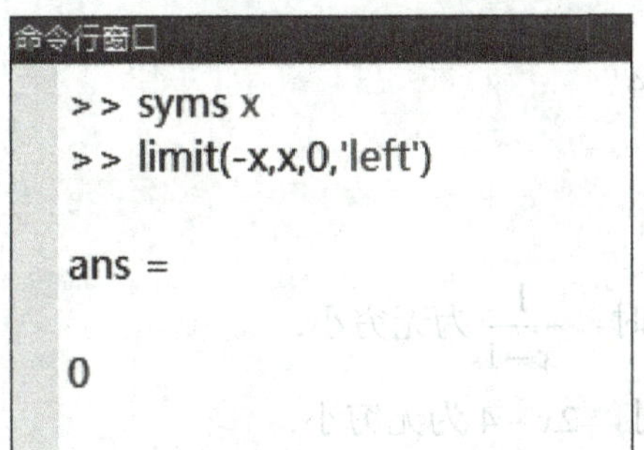

```
命令行窗口
>> syms x
>> limit(-x,x,0,'left')

ans =

0
```

左极限

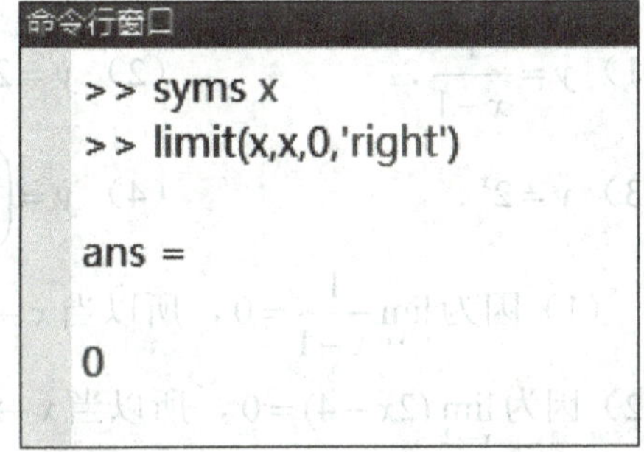

```
命令行窗口
>> syms x
>> limit(x,x,0,'right')

ans =

0
```

右极限

1.2.2 无穷小与无穷大

1. 无穷小

定义 3 如果当 $x\to x_0$（或 $x\to\infty$）时，函数 $f(x)$ 的极限为 0，则称函数 $f(x)$ 为 $x\to x_0$（或 $x\to\infty$）时的无穷小量，简称无穷小，记为 $\lim\limits_{x\to x_0} f(x)=0$（或 $\lim\limits_{x\to\infty} f(x)=0$）.

例如，$\sin x$ 为 $x\to 0$ 时的无穷小；$x-2$ 为 $x\to 2$ 时的无穷小；$\dfrac{1}{x}$ 为 $x\to\infty$ 时的无穷小.

注意

（1）无穷小是以 0 为极限的函数，不能把一个很小的数误以为是无穷小，例如，0.1^{50} 虽然非常小，但它不是以 0 为极限的函数，所以不是无穷小．常数中只有 0 是无穷小．

（2）无穷小与自变量的变化过程有关，不能笼统地说某一个函数是无穷小，必须指出其自变量的变化过程．因为对于同一个函数，在自变量的不同变化过程中，其极限不同．例如，当 $x\to 0$ 时，x 是无穷小；但当 $x\to 1$ 时，x 就不是无穷小．

（3）当 $x\to x_0^+$，$x\to x_0^-$，$x\to +\infty$，$x\to -\infty$ 时，同样可得到相应的无穷小定义．无穷小定义对数列也适用．例如，数列 $\left\{\frac{1}{n}\right\}$ 为 $n\to\infty$ 时的无穷小．

例 5 当变量怎样变化时，下列函数为无穷小？

（1）$y=\frac{1}{x-1}$．　　（2）$y=2x-4$．

（3）$y=2^x$．　　（4）$y=\left(\frac{1}{4}\right)^x$．

解 （1）因为 $\lim\limits_{x\to\infty}\frac{1}{x-1}=0$，所以当 $x\to\infty$ 时，$\frac{1}{x-1}$ 为无穷小．

（2）因为 $\lim\limits_{x\to 2}(2x-4)=0$，所以当 $x\to 2$ 时，$2x-4$ 为无穷小．

（3）因为 $\lim\limits_{x\to -\infty}2^x=0$，所以 $x\to -\infty$ 时，2^x 为无穷小．

（4）因为 $\lim\limits_{x\to +\infty}\left(\frac{1}{4}\right)^x=0$，所以 $x\to +\infty$ 时，$\left(\frac{1}{4}\right)^x$ 为无穷小．

利用 MATLAB 求解

（1）

命令行窗口

```
>> syms x
>> limit(1/(x-1),x,inf)

ans =

0
```

（2）

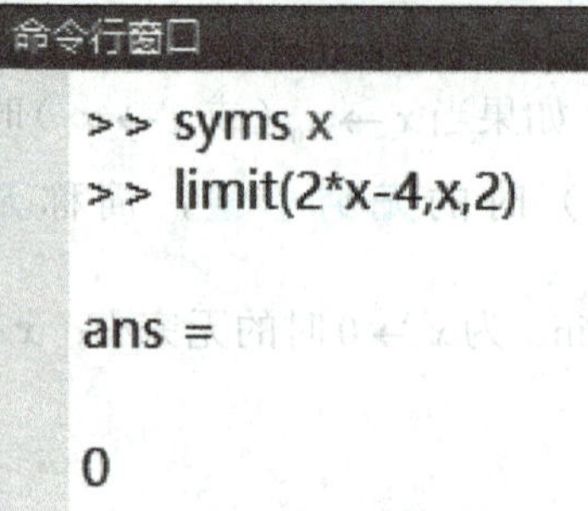

命令行窗口

```
>> syms x
>> limit(2*x-4,x,2)

ans =

0
```

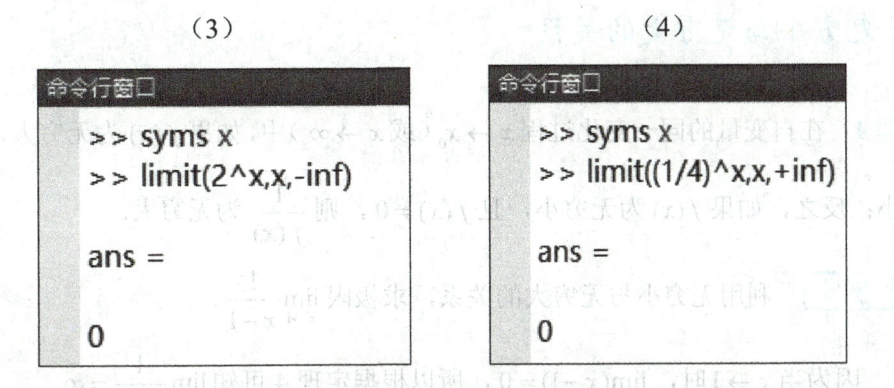

建立了无穷小的概念之后，我们可以找到极限、函数和无穷小的一个关系.

定理 3 函数 $f(x)$ 以 A 为极限的充分必要条件：$f(x)$ 可以表示为 A 与一个无穷小 a 之和，即

$$\lim f(x)=A \Leftrightarrow f(x)=A+a\text{，其中}\lim a=0\text{.}$$

2. 无穷大

定义 4 如果当 $x\to x_0$（或 $x\to\infty$）时，$|f(x)|$ 无限增大，则称函数 $f(x)$ 为 $x\to x_0$（或 $x\to\infty$）时的无穷大量，简称**无穷大**，记为 $\lim\limits_{x\to x_0} f(x)=\infty$（或 $\lim\limits_{x\to\infty} f(x)=\infty$）.

如果在无穷大的定义中，把“$|f(x)|$ 无限增大”换成“$f(x)$（或 $-f(x)$）无限增大”，则记为

$$\lim_{x\to x_0} f(x)=+\infty\text{，}\lim_{x\to\infty} f(x)=+\infty\text{ 或 }\lim_{x\to x_0} f(x)=-\infty\text{，}\lim_{x\to\infty} f(x)=-\infty\text{.}$$

例如，当 $x\to 0$ 时，$\dfrac{1}{x^3}$ 是无穷大；当 $x\to\infty$，x^2 是无穷大.

注意

（1）无穷大是变化的量，无论多么大的数（如 50^{100}）都不能称为无穷大.

（2）按函数极限的定义可知，无穷大的函数极限是不存在的，但为了讨论问题方便，我们也说“函数的极限是无穷大”. 当说某个函数是无穷大时，必须同时指出其自变量的变化过程.

（3）当 $x\to x_0^+$，$x\to x_0^-$，$x\to+\infty$，$x\to-\infty$ 时，可得到相应的无穷大定义. 无穷大定义对数列也适用.

3. 无穷小与无穷大的关系

定理 4 在自变量的同一变化过程 $x \to x_0$（或 $x \to \infty$）中，如果 $f(x)$ 为无穷大，则 $\dfrac{1}{f(x)}$ 为无穷小；反之，如果 $f(x)$ 为无穷小，且 $f(x) \neq 0$，则 $\dfrac{1}{f(x)}$ 为无穷大.

例 6 利用无穷小与无穷大的关系，求极限 $\lim\limits_{x \to 1} \dfrac{1}{x-1}$.

解 因为当 $x \to 1$ 时，$\lim\limits_{x \to 1}(x-1) = 0$，所以根据定理 4 可知 $\lim\limits_{x \to 1} \dfrac{1}{x-1} = \infty$.

利用 MATLAB 求解

命令行窗口

```
>> syms x
>> limit(x-1,x,1)

ans =

0
```

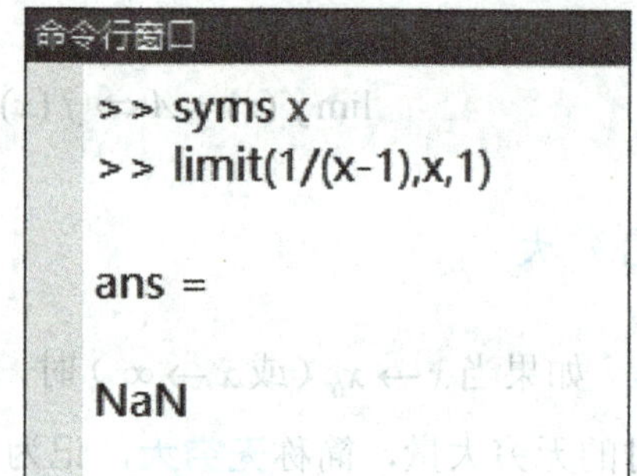

4. 无穷小的性质

性质 1 有限个无穷小的代数和仍是无穷小.

性质 2 有限个无穷小的乘积仍是无穷小.

性质 3 有界函数与无穷小的乘积仍是无穷小.

推论 常数与无穷小的乘积仍是无穷小.

例 7 求下列极限.

（1）$\lim\limits_{x \to \infty} \dfrac{\sin x}{x}$.　　（2）$\lim\limits_{x \to \infty} \dfrac{2x+1}{x^2+x}$.

解 （1）因为当 $x \to \infty$ 时，$|\sin x| \leqslant 1$，所以 $\sin x$ 是有界函数，又因为 $\dfrac{1}{x}$ 是 $x \to \infty$ 时的无穷小，由性质 3 可知，$\lim\limits_{x \to \infty} \dfrac{\sin x}{x} = 0$.

（2）$\lim\limits_{x\to\infty}\dfrac{2x+1}{x^2+x}=\lim\limits_{x\to\infty}\dfrac{x+(x+1)}{x(x+1)}=\lim\limits_{x\to\infty}\left(\dfrac{1}{x+1}+\dfrac{1}{x}\right)=0+0=0$.

利用 MATLAB 求解

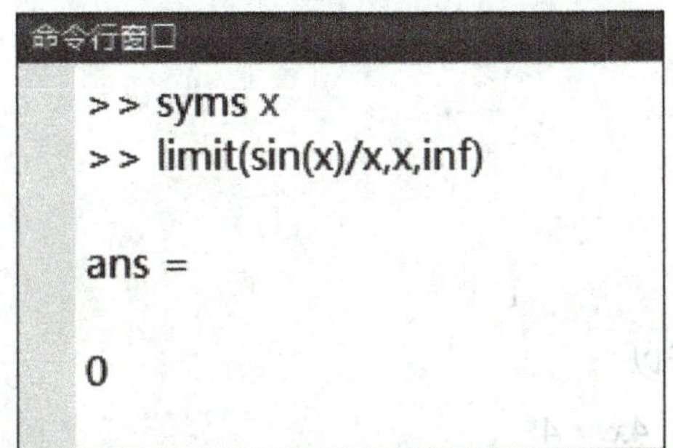


```
命令行窗口
>> syms x
>> limit((2*x+1)/(x^2+x),x,inf)

ans =

0
```

5. 无穷小的阶

虽然两个无穷小的和、差及乘积仍然是无穷小，但两个无穷小的商却会出现不同的情况．例如，当 $x\to 0$ 时，$3x$，x^2 都是无穷小，但它们两个的商却不一定是无穷小，如 $\lim\limits_{x\to 0}\dfrac{x^2}{3x}=0$，$\lim\limits_{x\to 0}\dfrac{3x}{x^2}=\infty$．这反映了不同的无穷小趋于零的速度差异，为了比较无穷小趋于零的速度快慢，我们给出以下定义．

定义 5　设在自变量的同一变化过程中，α 和 β 都是无穷小，

若 $\lim\dfrac{\beta}{\alpha}=0$，则称 β 是比 α 高阶的无穷小，记为 $\beta=o(\alpha)$；

若 $\lim\dfrac{\beta}{\alpha}=\infty$，则称 β 是比 α 低阶的无穷小；

若 $\lim\dfrac{\beta}{\alpha}=C\ (C\neq 0)$，则称 β 与 α 是同阶无穷小．特别地，若 $\lim\dfrac{\beta}{\alpha}=1$，则称 β 与 α 是等价无穷小，记为 $\alpha\sim\beta$．

等价无穷小对求极限有重要作用，对此有下面的等价无穷小代换定理．

定理 5　设 $\alpha\sim\alpha'$，$\beta\sim\beta'$，且 $\lim\dfrac{\beta'}{\alpha'}$ 存在，则 $\lim\dfrac{\beta'}{\alpha'}=\lim\dfrac{\beta}{\alpha}$．

证明　$\lim\dfrac{\beta}{\alpha}=\lim\left(\dfrac{\beta}{\beta'}\cdot\dfrac{\beta'}{\alpha'}\cdot\dfrac{\alpha'}{\alpha}\right)=\lim\dfrac{\beta}{\beta'}\lim\dfrac{\beta'}{\alpha'}\lim\dfrac{\alpha'}{\alpha}=\lim\dfrac{\beta'}{\alpha'}$．

下面是常用的几个等价无穷小代换．

当 $x\to 0$ 时，有

$$\sin x\sim x,\quad \tan x\sim x,\quad \arcsin x\sim x,\quad \arctan x\sim x,$$

$$1-\cos x\sim\frac{x^2}{2},\quad \ln(1+x)\sim x,\quad \mathrm{e}^x-1\sim x,\quad \sqrt{1+x}-1\sim\frac{x}{2}.$$

例 8 求下列极限.

（1）$\lim\limits_{x\to 0}\dfrac{4x}{\sin 7x}$.

（2）$\lim\limits_{x\to 0}\dfrac{\sin x}{x^3+4x}$.

解 （1）因为当 $x\to 0$ 时，$\sin 7x\sim 7x$，所以

$$\lim_{x\to 0}\frac{4x}{\sin 7x}=\lim_{x\to 0}\frac{4x}{7x}=\frac{4}{7}.$$

（2）因为当 $x\to 0$ 时，$\sin x\sim x$，所以

$$\lim_{x\to 0}\frac{\sin x}{x^3+4x}=\lim_{x\to 0}\frac{x}{x^3+4x}=\lim_{x\to 0}\frac{1}{x^2+4}=\frac{1}{4}.$$

利用 MATLAB 求解

命令行窗口

```
>> syms x
>> limit(4*x/sin(7*x),x,0)

ans =

4/7
```

命令行窗口

```
>> syms x
>> limit(sin(x)/(x^3+4*x),x,0)

ans =

1/4
```

1.2.3 极限的四则运算法则

定理 6 若 $\lim u(x)=A$，$\lim v(x)=B$，则

$$\lim[u(x)\pm v(x)]=\lim u(x)\pm\lim v(x)=A\pm B,$$

$$\lim[u(x)\cdot v(x)]=\lim u(x)\cdot\lim v(x)=A\cdot B.$$

特别地，有 $\lim[C\cdot u(x)]=C\cdot\lim u(x)=CA$，$C$ 为常数；

$\lim[u(x)]^n=[\lim u(x)]^n=A^n$，$n$ 为正整数.

极限的运算

例 9 计算下列极限.

（1）$\lim\limits_{x\to 2}(x^2+2x-3)$. （2）$\lim\limits_{x\to 4}\dfrac{x-4}{x^2-16}$. （3）$\lim\limits_{x\to 0}\dfrac{\sqrt{x+1}-1}{x}$.

解 （1）$\lim\limits_{x\to 2}(x^2+2x-3)=\lim\limits_{x\to 2}x^2+\lim\limits_{x\to 2}2x-\lim\limits_{x\to 2}3$

$$=(\lim_{x\to 2}x)^2+2\lim_{x\to 2}x-3=2^2+2\times 2-3=5.$$

（2）因为$x^2-16=(x+4)(x-4)$，分子、分母有公因式$x-4$，且当$x\to 4$时，$x-4\to 0$，所以可消去零因子$x-4$，再求极限，即

$$\lim_{x\to 4}\frac{x-4}{x^2-16}=\lim_{x\to 4}\frac{x-4}{(x+4)(x-4)}=\lim_{x\to 4}\frac{1}{x+4}=\frac{1}{8}.$$

（3）当$x\to 0$时，分子、分母的极限均为0，可对分子有理化后，消去零因子x，再求极限，即

$$\lim_{x\to 0}\frac{\sqrt{x+1}-1}{x}=\lim_{x\to 0}\frac{x}{x(\sqrt{x+1}+1)}=\lim_{x\to 0}\frac{1}{\sqrt{x+1}+1}=\frac{1}{2}.$$

利用 MATLAB 求解

（1）

```
命令行窗口
>> syms x
>> limit(x^2+2*x-3,x,2)

ans =

5
```

（2）

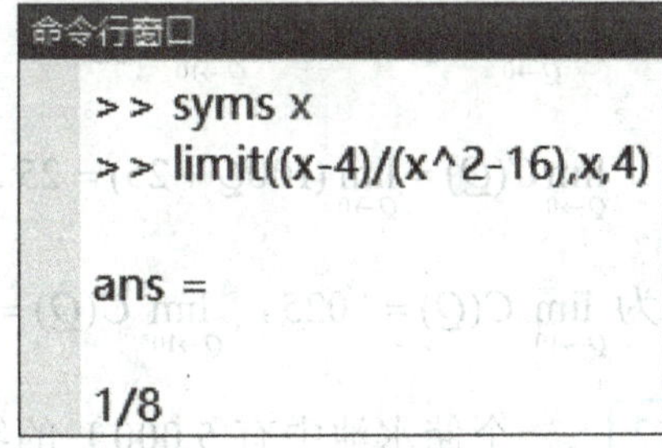

（3）

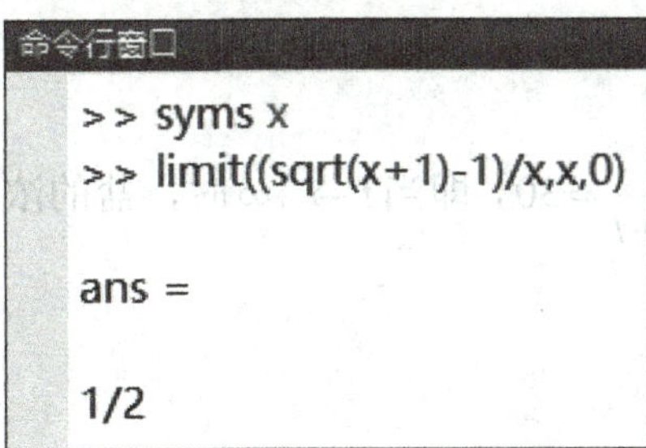

例 10 求极限 $\lim\limits_{x\to\infty}\dfrac{2x^2+x-3}{3x^2-x+2}$.

解 题中分子、分母都趋于 ∞（我们称它为“$\dfrac{\infty}{\infty}$”型未定式），这时可将分子、分母同除 x 的最高次方，再求极限，即

$$\lim_{x\to\infty}\frac{2x^2+x-3}{3x^2-x+2}=\lim_{x\to\infty}\frac{2+\dfrac{1}{x}-\dfrac{3}{x^2}}{3-\dfrac{1}{x}+\dfrac{2}{x^2}}=\frac{2}{3}.$$

一般地，有以下规律

$$\lim_{x\to\infty}\frac{a_0x^n+a_1x^{n-1}+\cdots+a_n}{b_0x^m+b_1x^{m-1}+\cdots+b_m}=\begin{cases}0, & \text{当 } n<m \text{ 时},\\ \dfrac{a_0}{b_0}, & \text{当 } n=m \text{ 时},\\ \infty, & \text{当 } n>m \text{ 时}.\end{cases}$$

例 11 某玩具厂生产某玩具的成本 $C(Q)$ 与产量 Q 可用函数

$$C(Q)=\begin{cases}100Q+25, & 0\leqslant Q\leqslant 10,\\ 87Q+155, & Q>10\end{cases}$$

来表示. 求（1）$\lim\limits_{Q\to0}C(Q)$；（2）$\lim\limits_{Q\to10}C(Q)$.

解 （1）$\lim\limits_{Q\to0}C(Q)=\lim\limits_{Q\to0}(100Q+25)=25$.

（2）因为 $\lim\limits_{Q\to10^-}C(Q)=1\,025$，$\lim\limits_{Q\to10^+}C(Q)=1\,025$，所以 $\lim\limits_{Q\to10}C(Q)=1\,025$.

例 12 一个储水池中有 5 000 L 的纯水. 现将浓度为 30 g/L 的盐水以 25 L/min 的速度注入该储水池，t 分钟后，储水池中盐的浓度为 $C(t)=\dfrac{30t}{200+t}$. 问：当 $t\to+\infty$ 时，盐的浓度如何变化？

解 $\lim\limits_{t\to+\infty}C(t)=\lim\limits_{t\to+\infty}\dfrac{30t}{200+t}=30$，即当 $t\to+\infty$ 时，盐的浓度接近 30 g/L.

利用 MATLAB 求解

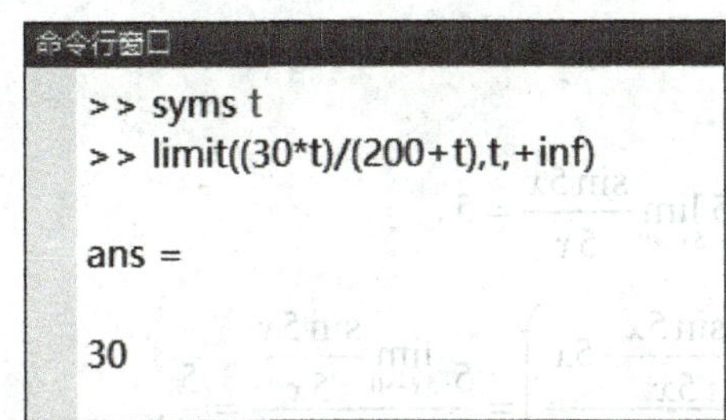

```
命令行窗口
>> syms t
>> limit((30*t)/(200+t),t,+inf)

ans =

30
```

1.2.4　两个重要极限

1．第一重要极限

引例　已知半径为 R 的圆的内接正 n 边形面积为 $A_n=\dfrac{R^2}{2}n\sin\dfrac{2\pi}{n}\ (n\geqslant 3)$，求该圆的面积.

【分析】要求该圆的面积，只需要解决求极限 $\lim\limits_{n\to\infty}A_n=\lim\limits_{n\to\infty}\dfrac{R^2}{2}n\sin\dfrac{2\pi}{n}$ 的问题即可．求解该极限时，会用到第一重要极限相关内容，下面进行介绍.

两个重要极限及无穷小的比较

第一重要极限为 $\lim\limits_{x\to 0}\dfrac{\sin x}{x}=1$，其特点是在自变量的某一变化过程中，其分子、分母的极限都为零（我们称它为 $\dfrac{0}{0}$ 型未定式），且分子是分母的正弦．为强调其一般性，可将其写成

$$\lim_{x\to(\ )}\frac{\sin\alpha(x)}{\alpha(x)}=1\ （其中当 x\to(\ ) 时 \alpha(x)\to 0）$$

或

$$\lim_{\square\to 0}\frac{\sin\square}{\square}=1\ （其中\square代表同一变量）.$$

例 13　求下列各极限.

（1）$\lim\limits_{x\to 0}\dfrac{\sin 5x}{x}$.

（2）$\lim\limits_{x \to 0}\dfrac{\sin 5x}{\sin 6x}$.

（3）$\lim\limits_{x \to 0}\dfrac{1-\cos x}{x^2}$.

解　（1）$\lim\limits_{x \to 0}\dfrac{\sin 5x}{x} = 5\lim\limits_{5x \to 0}\dfrac{\sin 5x}{5x} = 5$.

（2）$\lim\limits_{x \to 0}\dfrac{\sin 5x}{\sin 6x} = \lim\limits_{x \to 0}\left(\dfrac{\dfrac{\sin 5x}{5x}\cdot 5x}{\dfrac{\sin 6x}{6x}\cdot 6x}\right) = \dfrac{5}{6}\dfrac{\lim\limits_{5x \to 0}\dfrac{\sin 5x}{5x}}{\lim\limits_{6x \to 0}\dfrac{\sin 6x}{6x}} = \dfrac{5}{6}$.

（3）$\lim\limits_{x \to 0}\dfrac{1-\cos x}{x^2} = \lim\limits_{x \to 0}\dfrac{2\sin^2\dfrac{x}{2}}{x^2} = \dfrac{1}{2}\left(\lim\limits_{\frac{x}{2} \to 0}\dfrac{\sin\dfrac{x}{2}}{\dfrac{x}{2}}\right)^2 = \dfrac{1}{2}$.

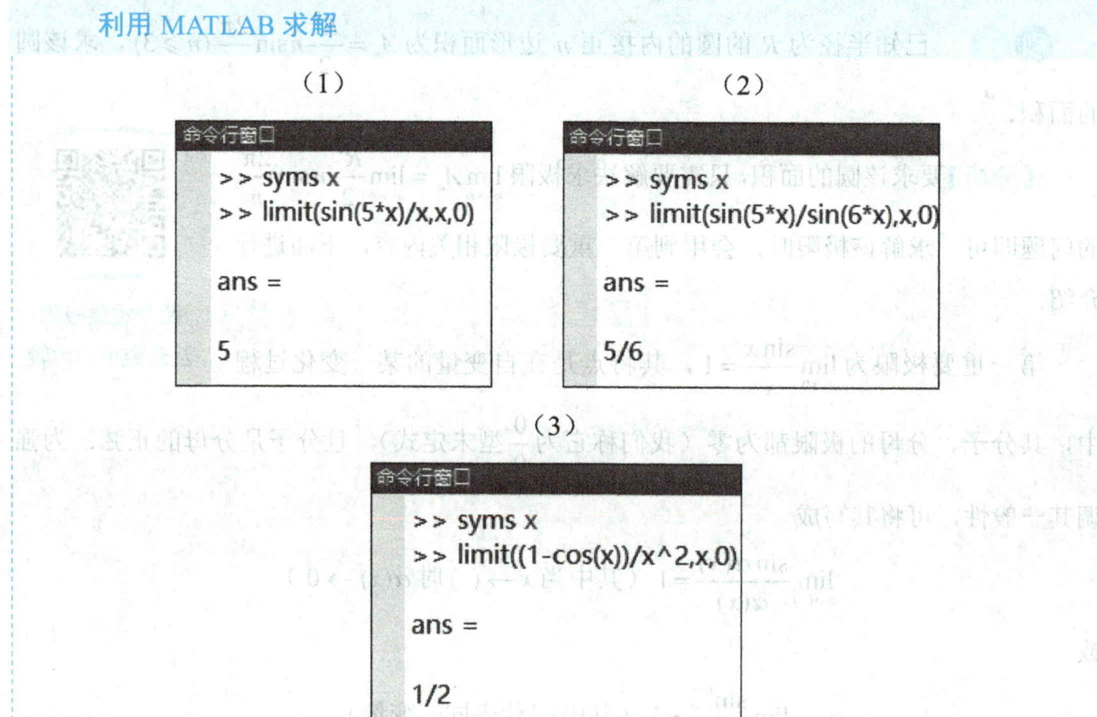

2. 第二重要极限

引例　某储户将 10 万元的人民币以活期的形式存入银行，年利率为 5%，假设银行允许储户可在一年内任意次结算．在不计利息税的情况下，若储户等间隔地结算 n 次，每

次结算后将本息和全部存入银行，则一年后该储户是否会成为百万富翁？

【分析】存款为$A_0=10$万元（即本金），年利率为$r=5\%$，一年结算n次，每次的利率为$\frac{r}{n}$，则一年后本息和为$A_0\left(1+\frac{r}{n}\right)^n$．随着结算次数的无限增加，一年后本息和为

$$\lim_{n\to\infty}A_0\left(1+\frac{r}{n}\right)^n=10\lim_{n\to\infty}\left(1+\frac{0.05}{n}\right)^n.$$

要想知道该储户是否会成为百万富翁，只需解决求极限$\lim\limits_{n\to\infty}\left(1+\frac{0.05}{n}\right)^n$的问题．求解该极限时，会用到第二重要极限的相关内容，下面进行介绍．

第二重要极限为$\lim\limits_{x\to\infty}\left(1+\frac{1}{x}\right)^x=\mathrm{e}$，其特点是在自变量的某一变化过程中，其底和幂分别趋于1和∞（我们称它为“1^∞”型未定式）．在第二重要极限中，若令$t=\frac{1}{x}$，则当$x\to\infty$时，$t\to 0$，因此第二重要极限也可写成

$$\lim_{t\to 0}(1+t)^{\frac{1}{t}}=\mathrm{e}，即\lim_{x\to 0}(1+x)^{\frac{1}{x}}=\mathrm{e}.$$

例 14　求下列各极限．

（1）$\lim\limits_{x\to\infty}\left(1+\frac{2}{x}\right)^x$．

（2）$\lim\limits_{x\to\infty}\left(1-\frac{1}{x}\right)^x$．

（3）$\lim\limits_{x\to 0}(1-x)^{\frac{1}{x}}$．

解　（1）$$\lim_{x\to\infty}\left(1+\frac{2}{x}\right)^x=\lim_{x\to\infty}\left(1+\frac{1}{\frac{x}{2}}\right)^{2\cdot\frac{x}{2}}=\left[\lim_{\frac{x}{2}\to\infty}\left(1+\frac{1}{\frac{x}{2}}\right)^{\frac{x}{2}}\right]^2=\mathrm{e}^2.$$

（2）$$\lim_{x\to\infty}\left(1-\frac{1}{x}\right)^x=\lim_{x\to\infty}\left(1+\frac{1}{-x}\right)^x=\left[\lim_{-x\to\infty}\left(1+\frac{1}{-x}\right)^{-x}\right]^{-1}=\mathrm{e}^{-1}.$$

（3）$$\lim_{x\to 0}(1-x)^{\frac{1}{x}}=\lim_{x\to 0}[1+(-x)]^{\frac{1}{-x}\cdot(-1)}=\mathrm{e}^{-1}.$$

利用 MATLAB 求解

（1）

```
命令行窗口
>> syms x
>> limit((1+2/x)^x,x,inf)

ans =

exp(2)
```

（2）

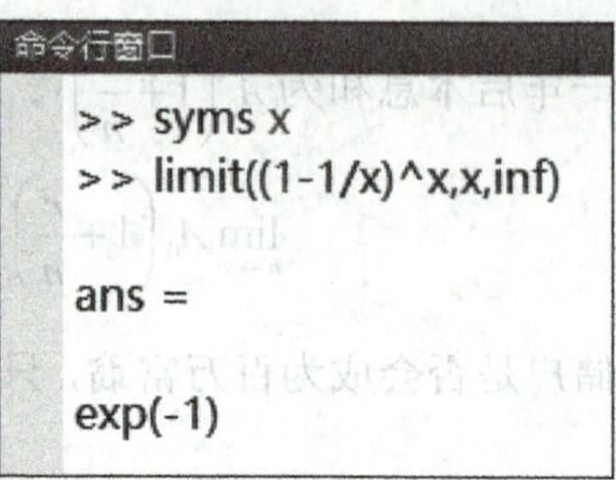

（3）

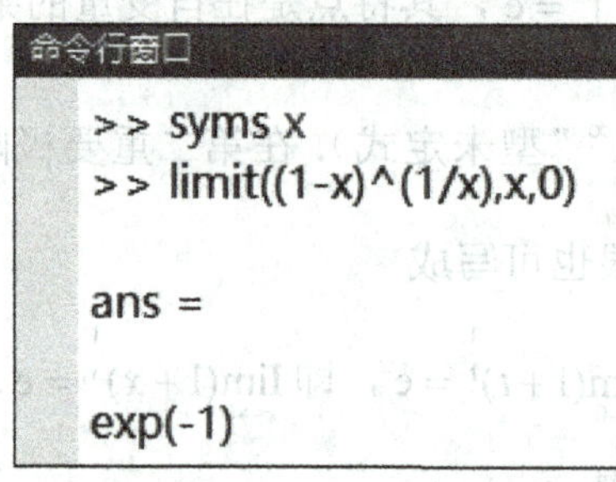

例 15 设初始本金为 P，年利率为 R，按复利计算，存 n 年得本息和为

$$S_n = P(1+R)^n .$$

若一年均分 m 期计算利息，则每期的利率为 $\frac{R}{m}$. 第 n 年末有 mn 期，其本息和为

$$S_n = P\left(1+\frac{R}{m}\right)^{mn},$$

试求极限 $\lim\limits_{m\to+\infty} S_n$，并解释其经济意义.

解 $$\lim_{m\to+\infty} S_n = \lim_{m\to+\infty} P\left(1+\frac{R}{m}\right)^{mn} = P\lim_{m\to+\infty}\left[\left(1+\frac{1}{\frac{m}{R}}\right)^{\frac{m}{R}}\right]^{nR} = P\mathrm{e}^{nR}.$$

此极限表示连续计算复利时的本息和.

1.2.5　数学建模案例赏析

城市垃圾处理问题

1. 实际问题

统计资料显示，到 2022 年末，某城市堆积的垃圾已达 50 万吨，其侵占了大量的土地，并且成为环境污染的因素之一．根据预测，从 2022 年起该城市将以每年 3 万吨的速度产生新的垃圾，垃圾的资源化和回收已经成为城市建设中的重要问题．如果从 2023 年起，该城市将每年处理上年堆积垃圾的 20%，那么：

（1）10 年后，该城市的垃圾是否能全部处理完？

（2）长此以往，该城市的垃圾是否能全部处理完？

2. 模型假设

（1）该城市堆积的垃圾已达 50 万吨．

（2）该城市以每年 3 万吨的速度产生新的垃圾．

（3）该城市每年处理上年堆积垃圾的 20%．

3. 模型建立

（1）假设 2022 年后的 10 年，即 2023 年、2024 年、2025 年……2032 年的垃圾数量分别为 $b_1, b_2, b_3, \cdots, b_{10}$．由题意可知

$$b_{10}=50\times\left(\frac{4}{5}\right)^{10}+3\times\left(\frac{4}{5}\right)^{9}+\cdots+3\times\frac{4}{5}+3.$$

该问题可转化为等比数列求和的问题．

（2）n 年后，该城市的垃圾数量为

$$b_n=50\times\left(\frac{4}{5}\right)^{n}+3\times\left(\frac{4}{5}\right)^{n-1}+\cdots+3\times\frac{4}{5}+3.$$

该问题可转化为求极限 $\lim\limits_{n\to\infty}b_n$ 的问题．

4. 模型求解

（1）$b_{10}=50\times\left(\frac{4}{5}\right)^{10}+3\times\left(\frac{4}{5}\right)^{9}+\cdots+3\times\frac{4}{5}+3$

$$=50\times\left(\frac{4}{5}\right)^{10}+3\times\frac{1-\left(\frac{4}{5}\right)^{10}}{1-\frac{4}{5}}=18.758\,1.$$

（2）$\lim\limits_{n\to\infty}b_n=\lim\limits_{n\to\infty}\left[50\times\left(\frac{4}{5}\right)^{n}+3\times\frac{1-\left(\frac{4}{5}\right)^{n}}{1-\frac{4}{5}}\right]=15$.

5. 模型分析

（1）10 年后该城市的垃圾数量为 18.758 1 万吨，垃圾数量在减少，但垃圾没有处理完.

（2）长此以往，该城市并不能把所有的垃圾处理完. 剩余垃圾将维持在一个固有的水平，即 15 万吨.

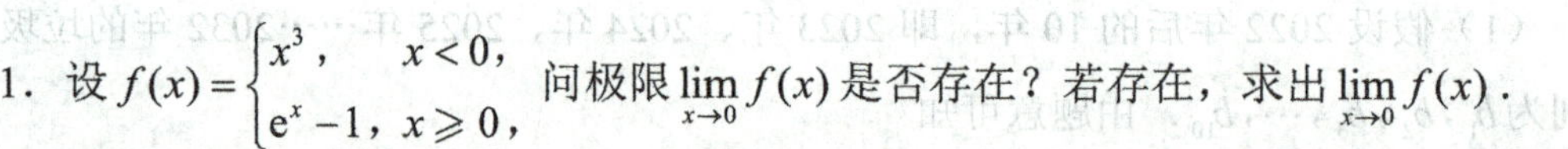

习题 1.2

1. 设 $f(x)=\begin{cases}x^3, & x<0,\\ \mathrm{e}^x-1, & x\geqslant 0,\end{cases}$ 问极限 $\lim\limits_{x\to 0}f(x)$ 是否存在？若存在，求出 $\lim\limits_{x\to 0}f(x)$.

2. 求下列函数的极限.

（1）$\lim\limits_{x\to 3}\frac{x^2-3x+5}{x+2}$.　　（2）$\lim\limits_{x\to 2}\frac{x^2+x-6}{x-2}$.

（3）$\lim\limits_{x\to 0}\frac{\sin 3x}{\sin 5x}$.　　（4）$\lim\limits_{x\to\infty}\left(1+\frac{1}{2x}\right)^{x}$.

3. 假定某种疾病流行 t 天后，感染的人数为

$$N=\frac{1\,000\,000}{1+5\,000\mathrm{e}^{-0.1t}},$$

如果不加以控制，那么将有多少人感染这种疾病？

1.3 函数连续性

知识目标

(1) 了解函数连续的概念.

(2) 熟悉闭区间上连续函数的性质.

(3) 掌握函数的间断点及其分类，掌握初等函数的连续性.

能力目标

(1) 能够运用函数连续的概念判断函数的连续性.

(2) 能判定函数的间断点及其类型.

素质目标

(1) 培养运算能力和归纳总结能力.

(2) 培养由繁化简、由烦化趣的职业素养.

引例 我们知道，当冰加热到一定程度时，它就会融化成水，但你知道冰在融化的过程中，它所吸收的热量 Q 与温度 t 之间有何种关系吗？假设在 -10 ℃的环境里取 1 kg 的冰，将其加热到 10℃，求该过程中吸收的热量 Q 与温度 t 之间的函数关系.

【分析】已知冰的比热容为 2.1 kJ / (kg·℃)，即 1 kg 冰升高 1℃需要吸收 2.1 kJ 的热量；水的比热容为 4.2 kJ / (kg·℃)，即 1 kg 水升高 1℃需要吸收 4.2 kJ 的热量. 加热冰时，随着温度 t 的不断升高，其所吸收的热量 Q 是连续递增的. 当冰的温度升到 0℃时，它虽然仍吸收热量，但温度却维持在 0℃，直到全部融化成水（这个过程需要吸收 336 kJ 的热量）. 如果继续加热，水的温度不断上升，水吸收的热量 Q 也是连续递增的. 据此，我们得到如下函数关系：

$$Q=\begin{cases}2.1(t+10), & -10\leqslant t<0,\\ 336+4.2t & 0<t\leqslant 10.\end{cases}$$

显然，函数 Q 在点 $t=0$ 处是间断的，而在区间 $[-10,0)$ 和 $(0,10]$ 内是连续的.

1.3.1 函数连续的概念

函数的连续性

现实生活中，许多变量的变化是连续不断的，例如，人的身高、植物的生长、气温的升降、铜丝加热时长度的改变等都是随时间的变化而连续变化的. 这种现象反映在数学上就是函数的连续性.

定义 1 函数 $y=f(x)$ 的自变量从初值 x_0 变到终值 x 时，称 $x-x_0$ 为自变量 x 的**增量**或**改变量**，通常用 Δx 表示，即 $\Delta x=x-x_0$；相应地，函数值由 $f(x_0)$ 变到 $f(x)$，称 $f(x)-f(x_0)$ 为函数 $f(x)$ 在 x_0 处的**增量**或**改变量**，记作 Δy，即

$$\Delta y=f(x)-f(x_0) \text{或} \Delta y=f(x_0+\Delta x)-f(x_0).$$

说明：Δx 和 Δy 可以是正值，可以是负值，也可以为零.

定义 2 设函数 $y=f(x)$ 在点 x_0 的某邻域内有定义，在 x_0 处给自变量一增量 Δx，相应地函数 $f(x)$ 的增量为 Δy，如果 $\lim\limits_{\Delta x\to 0}\Delta y=0$，那么称函数 $f(x)$ 在点 x_0 处**连续**，点 x_0 称为 $f(x)$ 的**连续点**；否则就称函数 $f(x)$ 在点 x_0 处**间断**，点 x_0 称为函数 $f(x)$ 的**间断点**.

定义 3 设函数 $y=f(x)$ 在点 x_0 的某邻域内有定义，如果

$$\lim_{x\to x_0}f(x)=f(x_0),$$

那么称函数 $f(x)$ 在点 x_0 处**连续**，x_0 称为函数 $f(x)$ 的**连续点**，否则称函数 $f(x)$ 在点 x_0 处**间断**，x_0 称为函数 $f(x)$ 的**间断点**.

例 1 证明函数 $f(x)=x^2$ 在点 x_0 处连续.

证明 因为 $\lim\limits_{x\to x_0}f(x)=\lim\limits_{x\to x_0}x^2=x_0^2$，而 $f(x_0)=x_0^2$，所以函数 $f(x)=x^2$ 在点 x_0 处连续.

由函数 $f(x)$ 在点 x_0 处的左极限与右极限的定义，可得函数 $f(x)$ 在点 x_0 处左连续与右连续的定义.

如果 $\lim\limits_{x\to x_0^-}f(x)=f(x_0)$，那么称函数 $f(x)$ 在点 x_0 处**左连续**；如果 $\lim\limits_{x\to x_0^+}f(x)=f(x_0)$，那么称函数 $f(x)$ 在 x_0 处**右连续**.

函数 $f(x)$ 在点 x_0 处连续的充要条件是函数 $f(x)$ 在点 x_0 处既左连续又右连续，即

$$\lim_{x\to x_0}f(x)=f(x_0)\Leftrightarrow\lim_{x\to x_0^-}f(x)=\lim_{x\to x_0^+}f(x)=f(x_0).$$

综上所述，函数 $f(x)$ 在点 x_0 处连续必须满足以下三个条件.

（1）函数 $f(x)$ 在点 x_0 处有定义，即 $f(x_0)$ 是一个确定的数.

（2）极限 $\lim\limits_{x\to x_0} f(x)$ 存在，即左极限 $\lim\limits_{x\to x_0^-} f(x)$ 与右极限 $\lim\limits_{x\to x_0^+} f(x)$ 存在且相等.

（3）极限值等于函数值，即 $\lim\limits_{x\to x_0} f(x)=f(x_0)$.

如果上述条件有一点不满足，那么函数 $f(x)$ 在点 x_0 处间断.

例 2 讨论函数 $f(x)=\begin{cases}1-\cos x, & x<0, \\ 2x, & x\geqslant 0\end{cases}$ 在点 $x=0$ 处的连续性.

解 因为 $f(0)=2\times 0=0$，且

$$\lim_{x\to 0^-} f(x)=\lim_{x\to 0^-}(1-\cos x)=0,\quad \lim_{x\to 0^+} f(x)=\lim_{x\to 0^+} 2x=0,$$

所以 $\lim\limits_{x\to 0} f(x)=f(0)$，$f(x)$ 在点 $x=0$ 处是连续的.

1.3.2 函数的间断点

1. 间断点的定义

定义 4 设函数 $y=f(x)$ 在点 x_0 的某去心邻域内有定义，若函数 $y=f(x)$ 满足下列三种情形之一：

（1）在 $x=x_0$ 处没定义；

（2）在 $x=x_0$ 处有定义，但 $\lim\limits_{x\to x_0} f(x)$ 不存在；

（3）在 $x=x_0$ 处有定义，且 $\lim\limits_{x\to x_0} f(x)$ 存在，但 $\lim\limits_{x\to x_0} f(x)\neq f(x_0)$，

则称函数 $f(x)$ 在点 x_0 处**不连续**或**间断**，点 x_0 称为函数 $f(x)$ 的**不连续点**或**间断点**.

例 3 讨论函数 $f(x)=\dfrac{\sin x}{x}$ 在点 $x=0$ 处的连续性.

解 因为 $f(x)$ 的定义域为 $(-\infty,0)\cup(0,+\infty)$，所以 $f(x)=\dfrac{\sin x}{x}$ 在点 $x=0$ 处间断.

但由于 $\lim\limits_{x\to 0}\dfrac{\sin x}{x}=1$，因此若补充定义 $f(0)=1$，则得到函数 $y=\begin{cases}\dfrac{\sin x}{x}, & x\neq 0, \\ 1, & x=0,\end{cases}$ 该函数在点 $x=0$ 处是连续的.

2. 间断点的分类

设点 x_0 为函数 $f(x)$ 的不连续点或间断点.

（1）若左极限 $\lim\limits_{x\to x_0^-} f(x)$ 和右极限 $\lim\limits_{x\to x_0^+} f(x)$ 都存在，则称点 x_0 为函数 $f(x)$ 的第一类间断点. 其中，若 $\lim\limits_{x\to x_0^-} f(x)=\lim\limits_{x\to x_0^+} f(x)$，则点 x_0 称为函数 $f(x)$ 的可去间断点；若 $\lim\limits_{x\to x_0^-} f(x)\neq\lim\limits_{x\to x_0^+} f(x)$，则点 x_0 称为函数 $f(x)$ 的跳跃间断点.

（2）若左极限 $\lim\limits_{x\to x_0^-} f(x)$ 和右极限 $\lim\limits_{x\to x_0^+} f(x)$ 至少有一个不存在，则点 x_0 称为函数 $f(x)$ 的第二类间断点. 其中，当 $x\to x_0$ 时，若 $f(x)$ 为无穷大，则 x_0 为函数 $f(x)$ 的无穷间断点.

1.3.3 初等函数的连续性

定理 1 若函数 $f(x)$ 和 $g(x)$ 都在点 x_0 处连续，则它们的和、差、积、商（分母不等于 0）也都在点 x_0 处连续.

定理 2 若函数 $y=f(u)$ 在点 u_0 处连续，函数 $u=\varphi(x)$ 在点 x_0 处连续，且 $u_0=\varphi(x_0)$，则复合函数 $y=f[\varphi(x)]$ 在点 x_0 处连续.

上述定理也可表述成如下：

若 $\lim\limits_{x\to x_0}\varphi(x)=\varphi(x_0)$，$\lim\limits_{u\to u_0} f(u)=f(u_0)$ 且 $u_0=\varphi(x_0)$，则 $\lim\limits_{x\to x_0} f[\varphi(x)]=f[\varphi(x_0)]$，即 $\lim\limits_{x\to x_0} f[\varphi(x)]=f[\lim\limits_{x\to x_0}\varphi(x)]$.

这说明，在求连续函数的复合函数极限时，极限符号可与函数符号交换次序.

例 4 计算 $\lim\limits_{x\to 1}\sqrt{x^2-2x+5}$.

解 因为 $\sqrt{x^2-2x+5}$ 是由 $y=\sqrt{u}$ 与 $u=x^2-2x+5$ 复合而成的，所以

$$\lim_{x\to 1}\sqrt{x^2-2x+5}=\sqrt{\lim_{x\to 1}(x^2-2x+5)}=2.$$

利用 MATLAB 求解

命令行窗口
```
>> syms x
>> limit(sqrt(x^2-2*x+5),x,1)

ans =

2
```

由连续和极限的定义容易证明，基本初等函数在其定义域内都是连续的．由于初等函数是由基本初等函数经过有限次四则运算和有限次复合而成的，因此我们可得到如下一个非常有用的结论．

定理 3 一切初等函数在其定义区间内都是连续的．

例 5 求极限 $\lim\limits_{x\to 0}\dfrac{x^2+1}{3x^2+\cos x^2+2}$．

解 $\lim\limits_{x\to 0}\dfrac{x^2+1}{3x^2+\cos x^2+2}=\dfrac{0^2+1}{3\times 0+\cos 0^2+2}=\dfrac{1}{3}$．

利用 MATLAB 求解

命令行窗口
```
>> syms x
>> limit(((x^2)+1)/(3*x^2+cos(x^2)+2),x,0)

ans =

1/3
```

1.3.4 闭区间上连续函数的性质

在闭区间上的连续函数有一些重要的性质，它们可以作为分析和论证某些问题的理论依据．

性质 1（最值定理） 若函数 $y=f(x)$ 在闭区间 $[a,b]$ 上连续，则函数 $f(x)$ 在该区间上必有最大值和最小值．

说明：若函数 $f(x)$ 在 $[a,b]$ 上连续，则在 $[a,b]$ 上至少有一点 ξ_1，使得 $f(x)$ 在点 ξ_1 处

取得最大值 M；至少有一点 ξ_2，使得 $f(x)$ 在点 ξ_2 处取得最小值 m.

性质 2（介值定理）　若函数 $y=f(x)$ 在闭区间 $[a,b]$ 上连续，且 $f(a)\neq f(b)$，C 为介于 $f(a)$ 与 $f(b)$ 之间的任意数，则在开区间 (a,b) 内至少存在一点 ξ_3，使得 $f(\xi_3)=C$.

性质 3（零点定理）　若函数 $y=f(x)$ 在闭区间 $[a,b]$ 上连续，且 $f(a)$ 与 $f(b)$ 异号，即 $f(a)\cdot f(b)<0$，则在开区间 (a,b) 内至少存在一点 ξ，使得 $f(\xi)=0$.

例 6　证明方程 $x^3+2x=6$ 至少有一个根介于 1 和 3 之间.

证明　设 $f(x)=x^3+2x-6$，则 $f(x)$ 在 $[1,3]$ 上连续，且 $f(1)=-3<0$，$f(3)=27>0$. 因此，由零点定理可知在 $(1,3)$ 内至少存在一点 x_0，使得 $f(x_0)=0$，即方程 $x^3+2x=6$ 在 $(1,3)$ 内至少有一个根.

思想火炬

长城是中国历史文化的一个载体，它的连续性既表现为时间的连续，也表现为设施的连续. 它是中华民族自尊、自信、自立、自强的精神与意志的体现，是我国人民充满向心凝聚力、维护统一、热爱祖国的民族精神的象征.

1.3.5 数学建模案例赏析

商品房分期付款模型

1. 实际问题

设某商品房的价值为 1 000 000 元. 李某想购买该商品房，自筹了 400 000 元，贷款 600 000 元（贷款月利率为 0.5%），每月还一些，25 年内还清，如果还不起，则房子归债权人. 问：李某具备每月还款多少的能力，才能贷款购买该商品房？

2. 模型假设

（1）25 年内贷款月利率不变.

（2）没有提前还款.

（3）采取等额本息还款法.

3. 模型建立

设 y_0 为贷款总额，r 为贷款月利率，x 为每月还款额，N 为贷款期数（1 个月为 1 期），y_n 表示第 n 个月的贷款本金（$n=0,1,2,\cdots,N$），则

$$y_n = y_0(1+r)^n - \frac{x[(1+r)^n - 1]}{r}.$$

当贷款还清时，$y_n = 0$，可得分期付款模型

$$x = y_0 r\frac{(1+r)^n}{(1+r)^n - 1}.$$

4. 模型求解

将 $n=300$，$r=0.005$，$y_0 = 600\,000$ 代入分期付款模型，解得 $x = 3\,865.81$.

5.模型分析

该模型说明：李某具备每月还款 3 865.81 元的能力，才能购买该商品房.

习题 1.3

1. 指出下列函数在指定点处是否连续.

（1）$y=\sin x+1$，$x=-\dfrac{\pi}{3}$.

（2）$y=(x-1)^{-2}$，$x=-1$.

2. 证明函数 $y=x^2+2x$ 在点 $x=1$ 处连续.

3. 讨论函数 $f(x)=\begin{cases} x+1, & x\leqslant 1, \\ 3-x, & x>1 \end{cases}$ 在点 $x=1$ 处的连续性.

4. 证明方程 $3\sin x - x = 0$ 在区间 $\left(\dfrac{\pi}{2}, \pi\right)$ 内必有一个实根.

本章小结

1. 学习的主要内容

本章主要学习了函数的概念及性质、函数的极限、函数的连续性三部分内容.

2. 重点与难点

学习重点：函数定义域的求法、函数极限的相关运算、函数连续性的判定与运用.
学习难点：函数的极限、函数的连续性.

3. 学习策略

（1）基本初等函数是构成每个函数的“微元”，因此掌握并会运用基本初等函数的相关知识是熟练掌握求函数定义域、理解函数性质的关键.

（2）求函数极限的思路与方法是后续学习微分与积分的基础知识，因此要加深理解函数极限的定义，掌握不同情况下求函数极限的方法，并会利用 MATLAB 软件进行验证.

（3）连续性是函数的重要性质，可结合函数解析式与图形，求解函数的连续性问题.

数学文化（一） 极限思想的产生与发展

极限是近代数学的一个重要概念，它在我们的工作与生活中都发挥着十分重要的作用. 极限思想是很多数学概念的重要基础，例如，函数的连续、导数、微分和积分等概念都是建立在极限思想之上的. 那么，如此重要的思想，它是怎样产生与发展的呢？

极限思想是社会实践的产物，它可以追溯到古代. 我国春秋战国时期的哲学家庄子在他的《庄子·天下篇》中提到：“至大无外，谓之大一；至小无内，谓之小一”，其中“大一”相当于我们所说的“无穷大”，“小一”相当于“无穷小”，蕴含了极限思想.《庄子·天下篇》还记录了“一尺之棰，日取其半，万世不竭”，它也反映了古代人们对极限的一种思考.

欧洲古希腊时期，数学家安提丰在解决著名的古代几何作图三大难题之一“化圆为

方”时，提出了“穷竭法”，它是极限思想的萌芽，具体方法：先作圆内接正方形，将边数加倍得正八边形，再加倍得正十六边形，如此下去，正多边形必然会与圆相重合，也就是多边形与圆的面积差必会穷竭于 0，因为我们可以作出与任何正多边形面积相等的正方形，而多边形可以与圆相合，所以可以作出与圆面积相等的正方形，于是便可以化圆为方．显然，他的结论是错误的，但他提出了一种求圆面积的近似方法，启发后人以“直”代“曲”解决问题．

我国魏晋时期的数学家刘徽用“割圆术”，即从圆内接正六边形出发，将边数逐次加倍，使正多边形面积逐渐逼近圆面积，以此来求圆周率，当他一直算到正 192 边形时，得到的圆周率近似值为 3.14，由此开创了圆周率研究的新纪元．同时，他通过使圆内接正多边形的周长（面积）去逼近圆周长（面积），得到了圆的周长与面积公式．

极限思想的进一步发展是与微积分的建立紧密相连的．16 世纪的欧洲处于资本主义萌芽时期，生产力发展迅速，生产技术中的大量问题单纯用初等数学方法已无法解决，需要新的数学思想、新的数学方法，提供能够用以描述和研究运动、变化过程的新工具，这就促进了极限思想的发展，建立了微积分的应用背景．

复习题 1

1．填空题

（1）设函数 $f(x)=\begin{cases}x-1, & x>0, \\ \sin x, & x\leqslant 0,\end{cases}$ 则 $f(0)=$________，$f(5)=$________．

（2）设函数 $y=f(x)$ 的定义域为 $[0,1]$，则函数 $f(x^2)$ 的定义域为________．

（3）设函数 $f(x)=\dfrac{x+1}{x-1}$，则 $f\left(\dfrac{1}{x}\right)=$________．

（4）函数 $y=\dfrac{\ln 3x}{x-4}$ 的定义域为________．

（5）函数 $y=\dfrac{\sqrt{2-x}}{\ln 4x}$ 的定义域为________．

（6）函数 $y=\sqrt{\arctan(3x+1)}$ 是由________复合而成的．

（7）设函数 $f(x)=\ln x$，$g(x)=\sin x$，则 $f[g(x)]=$________，$g[f(x)]=$________．

（8）极限 $\lim\limits_{x\to x_0}f(x)$ 存在的充要条件是________.

（9）如果函数 $y=f(x)$ 在点 x_0 处连续，那么极限 $\lim\limits_{x\to x_0}[f(x)-f(x_0)]=$________.

（10）函数 $f(x)=\begin{cases}x-1, & x>0,\\ \sin x, & x\leqslant 0\end{cases}$ 的间断点为________.

2．选择题

（1）下列函数中，属于奇函数的是（　　）.

A．$\cos x$　　B．$x+\sin x$

C．e^x　　D．$2+\tan x$

（2）函数 $y=|\sin x|$ 的最小正周期是（　　）.

A．4π　　B．2π

C．π　　D．$\dfrac{\pi}{2}$

（3）下列各组函数中，不可进行复合运算的是（　　）.

A．$y=\sin u$，$u=e^{-x}$　　B．$y=\sqrt{u}$，$u=\sin x-2$

C．$y=\ln u$，$u=x-x^2$　　D．$y=\tan u$，$u=\arctan x$

（4）当 $x\to 0$ 时，下列变量为无穷小的是（　　）.

A．e^{x^2}　　B．$\dfrac{x-1}{x+1}$

C．$\sin^2 x$　　D．$\cos\dfrac{1}{x}$

（5）如果函数 $y=f(x)$ 在点 x_0 处间断，那么（　　）.

A．函数 $y=f(x)$ 在 $x=x_0$ 处没定义

B．$f(x_0)$ 不存在

C．$\lim\limits_{x\to x_0}f(x)\neq f(x_0)$

D．以上三种情况至少有一种发生

（6）如果函数 $f(x)$ 在某区间上连续，且函数在该区间上一定存在最大值和最小值，那么该区间为（　　）.

A．$(-\infty,+\infty)$　　B．$[a,b]$

C．(a,b)　　D．$[a,b)$

（7）当 $x \to 0$ 时，$\sin x$ 与 x 相比是（　　）.

A．高阶无穷小　　B．低阶无穷小

C．等价无穷小　　D．以上都不对

3．计算题

（1）求下列极限.

① $\lim\limits_{x \to 1} \dfrac{x^2 - 3x + 2}{x^2 - 1}$.

② $\lim\limits_{x \to 0} \dfrac{\sin x}{x^2 + 2x}$.

③ $\lim\limits_{n \to \infty} \left(1 + \dfrac{1}{n}\right)^{2n}$.

（2）证明方程 $x^3 + 3x^2 - 1 = 0$ 在区间 $(0,1)$ 内至少有一个根.

第 2 章 导数与微分

本章寄语

本章将在函数和极限的基础上介绍微分学的两个基本概念：导数与微分．我们在解决实际问题时，除了需要确定变量之间的函数关系外，有时还需要研究函数相对于自变量变化的快慢程度，即函数的变化率，以及当自变量发生微小变化时函数的近似改变量，这两个问题就是我们本章所要讨论的主要内容——导数与微分．

2.1 导 数

知识目标

（1）熟悉导数的定义．

（2）掌握导数的几何意义、可导与连续的关系．

能力目标

（1）能运用导数的定义求基本初等函数的导数．

（2）能运用导数的几何意义求曲线的切线方程和法线方程．

素质目标

（1）培养运用“无限逼近”思想思考问题的意识．

（2）培养团队协作意识和精益求精的职业素养．

中国高铁是我国向世界递出的一张亮丽的名片，大家在乘坐高铁的时候，有没有思考过：车厢内部的屏幕上显示的实时车速是如何计算得出的？高铁过弯道时的安全性是如何得到保障的？这些都与导数的概念息息相关，一个是瞬时速度值，一个是曲线在某一点处的切线斜率．

2.1.1 引 例

引例 1（速度问题） 设某物体在数轴上做变速直线运动，运动方程为 $s=s(t)$，求该物体在 t_0 时刻的瞬时速度 $v(t_0)$.

【分析】当时间 t 由 t_0 变到 $t_0+\Delta t$ 时，物体的路程 $s(t)$ 由 $s(t_0)$ 变到 $s(t_0+\Delta t)$，路程的增量 Δs 为

$$\Delta s = s(t_0+\Delta t)-s(t_0),$$

物体在 t_0 到 $t_0+\Delta t$ 这段时间内的平均速度为

$$\overline{v}=\frac{\Delta s}{\Delta t}=\frac{s(t_0+\Delta t)-s(t_0)}{\Delta t},$$

此平均速度近似反映了该物体在 t_0 时刻的快慢程度，t 越接近于 t_0（即 $|\Delta t|$ 越小），平均速度就越接近于 t_0 时刻的瞬时速度 $v(t_0)$. 因此，平均速度 $\overline{v}=\frac{\Delta s}{\Delta t}$ 当 $\Delta t\to 0$ 时的极限就是该物体在 t_0 时刻的瞬时速度 $v(t_0)$，即

$$v(t_0)=\lim_{\Delta t\to 0}\overline{v}=\lim_{\Delta t\to 0}\frac{\Delta s}{\Delta t}=\lim_{\Delta t\to 0}\frac{s(t_0+\Delta t)-s(t_0)}{\Delta t}.$$

引例 2（切线问题） 如图 2-1 所示，设函数 $y=f(x)$ 的图形为曲线 L，在曲线 L 上取一定点 $M(x_0, y_0)$，再取一动点 $N(x_0+\Delta x, y_0+\Delta y)$，作割线 MN. 当点 N 沿着曲线 L 无限接近于点 M 时，割线 MN 的极限位置 MT 就是曲线 L 在点 M 处的切线. 要确定出切线 MT，只要确定出曲线 L 在点 M 处的切线斜率 k_{MT} 即可.

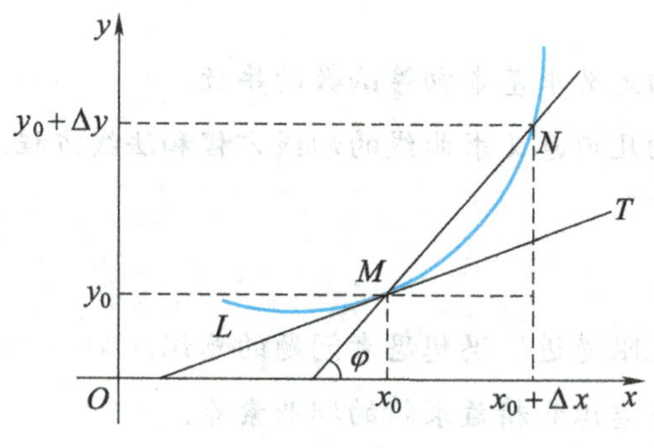

图 2-1

【分析】设割线 MN 的倾角为 φ，则割线 MN 的斜率为

$$k_{MN}=\tan\varphi=\frac{\Delta y}{\Delta x}=\frac{f(x_0+\Delta x)-f(x_0)}{\Delta x}.$$

当 $\Delta x \to 0$，即点 N 沿着曲线 L 无限接近于点 M 时，割线 MN 就越来越接近于切线 MT 的位置．也就是说，割线 MN 斜率的极限就是切线 MT 的斜率，即

$$k_{MT} = \lim_{\Delta x \to 0} \frac{\Delta y}{\Delta x} = \lim_{\Delta x \to 0} \frac{f(x_0 + \Delta x) - f(x_0)}{\Delta x}.$$

2.1.2　导数的定义

从引例可以看出，求变速直线运动物体的瞬时速度和曲线的切线斜率，实质就是求当自变量增量趋于 0 时，函数增量与自变量增量之比的极限．在实际中，许多问题都可以归结为求增量之比极限的问题．在数学上，我们把这类问题定义为导数．

导数的概念

定义 1　设函数 $y = f(x)$ 在点 x_0 的某邻域内有定义，当自变量 x 在点 x_0 处有增量 Δx 时，相应地，函数 $y = f(x)$ 有增量

$$\Delta y = f(x_0 + \Delta x) - f(x_0).$$

如果当 $\Delta x \to 0$ 时，$\dfrac{\Delta y}{\Delta x}$ 的极限存在，则称函数 $y = f(x)$ 在点 x_0 处**可导**，并称此极限为 $y = f(x)$ 在点 x_0 处的**导数**，记为 $f'(x_0)$，即

$$f'(x_0) = \lim_{\Delta x \to 0} \frac{\Delta y}{\Delta x} = \lim_{\Delta x \to 0} \frac{f(x_0 + \Delta x) - f(x_0)}{\Delta x},$$

也可记为

$$y'\big|_{x=x_0},\quad \left.\frac{\mathrm{d}y}{\mathrm{d}x}\right|_{x=x_0},\quad \left.\frac{\mathrm{d}f(x)}{\mathrm{d}x}\right|_{x=x_0}.$$

若极限 $\lim\limits_{\Delta x \to 0} \dfrac{\Delta y}{\Delta x}$ 不存在，则称函数 $y = f(x)$ 在点 x_0 处不可导．特殊地，若 $\lim\limits_{\Delta x \to 0} \dfrac{\Delta y}{\Delta x} = \infty$，我们说函数 $y = f(x)$ 在点 x_0 处的导数为 ∞，记为 $f'(x_0) = \infty$.

如果令 $x = x_0 + \Delta x$，则当 $\Delta x \to 0$ 时，有 $x \to x_0$，故函数 $y = f(x)$ 在点 x_0 处的导数 $f'(x_0)$ 也可表示为

$$f'(x_0) = \lim_{x \to x_0} \frac{f(x) - f(x_0)}{x - x_0}.$$

定义 2　极限

$$\lim_{\Delta x \to 0^-} \frac{\Delta y}{\Delta x} = \lim_{\Delta x \to 0^-} \frac{f(x_0 + \Delta x) - f(x_0)}{\Delta x},$$

$$\lim_{\Delta x \to 0^+} \frac{\Delta y}{\Delta x} = \lim_{\Delta x \to 0^+} \frac{f(x_0 + \Delta x) - f(x_0)}{\Delta x},$$

分别称为函数 $y = f(x)$ 在点 x_0 处的左导数和右导数，且分别记为 $f'_-(x_0)$ 和 $f'_+(x_0)$.

函数 $y = f(x)$ 在点 x_0 处可导的充分必要条件是函数 $y = f(x)$ 在点 x_0 处的左、右导数都存在且相等.

定义 3 如果函数 $y = f(x)$ 在区间 (a, b) 内每一点处都可导，则称 $y = f(x)$ 在区间 (a, b) 内可导. 这时，对于任一 $x \in (a, b)$，都对应着 $f(x)$ 的一个确定的导数值. 这样就构成了一个新函数，称该函数为函数 $f(x)$ 的导函数，记为 $f'(x)$，即

$$f'(x) = \lim_{\Delta x \to 0} \frac{f(x + \Delta x) - f(x)}{\Delta x},$$

也可记为

$$y', \quad \frac{\mathrm{d}y}{\mathrm{d}x}, \quad \frac{\mathrm{d}f(x)}{\mathrm{d}x}.$$

在不发生混淆的情况下，导函数也简称导数.

注意

> 显然，函数 $y = f(x)$ 在点 x_0 处的导数 $f'(x_0)$ 就是导函数 $f'(x)$ 在点 x_0 处的函数值，即 $f'(x_0) = f'(x)\big|_{x = x_0}$.

由导数的定义，可以得到求导数的一般步骤，具体如下.

（1）求增量：$\Delta y = f(x + \Delta x) - f(x)$.

（2）算比值：$\dfrac{\Delta y}{\Delta x} = \dfrac{f(x + \Delta x) - f(x)}{\Delta x}$.

（3）取极限：$y' = \lim\limits_{\Delta x \to 0} \dfrac{\Delta y}{\Delta x}$.

例 1 求函数 $f(x) = C$（C为常数）的导数.

解 （1）求增量：$\Delta y = f(x + \Delta x) - f(x) = C - C = 0$.

（2）算比值：$\dfrac{\Delta y}{\Delta x} = \dfrac{f(x + \Delta x) - f(x)}{\Delta x} = \dfrac{0}{\Delta x} = 0$.

（3）取极限：$y' = \lim\limits_{\Delta x \to 0} \dfrac{\Delta y}{\Delta x} = 0$.

因此，可得 $f(x) = C$ 的导数为 0.

利用 MATLAB 求解

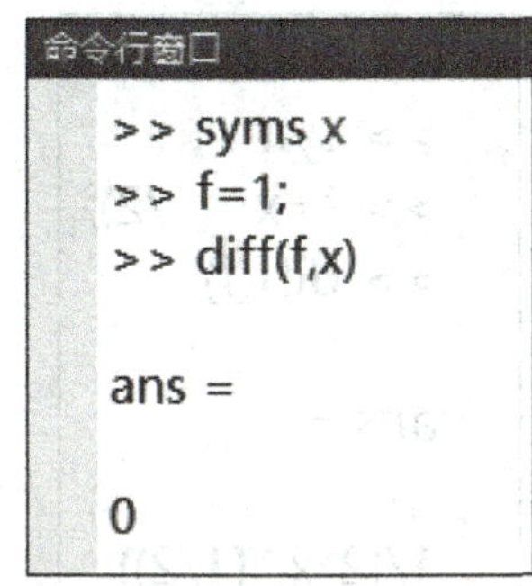

```
命令行窗口
>> syms x
>> f=1;
>> diff(f,x)

ans =

0
```

```
命令行窗口
>> syms x
>> f=100;
>> diff(f,x)

ans =

0
```

例 2　已知函数 $f(x)=x^2$，求 $f'(x)$，$f'(4)$．

解　（1）求增量：$\Delta y=f(x+\Delta x)-f(x)=(x+\Delta x)^2-x^2=2x\cdot\Delta x+(\Delta x)^2$．

（2）算比值：$\dfrac{\Delta y}{\Delta x}=\dfrac{2x\cdot\Delta x+(\Delta x)^2}{\Delta x}=2x+\Delta x$．

（3）取极限：$f'(x)=\lim\limits_{\Delta x\to 0}\dfrac{\Delta y}{\Delta x}=\lim\limits_{\Delta x\to 0}(2x+\Delta x)=2x$．

因此，$f'(x)=2x$，$f'(4)=2x|_{x=4}=8$．

利用 MATLAB 求解

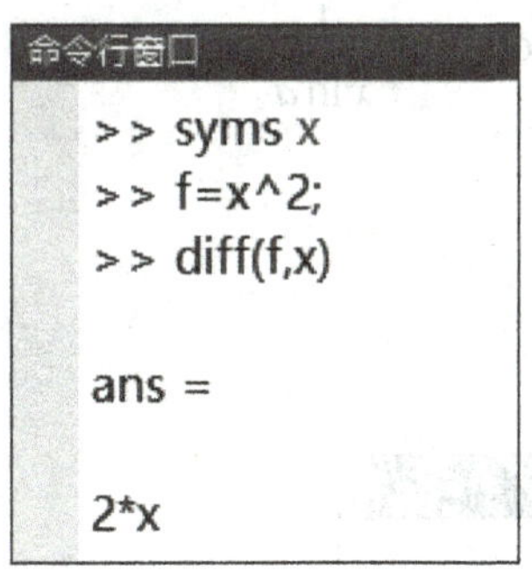

```
命令行窗口
>> syms x
>> f=x^2;
>> diff(f,x)

ans =

2*x
```

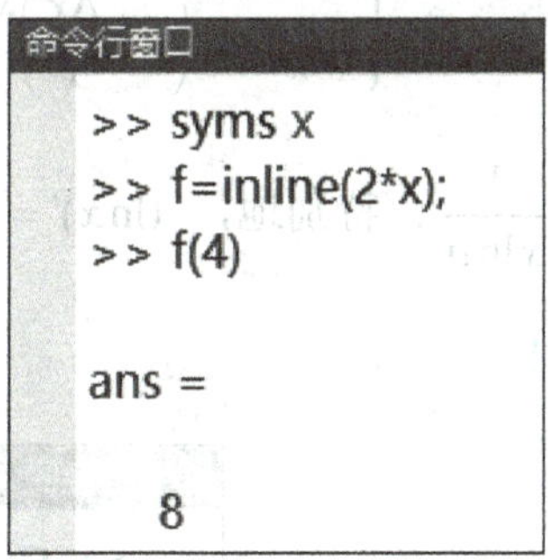

```
命令行窗口
>> syms x
>> f=inline(2*x);
>> f(4)

ans =

    8
```

可以证明：$(x^{\mu})'=\mu x^{\mu-1}$（μ为任意实数）．特别地，$\left(\dfrac{1}{x}\right)'=-\dfrac{1}{x^2}$，$(\sqrt{x})'=\dfrac{1}{2\sqrt{x}}$．

利用 MATLAB 求解

```
命令行窗口
>> syms x
>> f=1/x;
>> diff(f)

ans =

-1/x^2
```

```
命令行窗口
>> syms x
>> f=x^(1/2);
>> diff(f)

ans =

1/(2*x^(1/2))
```

例 3 设 $y=\log_a x$，求 y'.

解 （1）求增量：$\Delta y=f(x+\Delta x)-f(x)=\log_a(x+\Delta x)-\log_a x=\log_a\left(1+\dfrac{\Delta x}{x}\right)$.

（2）算比值：$\dfrac{\Delta y}{\Delta x}=\dfrac{1}{\Delta x}\log_a\left(1+\dfrac{\Delta x}{x}\right)=\dfrac{1}{x}\log_a\left(1+\dfrac{\Delta x}{x}\right)^{\frac{x}{\Delta x}}$.

（3）取极限：$y'=\lim\limits_{\Delta x\to 0}\dfrac{\Delta y}{\Delta x}=\lim\limits_{\Delta x\to 0}\dfrac{1}{x}\log_a\left(1+\dfrac{\Delta x}{x}\right)^{\frac{x}{\Delta x}}$

$$=\frac{1}{x}\lim_{\Delta x\to 0}\log_a\left(1+\frac{\Delta x}{x}\right)^{\frac{x}{\Delta x}}=\frac{1}{x}\log_a \mathrm{e}=\frac{1}{x\ln a},$$

即 $y'=(\log_a x)'=\dfrac{1}{x\ln a}$. 特别地，$(\ln x)'=\dfrac{1}{x}$.

利用 MATLAB 求解

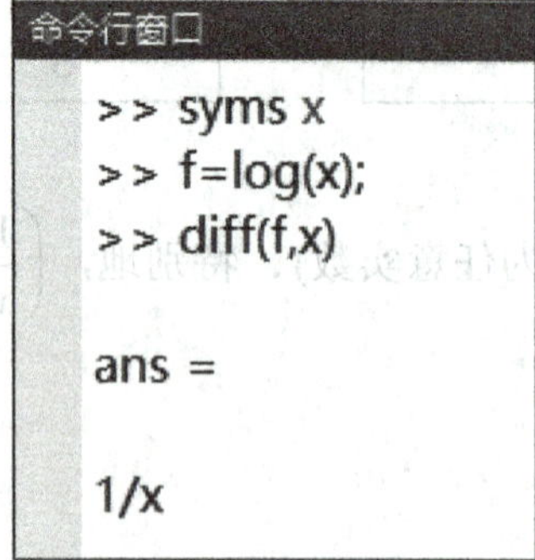

```
命令行窗口
>> syms x
>> f=log(x);
>> diff(f,x)

ans =

1/x
```

2.1.3　导数的几何意义

由前面切线问题的讨论及导数的定义可知：函数 $y=f(x)$ 在点 x_0 处的导数 $f'(x_0)$，在几何上表示曲线 $y=f(x)$ 在点 $M(x_0, y_0)$ 处的切线斜率，即

$$f'(x_0)=\tan\alpha,$$

其中 α 是切线的倾斜角，如图 2-2 所示.

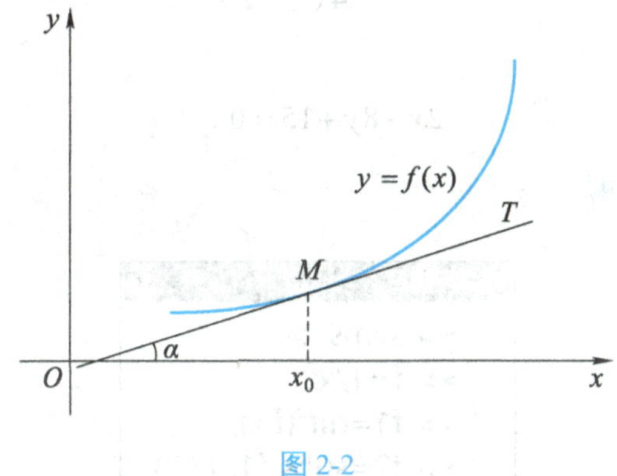

图 2-2

有了曲线 $y=f(x)$ 在点 $M(x_0, y_0)$ 处的切线斜率，就很容易写出曲线 $y=f(x)$ 在该点处的切线方程.

若 $f'(x_0)\neq 0$，则由直线的点斜式方程可知，曲线 $y=f(x)$ 在点 (x_0, y_0) 处的切线方程为

$$y-y_0=f'(x_0)(x-x_0),$$

法线方程为

$$y-y_0=-\frac{1}{f'(x_0)}(x-x_0).$$

若 $f'(x_0)=\infty$，则切线垂直于 x 轴，切线方程为 $x=x_0$.

若 $f'(x_0)=0$，则法线垂直于 x 轴，法线方程为 $x=x_0$.

例 4　求等边双曲线 $y=\dfrac{1}{x}$ 在点 $\left(\dfrac{1}{2}, 2\right)$ 处的切线斜率，并写出该点处的切线方程和法线方程.

解　根据导数的几何意义可知，所求切线的斜率为

$$k_1=y'\big|_{x=\frac{1}{2}}=\left(-\frac{1}{x^2}\right)\bigg|_{x=\frac{1}{2}}=-4.$$

从而所求切线方程为

$$y-2=-4\left(x-\frac{1}{2}\right),$$

即

$$4x+y-4=0 .$$

所求法线的斜率为 $k_2=-\frac{1}{k_1}=\frac{1}{4}$，于是所求法线方程为

$$y-2=\frac{1}{4}\left(x-\frac{1}{2}\right),$$

即

$$2x-8y+15=0 .$$

利用 MATLAB 求解

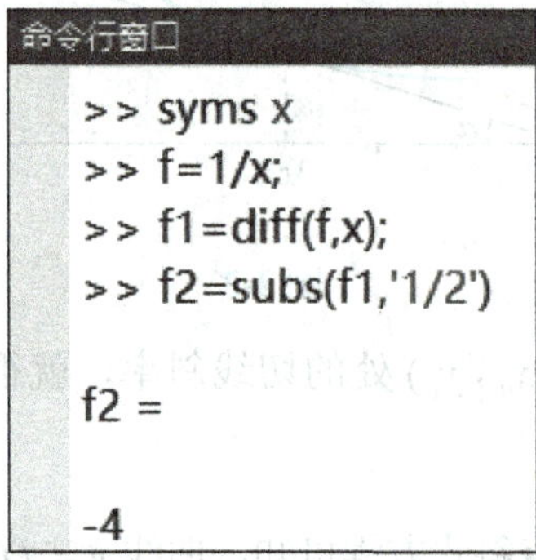

2.1.4 可导与连续的关系

定理 如果函数 $y=f(x)$ 在点 x_0 处可导，则函数 $y=f(x)$ 在点 x_0 处一定连续.

如果函数 $f(x)$ 在点 x_0 处连续，则函数 $f(x)$ 在点 x_0 处不一定可导.

例 5 证明函数 $y=\sqrt[3]{x^2}$ 在 $x=0$ 处连续，但在 $x=0$ 处不可导.

证明 （1）因为函数 $y=\sqrt[3]{x^2}$ 是初等函数，定义域为 $(-\infty,+\infty)$，由一切初等函数在其定义区间内都是连续的定理，可知函数 $y=\sqrt[3]{x^2}$ 在 $x=0$ 处连续.

（2）因为

$$y' = (\sqrt[3]{x^2})' = (x^{\frac{2}{3}})' = \frac{2}{3}x^{-\frac{1}{3}} = \frac{2}{3\sqrt[3]{x}},$$

显然，当 $x=0$ 时，导数不存在.

综上所知，函数 $y=\sqrt[3]{x^2}$ 在 $x=0$ 处连续，但在 $x=0$ 处不可导.

利用 MATLAB 求解

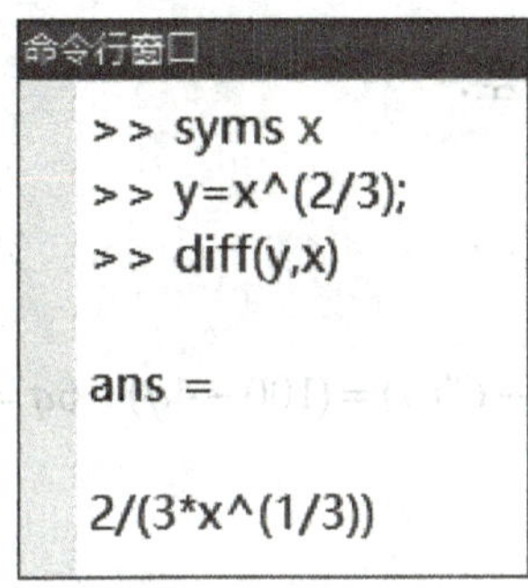

命令行窗口

```
>> syms x
>> y=x^(2/3);
>> diff(y,x)

ans =

2/(3*x^(1/3))
```

2.1.5 数学建模案例赏析

导数的经济应用模型

1. 实际问题

生产某产品的边际成本为 $C'(q)=6q$（元/台），边际收入为 $R'(q)=100-4q$（元/台），其中 q 为产量. 请问产量为 2 台时，边际利润是多少？其经济意义是什么？

知识宝典

经济学中，经常用到成本、收入、利润等量，其中利润等于收入与成本之差. 将产量或销量 q 作为自变量，成本、收入、利润分别作为因变量，可以得到成本函数 $C(q)$、收入函数 $R(q)$ 和利润函数 $L(q)$. 其导数的经济意义如下.

（1）成本函数 $C(q)$ 的导数 $C'(q)$ 称为边际成本，其经济意义：当产量为 q 时，再生产一个单位产品所增加的成本为 $C'(q)$.

(2) 收入函数 $R(q)$ 的导数 $R'(q)$ 称为边际收入，其经济意义：当销量为 q 时，再销售一个单位产品所增加的收入为 $R'(q)$.

(3) 利润函数 $L(q)$ 的导数 $L'(q)$ 称为边际利润，其经济意义：当销量为 q 时，再销售一个单位产品利润的改变量为 $L'(q)$.

2. 模型假设

(1) 销量等于产量.

(2) 利润等于收入与成本之差.

3. 模型建立

边际利润函数为 $L'(q)=R'(q)-C'(q)=(100-4q)-6q=100-10q$.

4. 模型求解

当 $q=2$ 时，

$$L'(2)=100-10\times 2=80\ (\text{元/台}).$$

5. 模型分析

边际利润是 80 元/台，其经济意义是当产量为 2 台时，再增加 1 台将获得利润 80 元.

习题 2.1

1. 根据导数的定义，求下列函数的导数和导数值.

(1) $f(x)=x^3$，求 $f'(x)$ 和 $f'(1)$， $f'(2)$.

(2) $y=\dfrac{1}{\sqrt{x}}$，求 $y'|_{x=4}$.

2. 求下列函数的导数.

(1) $y=x^{\frac{2}{3}}$.　　(2) $y=\dfrac{1}{x^2}$.

(3) $y=x\sqrt{x}$.　　(4) $y=\dfrac{x^3}{\sqrt{x}}$.

3. （1）求曲线 $y=\sin x$ 在点 $\left(\frac{\pi}{6},\frac{1}{2}\right)$ 处的切线斜率.

（2）求曲线 $y=x^3$ 在点 $(1,1)$ 处的切线方程和法线方程.

2.2 导数的基本公式与求导法则

知识目标

（1）了解高阶导数、隐函数的定义.

（2）熟悉隐函数的求导法则.

（3）掌握导数的基本公式、函数四则运算求导法则和复合函数的求导法则.

能力目标

（1）能熟练运用函数四则运算求导法则、复合函数的求导法则求导.

（2）会求高阶导数.

素质目标

（1）培养审同辨异、化繁为简、由简及繁的职业素养.

（2）培养分析问题、解决问题和归纳总结的基本素养.

在上一节里，我们介绍了通过定义求函数导数的方法. 但是，有时用定义去求函数导数会比较麻烦、甚至很困难. 本节将介绍导数的基本公式和求导数的几个基本法则，借助这些公式和法则，就能比较方便地求出常见函数的导数.

2.2.1 导数的基本公式

为了便于应用，我们直接给出基本初等函数的导数公式.

（1）$(C)'=0$.　　（2）$(x^\mu)'=\mu x^{\mu-1}$.

（3）$(a^x)'=a^x\ln a\,(a>0, a\neq 1)$.　　（4）$(e^x)'=e^x$.

（5）$(\log_a x)'=\dfrac{1}{x\ln a}\,(a>0, a\neq 1)$.　　（6）$(\ln x)'=\dfrac{1}{x}$.

（7）$(\sin x)'=\cos x$.　　（8）$(\cos x)'=-\sin x$.

（9）$(\tan x)'=\sec^2 x$.　　（10）$(\cot x)'=-\csc^2 x$.

（11）$(\sec x)' = \sec x \tan x$.　　（12）$(\csc x)' = -\csc x \cot x$.

（13）$(\arcsin x)' = \dfrac{1}{\sqrt{1-x^2}}$.　　（14）$(\arccos x)' = -\dfrac{1}{\sqrt{1-x^2}}$.

（15）$(\arctan x)' = \dfrac{1}{1+x^2}$.　　（16）$(\operatorname{arccot} x)' = -\dfrac{1}{1+x^2}$.

2.2.2　函数四则运算求导法则

定理 1　设函数 $u = u(x)$ 及 $v = v(x)$ 都在点 x 处具有导数，那么它们的和、差、积、商（分母不为零）都在点 x 处具有导数，并且有下列法则.

（1）$(u \pm v)' = u' \pm v'$.

（2）$(uv)' = u'v + uv'$.

（3）$\left(\dfrac{u}{v}\right)' = \dfrac{u'v - uv'}{v^2} \ (v \neq 0)$.

定理 1 的第(1)、(2)项可推广到任意有限个可导函数的情形，如 $(u \pm v \pm w)' = u' \pm v' \pm w'$ 和 $(uvw)' = u'vw + uv'w + uvw'$ 等.

由定理 1 的第（2）、（3）项可得到 $(Cu)' = Cu'$（C 为常数），$\left(\dfrac{1}{v}\right)' = -\dfrac{v'}{v^2} \ (v \neq 0)$.

例 1　设函数 $y = x^2 + \cos x - 2\ln x + \mathrm{e}^2$，求 y' .

解　$y' = (x^2 + \cos x - 2\ln x + \mathrm{e}^2)' = (x^2)' + (\cos x)' - 2(\ln x)' + (\mathrm{e}^2)' = 2x - \sin x - \dfrac{2}{x}$.

例 2　设函数 $y = \dfrac{x-1}{x+1}$，求 y' .

$$y' = \left(\frac{x-1}{x+1}\right)' = \frac{(x-1)'(x+1) - (x-1)(x+1)'}{(x+1)^2} = \frac{1 \cdot (x+1) - (x-1) \cdot 1}{(x+1)^2} = \frac{2}{(x+1)^2} .$$

利用 MATLAB 求解

例 1

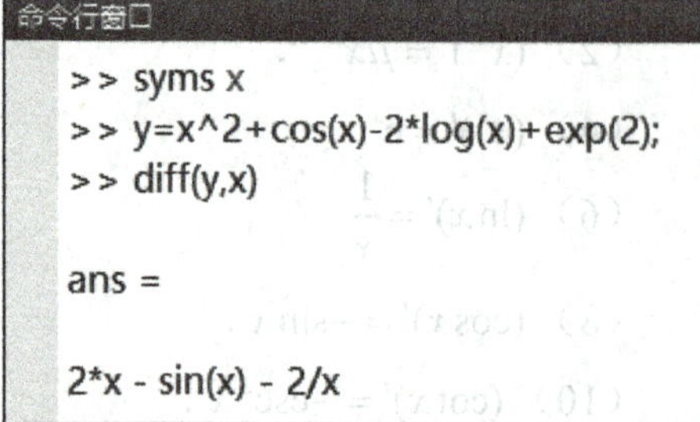

例 2

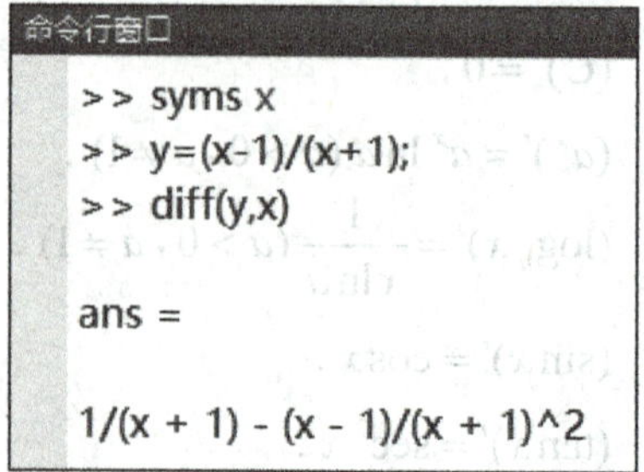

例 3　求证 $y=\tan x$ 的导数为 $y'=\sec^2 x$.

证明

$$y'=(\tan x)'=\left(\frac{\sin x}{\cos x}\right)'=\frac{(\sin x)'\cos x-\sin x(\cos x)'}{\cos^2 x}=\frac{\cos^2 x+\sin^2 x}{\cos^2 x}=\frac{1}{\cos^2 x}=\sec^2 x .$$

利用 MATLAB 求解

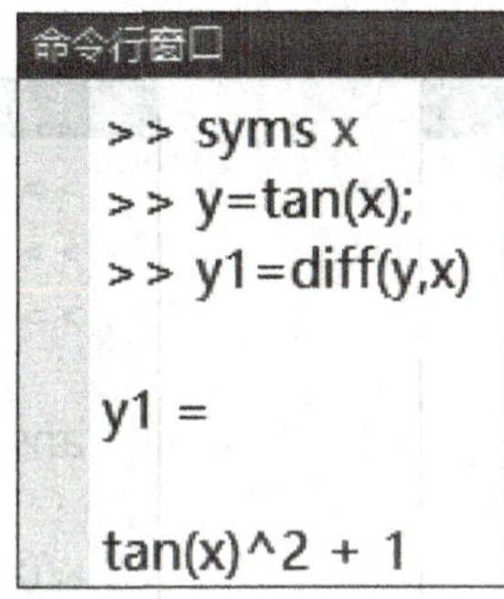

```
命令行窗口
>> syms x
>> y=tan(x);
>> y1=diff(y,x)

y1 =

tan(x)^2 + 1
```

2.2.3　复合函数的求导法则

导数的运算

定理 2　设 $u=\varphi(x)$ 在点 x 处可导，函数 $y=f(u)$ 在对应点 u 处可导，则复合函数 $y=f[\varphi(x)]$ 在点 x 处也可导，并且

$$\frac{\mathrm{d}y}{\mathrm{d}x}=\frac{\mathrm{d}y}{\mathrm{d}u}\cdot\frac{\mathrm{d}u}{\mathrm{d}x},$$

或记为

$$y'(x)=f'(u)\cdot\varphi'(x),\quad y'_x=y'_u\cdot u'_x .$$

定理 2 可推广到函数有限次复合的情形，例如，设函数 $y=f(u)$ ，$u=\varphi(v)$ ，$v=\psi(x)$ ，则复合函数 $y=f\{\varphi[\psi(x)]\}$ 的导数为

$$\frac{\mathrm{d}y}{\mathrm{d}x}=\frac{\mathrm{d}y}{\mathrm{d}u}\cdot\frac{\mathrm{d}u}{\mathrm{d}v}\cdot\frac{\mathrm{d}v}{\mathrm{d}x} .$$

例 4　设函数 $y=\sin 2x$ ，求 $\frac{\mathrm{d}y}{\mathrm{d}x}$.

解　因为 $y=\sin 2x$ 是由 $y=\sin u$ ，$u=2x$ 复合而成的，所以

$$\frac{\mathrm{d}y}{\mathrm{d}x}=\frac{\mathrm{d}y}{\mathrm{d}u}\cdot\frac{\mathrm{d}u}{\mathrm{d}x}=(\sin u)'(2x)'=\cos u\cdot 2=2\cos 2x .$$

例 5　设函数 $y=\sqrt{x^2+1}$，求 $\frac{\mathrm{d}y}{\mathrm{d}x}$．

解　因为 $y=\sqrt{x^2+1}$ 是由 $y=\sqrt{u}$，$u=x^2+1$ 复合而成的，所以

$$\frac{\mathrm{d}y}{\mathrm{d}x}=\frac{\mathrm{d}y}{\mathrm{d}u}\cdot\frac{\mathrm{d}u}{\mathrm{d}x}=(\sqrt{u})'(x^2+1)'=\frac{1}{2\sqrt{u}}2x=\frac{x}{\sqrt{x^2+1}}.$$

利用 MATLAB 求解

例 4

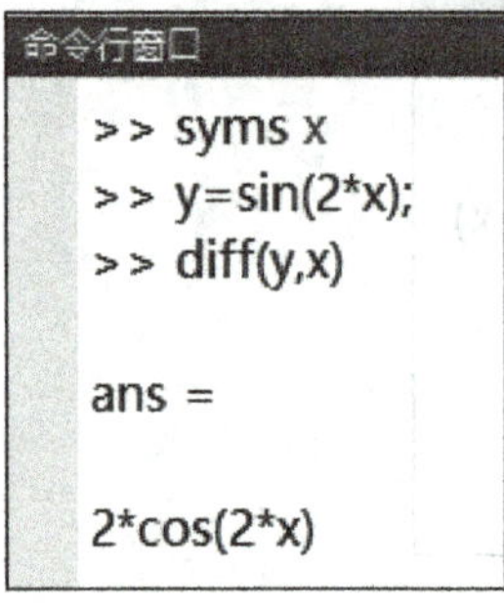

```
命令行窗口
>> syms x
>> y=sin(2*x);
>> diff(y,x)

ans =

2*cos(2*x)
```

例 5

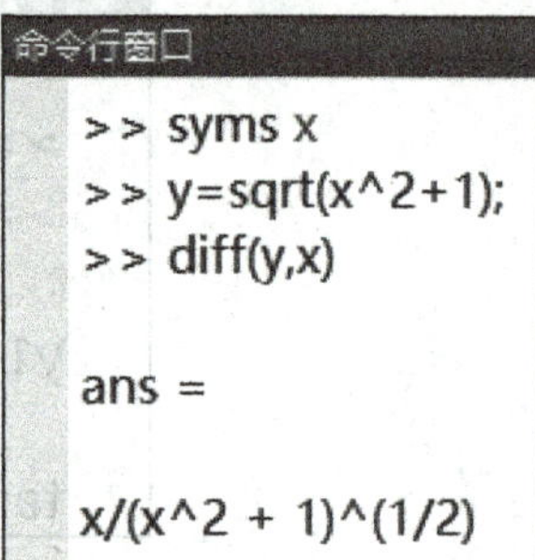

```
命令行窗口
>> syms x
>> y=sqrt(x^2+1);
>> diff(y,x)

ans =

x/(x^2 + 1)^(1/2)
```

注意

对复合函数的求导法则比较熟悉后，可不必写出中间变量的求导过程．

例 6　设函数 $y=\mathrm{e}^{x^3}$，求 y'．

解
$$y'=\mathrm{e}^{x^3}\cdot(x^3)'=3x^2\mathrm{e}^{x^3}.$$

例 7　设函数 $y=\ln(x^2-1)$，求 y'．

解
$$y'=\frac{1}{x^2-1}(x^2-1)'=\frac{1}{x^2-1}\cdot 2x=\frac{2x}{x^2-1}.$$

利用 MATLAB 求解

例 6

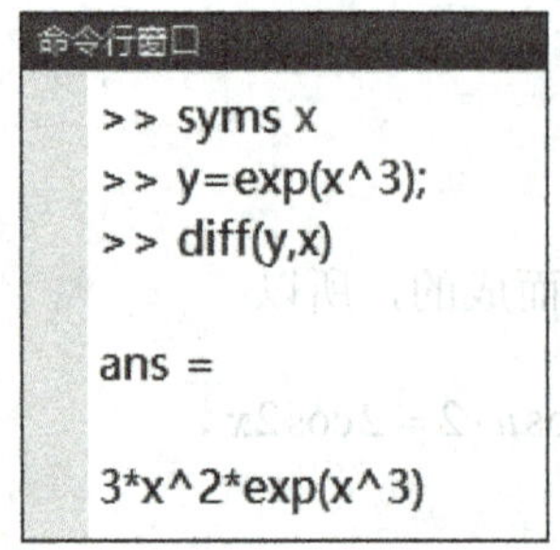

```
命令行窗口
>> syms x
>> y=exp(x^3);
>> diff(y,x)

ans =

3*x^2*exp(x^3)
```

例 7

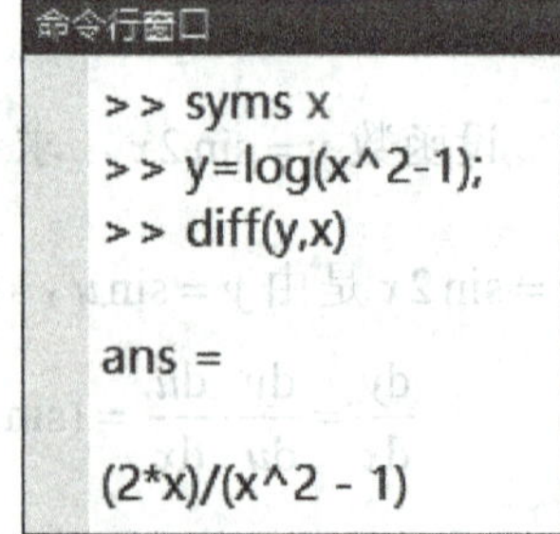

```
命令行窗口
>> syms x
>> y=log(x^2-1);
>> diff(y,x)

ans =

(2*x)/(x^2 - 1)
```

例 8　设 $y=\ln\cos(\mathrm{e}^x)$，求 y'.

解
$$y'=\frac{1}{\cos(\mathrm{e}^x)}[\cos(\mathrm{e}^x)]'=\frac{-\sin(\mathrm{e}^x)}{\cos(\mathrm{e}^x)}(\mathrm{e}^x)'=-\mathrm{e}^x\tan(\mathrm{e}^x).$$

利用 MATLAB 求解

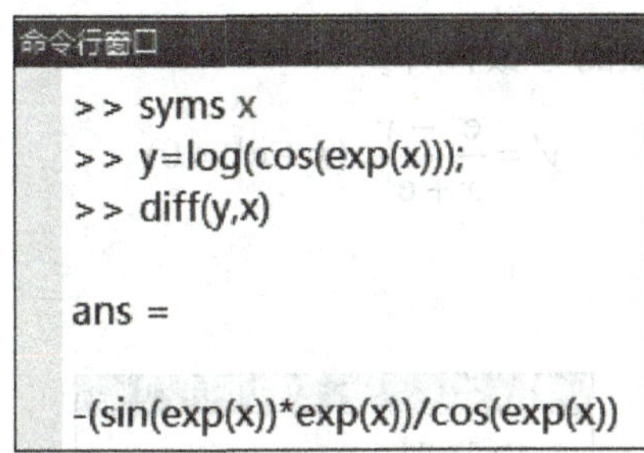

```
命令行窗口
>> syms x
>> y=log(cos(exp(x)));
>> diff(y,x)

ans =

-(sin(exp(x))*exp(x))/cos(exp(x))
```

2.2.4　隐函数的求导法则

1. 隐函数的概念

前面我们所遇到的函数都是 $y=f(x)$ 形式，即等号左端是因变量的符号，右端是含有自变量的式子，这种形式的函数称为**显函数**，如 $y=x^2+3$，$y=\ln\cos x$ 等. 有些函数的表示却不是这样的，例如，方程 $x+y^3-1=0$ 也表示一个函数，因为当变量 x 在 $(-\infty,+\infty)$ 内取值时，变量 y 有唯一确定的值与之对应，这样的函数称为**隐函数**.

隐函数的导数

一般地，如果变量 x,y 满足一个方程 $F(x,y)=0$，在一定条件下，当 x 取某区间内的任一值时，相应地总有满足该方程的唯一的 y 值存在，那么就说方程 $F(x,y)=0$ 在该区间内确定了一个隐函数.

2. 隐函数求导

隐函数求导时，可以将隐函数化成显函数（称为**隐函数的显化**），再求导. 例如，从方程 $x+y^3-1=0$ 解出 $y=\sqrt[3]{1-x}$，再求导. 然而，有时隐函数的显化是困难的，甚至是不可能的. 下面介绍隐函数求导的一般方法，这种方法不管隐函数能否显化，都能直接由方程算出它的导数.

隐函数求导的一般方法：将方程 $F(x,y)=0$ 两边同时对 x 求导，遇到 y 时，把 y 看成

x 的函数 $y=f(x)$，利用复合函数的求导法则，先对 y 求导，再乘以 y 对 x 的导数 y'，得到一个含有 y' 的方程，从方程里解出 y' 即可.

例 9　设 $xy-\mathrm{e}^x+\mathrm{e}^y=0$，求 y'.

解　将方程两边同时对 x 求导，得

$$y+xy'-\mathrm{e}^x+\mathrm{e}^y y'=0,$$

由上式解出 y'，便得到隐函数的导数，即

$$y'=\frac{\mathrm{e}^x-y}{x+\mathrm{e}^y}\ (x+\mathrm{e}^y\neq 0).$$

利用 MATLAB 求解

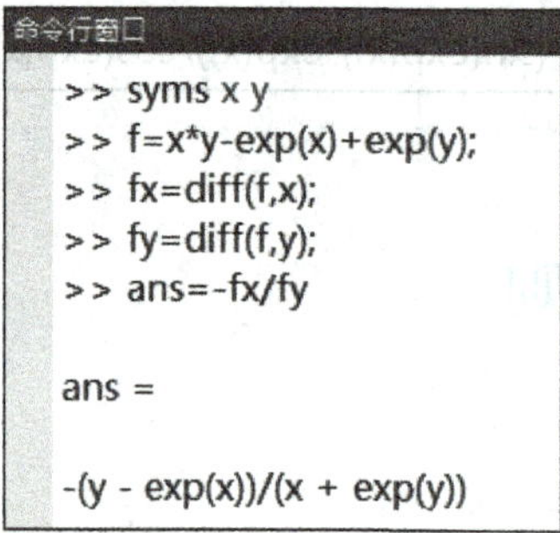


```
>> syms x y
>> f=x*y-exp(x)+exp(y);
>> fx=diff(f,x);
>> fy=diff(f,y);
>> ans=-fx/fy

ans =

-(y - exp(x))/(x + exp(y))
```

3. 对数求导法

对数求导法是指先将 $y=f(x)$ 两边同时取对数，使其变成隐函数的形式，再利用隐函数求导的一般方法进行求解.

有些函数利用对数求导法进行求导会比用一般的方法简便些，下面进行举例说明.

例 10　求 $y=x^{\sin x}\ (x>0)$ 的导数.

解　等式两边同时取对数，得

$$\ln y=\sin x\ln x,$$

将上式两边同时对 x 求导，得

$$\frac{1}{y}y'=\frac{\sin x}{x}+\cos x\ln x,$$

由上式解出 y'，得

$$y'=y\left(\frac{\sin x}{x}+\cos x\ln x\right)=x^{\sin x}\left(\frac{\sin x}{x}+\cos x\ln x\right).$$

利用 MATLAB 求解

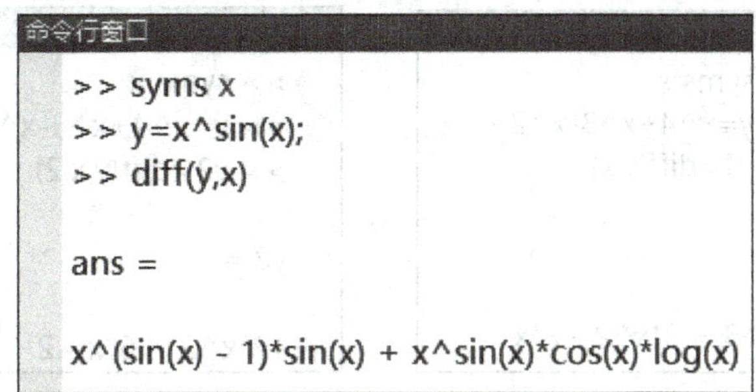

2.2.5　高阶导数

1. 高阶导数的定义

高阶导数

定义　若函数 $y=f(x)$ 的导数 $y'=f'(x)$ 仍是 x 的函数，则称 $y'=f'(x)$ 的导数为函数 $y=f(x)$ 的二阶导数，记为 y''，也记为 $f''(x)$ 或 $\dfrac{\mathrm{d}^2y}{\mathrm{d}x^2}$.

类似地，二阶导数的导数称为函数 $f(x)$ 的三阶导数；三阶导数的导数称为函数 $f(x)$ 的四阶导数；……；$(n-1)$ 阶导数的导数称为函数 $f(x)$ 的 n 阶导数，分别记为

$$y''',\ y^{(4)},\ \cdots,\ y^{(n)},$$

也分别记为

$$f'''(x),\ f^{(4)}(x),\ \cdots,\ f^{(n)}(x) \text{ 或 } \frac{\mathrm{d}^3y}{\mathrm{d}x^3},\ \frac{\mathrm{d}^4y}{\mathrm{d}x^4},\ \cdots,\ \frac{\mathrm{d}^ny}{\mathrm{d}x^n}.$$

二阶及二阶以上的导数统称为高阶导数．相应地，函数 $y=f(x)$ 的导数 $f'(x)$ 称为函数 $y=f(x)$ 的一阶导数.

显然，求高阶导数只需要逐阶求导，直到所要求的阶数即可，所以仍可用前面学过的求导方法来计算高阶导数.

2. 高阶导数的计算

例 11　设函数 $y=x^4+x^3-x^2+1$，求 y''.

解

$$y'=4x^3+3x^2-2x,\quad y''=12x^2+6x-2.$$

利用 MATLAB 求解

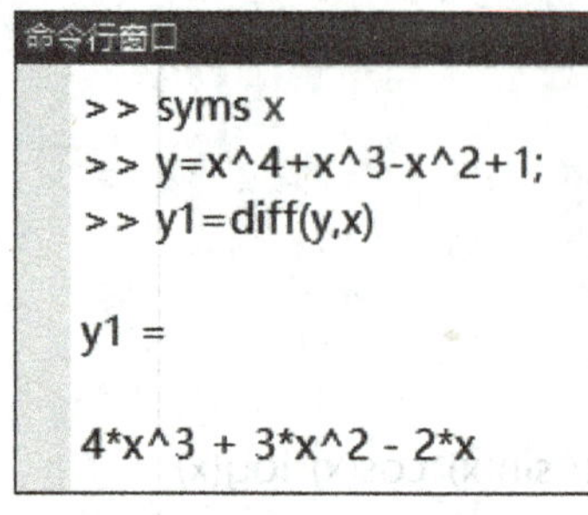

```
命令行窗口
>> syms x
>> y=x^4+x^3-x^2+1;
>> y1=diff(y,x)

y1 =

4*x^3 + 3*x^2 - 2*x
```

```
命令行窗口
>> syms x
>> y=x^4+x^3-x^2+1;
>> y2=diff(y,x,2)

y2 =

12*x^2 + 6*x - 2
```

例 12 设函数 $y = \mathrm{e}^{-x}\cos 2x$，求 y''.

解

$$y' = -\mathrm{e}^{-x}\cos 2x - 2\mathrm{e}^{-x}\sin 2x,$$

$$y'' = (-\mathrm{e}^{-x}\cos 2x - 2\mathrm{e}^{-x}\sin 2x)'$$

$$= \mathrm{e}^{-x}\cos 2x + 2\mathrm{e}^{-x}\sin 2x + 2\mathrm{e}^{-x}\sin 2x - 4\mathrm{e}^{-x}\cos 2x$$

$$= (4\sin 2x - 3\cos 2x)\mathrm{e}^{-x}.$$

利用 MATLAB 求解

```
命令行窗口
>> syms x
>> y=exp(-x)*cos(2*x);
>> y1=diff(y,x)

y1 =

- cos(2*x)*exp(-x) - 2*sin(2*x)*exp(-x)
```

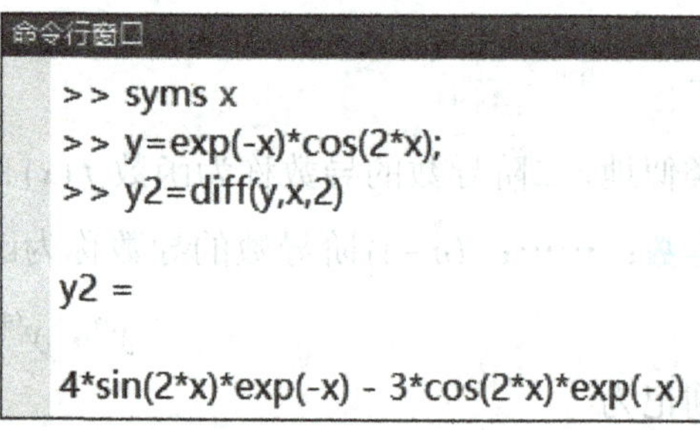

```
命令行窗口
>> syms x
>> y=exp(-x)*cos(2*x);
>> y2=diff(y,x,2)

y2 =

4*sin(2*x)*exp(-x) - 3*cos(2*x)*exp(-x)
```

例 13 设函数 $y = \sin x$，求 $y^{(n)}$.

解

$$y' = \cos x = \sin\left(x + \frac{\pi}{2}\right),$$

$$y'' = \cos\left(x + \frac{\pi}{2}\right) = \sin\left(x + \frac{\pi}{2} + \frac{\pi}{2}\right) = \sin\left(x + 2\cdot\frac{\pi}{2}\right),$$

$$y''' = \cos\left(x + 2\cdot\frac{\pi}{2}\right) = \sin\left(x + 3\cdot\frac{\pi}{2}\right),$$

$$y^{(4)} = \cos\left(x + 3\cdot\frac{\pi}{2}\right) = \sin\left(x + 4\cdot\frac{\pi}{2}\right),$$

依次类推，可得

$$y^{(n)}=\sin\left(x+n\cdot\frac{\pi}{2}\right),$$

即

$$(\sin x)^{(n)}=\sin\left(x+n\cdot\frac{\pi}{2}\right).$$

利用 MATLAB 求解

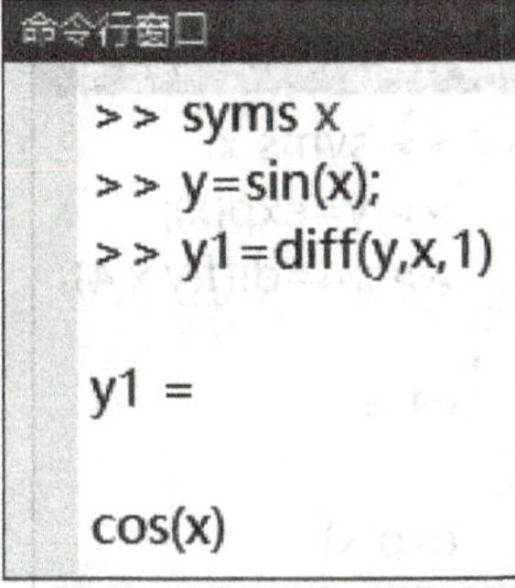

```
命令行窗口
>> syms x
>> y=sin(x);
>> y1=diff(y,x,1)

y1 =

cos(x)
```

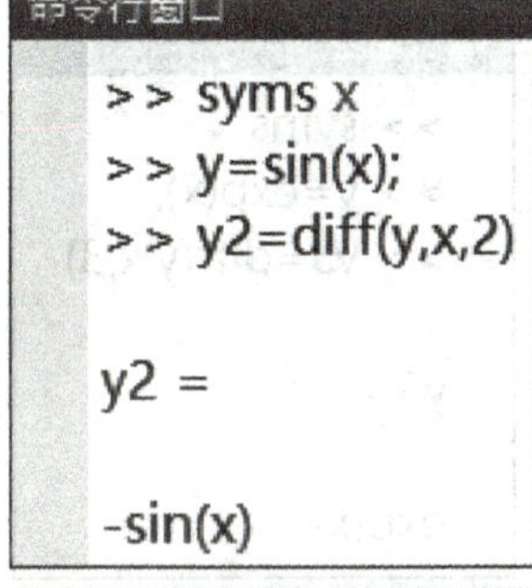

```
命令行窗口
>> syms x
>> y=sin(x);
>> y2=diff(y,x,2)

y2 =

-sin(x)
```

```
命令行窗口
>> syms x
>> y=sin(x);
>> y3=diff(y,x,3)

y3 =

-cos(x)
```

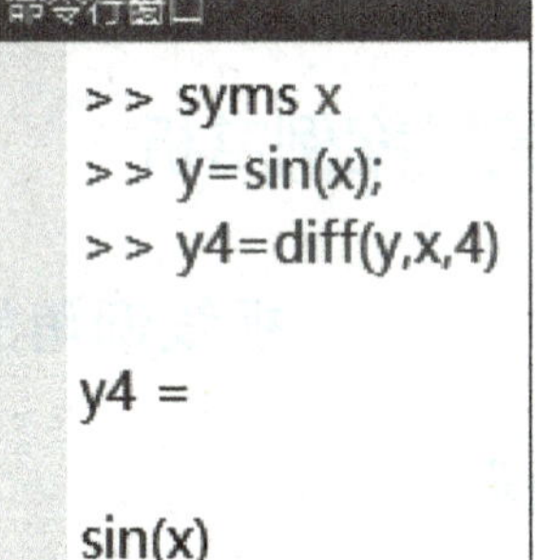

```
命令行窗口
>> syms x
>> y=sin(x);
>> y4=diff(y,x,4)

y4 =

sin(x)
```

学以致用

根据例 13 的方法，求函数 $y=\cos x$ 的 n 阶导数 $y^{(n)}$.

例 14　设函数 $y=\mathrm{e}^x$，求 $y^{(n)}$.

解　$y'=\mathrm{e}^x$，$y''=\mathrm{e}^x$，…，$y^{(n-1)}=\mathrm{e}^x$，$y^{(n)}=\mathrm{e}^x$.

利用 MATLAB 求解

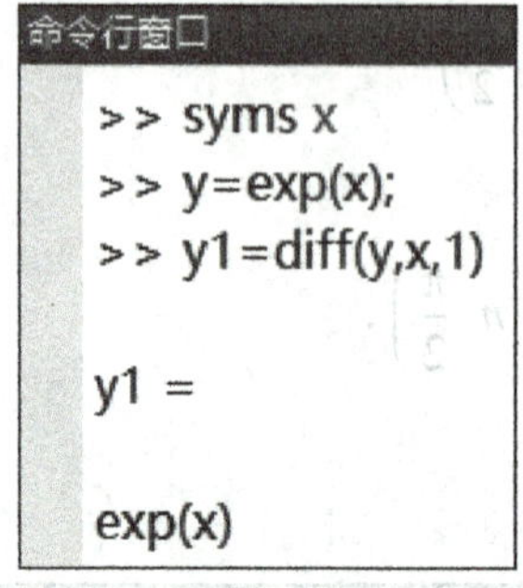

```
命令行窗口
>> syms x
>> y=exp(x);
>> y1=diff(y,x,1)

y1 =

exp(x)
```

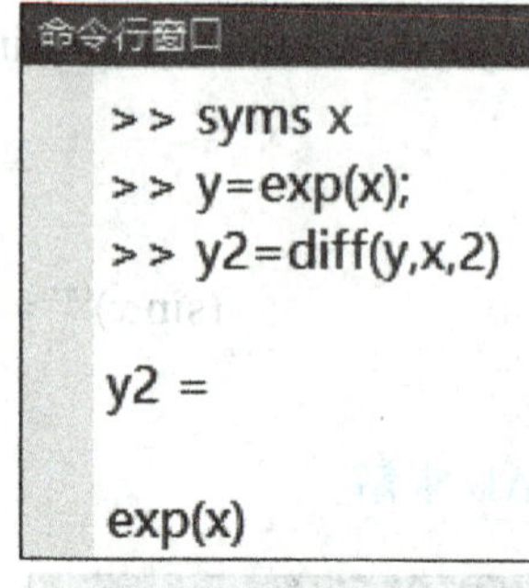

```
命令行窗口
>> syms x
>> y=exp(x);
>> y2=diff(y,x,2)

y2 =

exp(x)
```

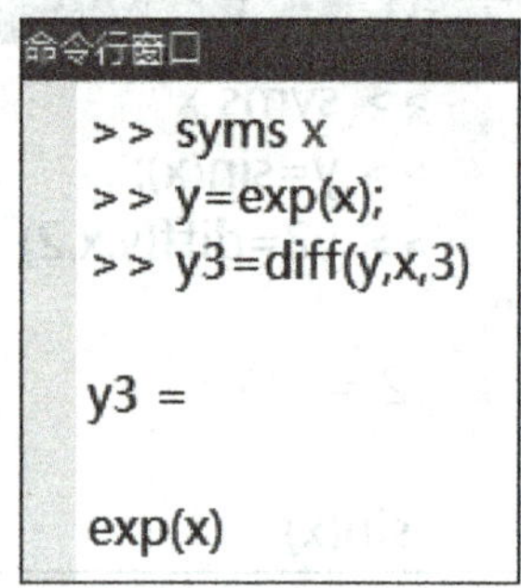

```
命令行窗口
>> syms x
>> y=exp(x);
>> y3=diff(y,x,3)

y3 =

exp(x)
```

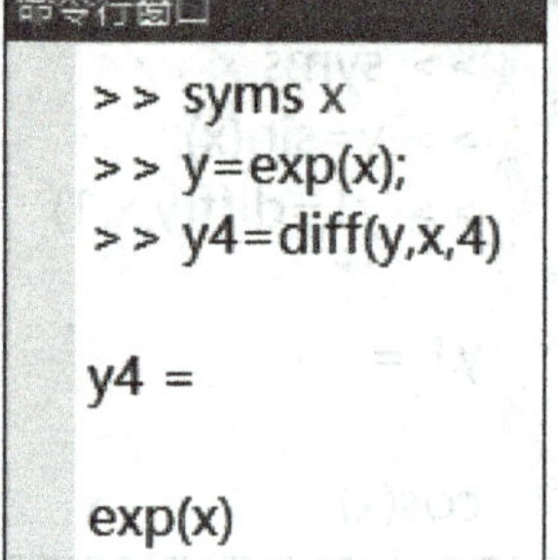

```
命令行窗口
>> syms x
>> y=exp(x);
>> y4=diff(y,x,4)

y4 =

exp(x)
```

2.2.6 数学建模案例赏析

视线仰角的增加率求解模型

1. 实际问题

一气球从离观察员 500 m 处离开地面垂直上升，其速率为 140 m/min，当气球上升到高度为 500 m 时，观察员视线仰角的增加率是多少？

2. 模型假设

（1）气球垂直上升.

（2）气球在上升过程中不受环境其他因素影响.

3. 模型建立

设观察员的视线仰角为$\alpha=\alpha(t)$，气球上升的高度为$h=h(t)$，则气球上升的速率为

$h'(t)$，观察员视线仰角的增加率为$\alpha'(t)$.

因为$\tan\alpha = \dfrac{h}{500}$，即$\alpha = \arctan\dfrac{h}{500}$，所以该函数是一个复合函数，两边对时间$t$求导，得

$$\alpha'(t) = \left(\arctan\frac{h}{500}\right)' = \frac{1}{1+\left(\frac{h}{500}\right)^2}\cdot\left(\frac{h}{500}\right)' = \frac{500}{250\,000+h^2}h'.$$

4. 模型求解

将$h = 500\ \text{m}$，$h' = 140\ \text{m/min}$代入上式，可得$\alpha'(t) = 0.14\ \text{rad/min}$.

5. 模型分析

气球上升到$500\ \text{m}$高度时，观察员视线仰角的增加率为$0.14\ \text{rad/min}$.

习题 2.2

1．求下列函数的导数.

（1）$y = x^5 + 2\sqrt{x} - \sin\dfrac{1}{\pi}$.　　（2）$y = 2x^3 - 5x^2 + 7x - 9$.

（3）$y = 2^x - \dfrac{1}{x} + \log_2 x + 2^{10}$.　　（4）$y = \sqrt{x\sqrt{x}}$.

（5）$y = (x^2+1)\ln x$.　　（6）$y = (\mathrm{e}^x + 1)\tan x$.

（7）$y = \dfrac{\sin x}{x}$.　　（8）$y = \dfrac{x}{x^2+1}$.

2．求下列函数的导数.

（1）$y = (2x+5)^{10}$.　　（2）$y = \sqrt{x^2+1}$.

（3）$y = \mathrm{e}^{x^2+1}$.　　（4）$y = \tan(1-x^2)$.

（5）$y = \cos^3\dfrac{x}{2}$.　　（6）$y = \ln(3x^2+2)$.

3．设$f(x) = \mathrm{e}^{-\frac{x^2}{2}}$，求$f'(1)$.

2.3 导数的应用

知识目标

（1）了解微分中值定理.

（2）熟悉洛必达法则.

（3）掌握函数单调性的判别，以及求函数极值或最值的方法.

能力目标

（1）能判别函数的单调性.

（2）能熟练运用函数极值的判别法则.

（3）能结合软件解决实际生活中的极值、最值问题.

素质目标

（1）培养耐心、细心、书写规范等基本素质.

（2）培养“生活处处皆数学，数学无处不生活”的意识，提升数学鉴赏力.

（3）培养动手操作意识和运用软件解决问题的意识.

对于唐诗《寻隐者不遇》中“只在此山中，云深不知处”，虽不知道具体位置，但知道师傅在山中．高速上，通过区间测速系统，虽不能确定车辆的具体超速点，但能确定它在某区间内是否超速．这些与高等数学中微分中值定理有相通之处.

2.3.1 微分中值定理

1. 罗尔定理

定理 1（罗尔定理） 如果函数 $f(x)$ 满足条件：

（1）在闭区间 $[a,b]$ 上连续；

（2）在开区间 (a,b) 内可导；

（3）在区间端点处的函数值相等，即 $f(a)=f(b)$，那么，在开区间 (a,b) 内至少存在一点 ξ，使得 $f'(\xi)=0$.

微分中值定理与洛必达法则

例如，函数 $f(x)=x^2+2x-3$ 满足条件：（1）在 $[-3,1]$ 上连续；（2）在 $(-3,1)$ 内可导；（3）$f(-3)=f(1)=0$．$f'(x)=2x+2=2(x+1)$，所以，取 $\xi=-1\in(-3,1)$ 时，有 $f'(\xi)=0$．

2．拉格朗日中值定理

定理 2（拉格朗日中值定理）　如果函数 $f(x)$ 满足条件：

（1）在闭区间 $[a,b]$ 上连续；

（2）在开区间 (a,b) 内可导，

那么，在 (a,b) 内至少存在一点 ξ，使得

$$f(b)-f(a)=f'(\xi)(b-a).$$

上式称为拉格朗日中值公式．如果令 $x=a$，$\Delta x=b-a$，则上式又可写成

$$f(x+\Delta x)-f(x)=f'(\xi)\Delta x,$$

其中，ξ 介于 x 与 $x+\Delta x$ 之间．如果将 ξ 写成 $\xi=x+\lambda\Delta x$ $(0<\lambda<1)$，则上式也可写成

$$f(x+\Delta x)-f(x)=f'(x+\lambda\Delta x)\Delta x\ (0<\lambda<1).$$

拉格朗日中值定理是微分学的一个基本定理，它建立了函数在一个区间上的改变量与函数在这个区间内某点处的导数之间的联系，在理论上和应用上都有很重要的价值．

注意

与罗尔定理相比，拉格朗日中值定理的条件中去掉了 $f(a)=f(b)$，它是罗尔定理的推广，而罗尔定理是拉格朗日中值定理当 $f(a)=f(b)$ 时的特例．

推论 1　如果函数 $f(x)$ 在区间 (a,b) 内满足 $f'(x)\equiv 0$，则在 (a,b) 内有 $f(x)=C$ $(C$为常数$)$．

推论 2　如果对 (a,b) 内的任意 x，均有 $f'(x)=g'(x)$，则在 (a,b) 内有 $f(x)=g(x)+C$ $(C$为常数$)$．

例 1　证明：$\arcsin x+\arccos x=\dfrac{\pi}{2}$．

证　令 $f(x)=\arcsin x+\arccos x$，求导得

$$f'(x)=\frac{1}{\sqrt{1-x^2}}+\frac{-1}{\sqrt{1-x^2}}=0,$$

由推论 1 可知 $f(x)=C$ $(C$为常数$)$，即

$$\arcsin x+\arccos x=C.$$

取$x=1$，有

$$\arcsin 1+\arccos 1=C,$$

即

$$C=\frac{\pi}{2}.$$

因此

$$\arcsin x+\arccos x=\frac{\pi}{2}.$$

利用 MATLAB 求解

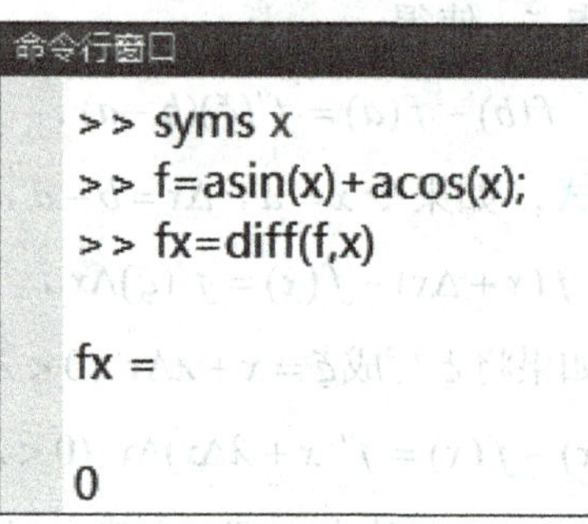
命令行窗口

```
>> syms x
>> f=asin(x)+acos(x);
>> fx=diff(f,x)

fx =

0
```

3. 柯西中值定理

定理 3（柯西中值定理） 如果函数$f(x)$与$F(x)$满足条件：

（1）在闭区间$[a,b]$上连续；

（2）在开区间(a,b)内可导；

（3）对任一$x\in(a,b)$，$F'(x)\neq 0$，

那么，在(a,b)内至少存在一点ξ，使得

$$\frac{f(b)-f(a)}{F(b)-F(a)}=\frac{f'(\xi)}{F'(\xi)}.$$

注意

柯西中值定理是拉格朗日中值定理的推广，而拉格朗日中值定理是柯西中值定理当$F(x)=x$时的特例.

罗尔定理、拉格朗日中值定理和柯西中值定理统称为**微分中值定理**.

2.3.2　洛必达法则

前面介绍了“$\frac{0}{0}$”或“$\frac{\infty}{\infty}$”型未定式．下面以 $x \to x_0$ 时的“$\frac{0}{0}$”型未定式为例介绍求这类极限的一种简便而重要的方法——洛必达法则．

定理 4（洛必达法则）　若

（1）$\lim\limits_{x \to x_0} f(x)=0$，$\lim\limits_{x \to x_0} g(x)=0$；

（2）$f(x)$ 与 $g(x)$ 在 x_0 的某去心邻域内可导，且 $g'(x) \neq 0$；

（3）$\lim\limits_{x \to x_0} \frac{f'(x)}{g'(x)}$ 存在（或为无穷大），

则

$$\lim_{x \to x_0} \frac{f(x)}{g(x)}=\lim_{x \to x_0} \frac{f'(x)}{g'(x)}.$$

在一定条件下，通过分子、分母分别求导再求极限来计算未定式极限的方法，称为洛必达法则．

注意

上述定理同样适用于 $x \to \infty$ 时的“$\frac{0}{0}$”型未定式，以及 $x \to x_0$ 或 $x \to \infty$ 时的“$\frac{\infty}{\infty}$”型未定式．

例 2　求 $\lim\limits_{x \to 1} \frac{x^3-3x+2}{x^3-x^2-x+1}$．

解　此题属于“$\frac{0}{0}$”型未定式，应用洛必达法则有

$$\begin{aligned}\lim_{x \to 1} \frac{x^3-3x+2}{x^3-x^2-x+1} &= \lim_{x \to 1} \frac{(x^3-3x+2)'}{(x^3-x^2-x+1)'}=\lim_{x \to 1} \frac{3x^2-3}{3x^2-2x-1} \\ &= \lim_{x \to 1} \frac{(3x^2-3)'}{(3x^2-2x-1)'}=\lim_{x \to 1} \frac{6x}{6x-2}=\frac{3}{2}.\end{aligned}$$

利用 MATLAB 求解

命令行窗口

```
>> syms x
>> f=(x^3-3*x+2)/(x^3-x^2-x+1);
>> limit(f,x,1)

ans =

3/2
```

例 3 求 $\lim\limits_{x\to0}\dfrac{x-\sin x}{x^3}$.

解 此题属于“$\dfrac{0}{0}$”型未定式，应用洛必达法则有

$$\lim_{x\to0}\frac{x-\sin x}{x^3}=\lim_{x\to0}\frac{1-\cos x}{3x^2}=\lim_{x\to0}\frac{\sin x}{6x}=\frac{1}{6}.$$

例 4 求 $\lim\limits_{x\to+\infty}\dfrac{x^5}{\mathrm{e}^x}$.

解 此题属于“$\dfrac{\infty}{\infty}$”型未定式，应用洛必达法则有

$$\lim_{x\to+\infty}\frac{x^5}{\mathrm{e}^x}=\lim_{x\to+\infty}\frac{5x^4}{\mathrm{e}^x}=\lim_{x\to+\infty}\frac{20x^3}{\mathrm{e}^x}=\lim_{x\to+\infty}\frac{60x^2}{\mathrm{e}^x}=\lim_{x\to+\infty}\frac{120x}{\mathrm{e}^x}=\lim_{x\to+\infty}\frac{120}{\mathrm{e}^x}=0.$$

利用 MATLAB 求解

例 3

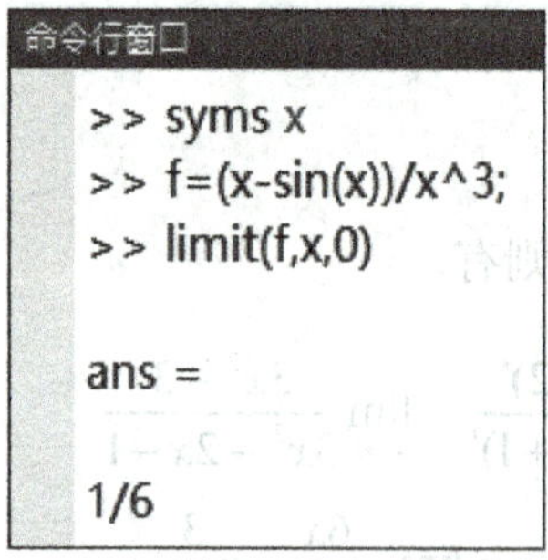

命令行窗口

```
>> syms x
>> f=(x-sin(x))/x^3;
>> limit(f,x,0)

ans =

1/6
```

例 4

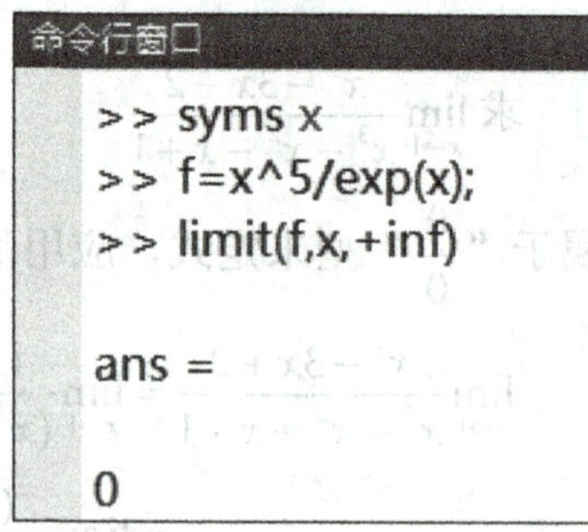

命令行窗口

```
>> syms x
>> f=x^5/exp(x);
>> limit(f,x,+inf)

ans =

0
```

注意

除了“$\dfrac{0}{0}$”型、“$\dfrac{\infty}{\infty}$”型未定式外，常见的未定式还有“$\infty-\infty$”型、“$0\cdot\infty$”

型、“0^0”型、“1^∞”型和“∞^0”型等，可通过将它们转化为“$\frac{0}{0}$”型、“$\frac{\infty}{\infty}$”型未定式来计算，这里不一一介绍，有兴趣的读者可参阅相应的书籍，下面就“$\infty-\infty$”型、“$0\cdot\infty$”型未定式各举一例.

例 5 求 $\lim\limits_{x\to1}\left(\frac{x}{x-1}-\frac{1}{\ln x}\right)$.

解 此题属于“$\infty-\infty$”型未定式，可通过“通分”将其化为“$\frac{0}{0}$”型未定式.

$$\lim_{x\to1}\left(\frac{x}{x-1}-\frac{1}{\ln x}\right)=\lim_{x\to1}\frac{x\ln x-(x-1)}{(x-1)\ln x}=\lim_{x\to1}\frac{x\frac{1}{x}+\ln x-1}{\ln x+\frac{x-1}{x}}$$

$$=\lim_{x\to1}\frac{\ln x}{1-\frac{1}{x}+\ln x}=\lim_{x\to1}\frac{\frac{1}{x}}{\frac{1}{x^2}+\frac{1}{x}}=\frac{1}{2}.$$

利用 MATLAB 求解

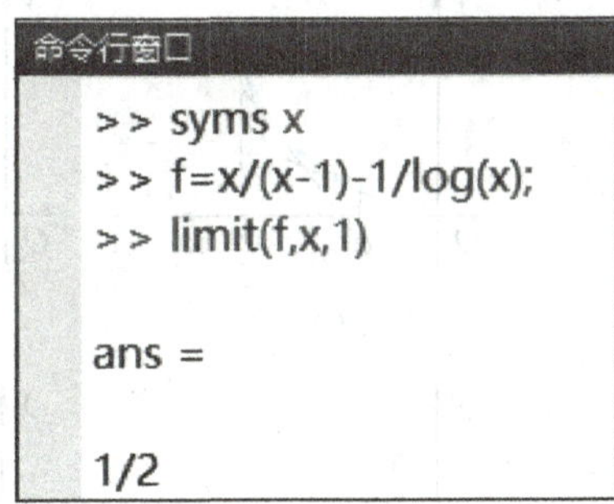

```
命令行窗口
>> syms x
>> f=x/(x-1)-1/log(x);
>> limit(f,x,1)

ans =

1/2
```

注意

在使用洛必达法则时，应注意以下几点.

（1）使用洛必达法则前，必须检验所求极限是否属于“$\frac{0}{0}$”型或“$\frac{\infty}{\infty}$”型未定式，若不是，则应将其转化为这两种未定式.

（2）如果有可约因子，则可先约去，以简化计算步骤.

（3）当 $\lim\frac{f'(x)}{g'(x)}$ 不存在（不包括∞的情形）时，并不能断定 $\lim\frac{f(x)}{g(x)}$ 也不存在，此时应使用其他方法求极限.

2.3.3 函数单调性的判别

函数在区间$[a,b]$上的单调性和它的导数有密切关系. 从图 2-3 中可以直观地看出，如果函数$y=f(x)$在$[a,b]$上单调增加，那么它的切线斜率$f'(x)$是非负的（见图 2-3（a））；如果函数$y=f(x)$在$[a,b]$上单调减少，那么它的切线斜率$f'(x)$是非正的（见图 2-3（b））. 反之，我们有如下定理.

定理 5 设函数$f(x)$在$[a,b]$上连续，在(a,b)内可导，则有

（1）如果在(a,b)内$f'(x)\geqslant 0$，且等号仅在有限多个点处成立，则函数$f(x)$在$[a,b]$上单调增加；

（2）如果在(a,b)内$f'(x)\leqslant 0$，且等号仅在有限多个点处成立，则函数$f(x)$在$[a,b]$上单调减少.

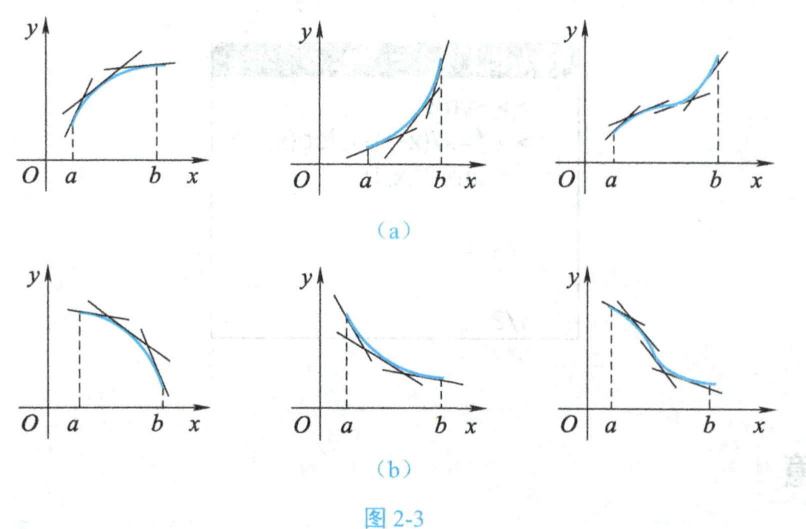

图 2-3

有时，函数在其整个定义域上并不是单调的，但在其各个部分区间上却是单调的. 如图 2-4 所示，函数$f(x)$在区间$[a,x_1]$和$[x_2,b]$上单调增加，而在区间$[x_1,x_2]$上单调减少，并且从图中可以看出，可导函数$f(x)$在单调区间分界点处的导数为 0，即$f'(x_1)=f'(x_2)=0$.

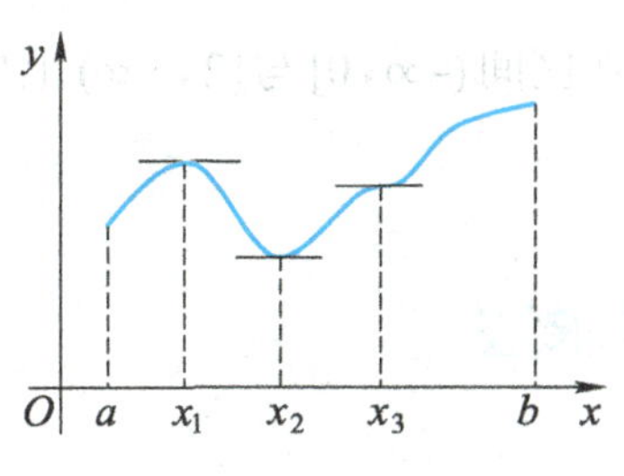

图 2-4

因此，要确定可导函数 $f(x)$ 的单调区间，首先要求出使 $f'(x)=0$ 的点（驻点）；然后用这些驻点将 $f(x)$ 的定义域分成若干个子区间；最后在每个子区间上用定理 5 判断函数的单调性.

一般地，如果 $f'(x)$ 在某区间内的个别点处为 0，而在其余各点处都为正（或负），那么 $f(x)$ 在该区间上是单调增加（或单调减少）的. 例如，在图 2-4 中，$f'(x_3)=0$，但 $f(x)$ 在 $[x_2, b]$ 上是单调增加的.

确定函数单调性的一般步骤如下.

（1）确定函数 $f(x)$ 的定义域.

（2）求出使函数 $f'(x)=0$ 和 $f'(x)$ 不存在的点，并以这些点为分界点，将定义域划分成若干个子区间.

（3）确定 $f'(x)$ 在各个子区间的符号（正或负），从而确定 $f(x)$ 的单调性.

例 6　讨论函数 $f(x)=3x^2-x^3$ 的单调性.

解　（1）函数 $f(x)=3x^2-x^3$ 的定义域为 $(-\infty,+\infty)$.

（2）函数 $f(x)=3x^2-x^3$ 的导数为

$$f'(x)=6x-3x^2=3x(2-x),$$

令 $f'(x)=0$，得驻点 $x_1=0$，$x_2=2$，驻点将 $f(x)$ 的定义域 $(-\infty,+\infty)$ 分成 3 个子区间 $(-\infty,0)$，$(0,2)$，$(2,+\infty)$.

（3）$f'(x)$ 在各个子区间的符号如表 2-1 所示.

表 2-1

x	$(-\infty,0)$	$(0,2)$	$(2,+\infty)$
$f'(x)$	−	+	−
$f(x)$	单调减少↘	单调增加↗	单调减少↘

由表 2-1 可知，函数 $f(x)$ 在区间 $(-\infty, 0]$ 与 $[2, +\infty)$ 上单调减少，在区间 $[0, 2]$ 上单调增加.

2.3.4 函数的极值及其求法

定义 设函数 $f(x)$ 在点 x_0 的某邻域内有定义，若对此邻域内任一点 x $(x \neq x_0)$，均有 $f(x) < f(x_0)$，则称 $f(x_0)$ 是函数 $f(x)$ 的一个**极大值**. 同样，若对此邻域内任一点 x $(x \neq x_0)$，均有 $f(x) > f(x_0)$，则称 $f(x_0)$ 是函数 $f(x)$ 的一个**极小值**. 函数的极大值与极小值统称为函数的**极值**. 使函数取得极值的点 x_0 称为**极值点**.

注意

函数在一个区间上可能有多个极大值和极小值，其中，有的极大值可能比极小值还小. 如图 2-5 所示，$f(x_1)$，$f(x_3)$，$f(x_5)$ 均是 $f(x)$ 的极小值，$f(x_0)$，$f(x_2)$，$f(x_4)$ 均是 $f(x)$ 的极大值. 显然，极小值 $f(x_5)$ 大于极大值 $f(x_2)$.

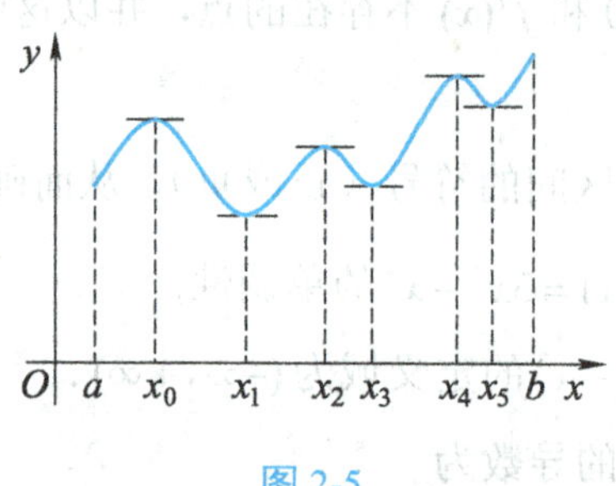

图 2-5

从图 2-5 可以看出，可导函数在取得极值处的切线是水平的，即在极值点 x_0 处，必有 $f'(x_0) = 0$，于是有下面的定理.

定理 6（极值存在的必要条件） 设 $f(x)$ 在点 x_0 处具有导数，并且在点 x_0 处取得极值，那么 $f'(x_0) = 0$.

由定理 6 可知，可导函数 $f(x)$ 的极值点必是 $f(x)$ 的驻点. 反过来，驻点却不一定是 $f(x)$ 的极值点. 例如，$x = 0$ 是函数 $f(x) = x^3$ 的驻点，但不是极值点.

对于一个连续函数，它的极值点还可能是使导数不存在的点，这种点称为**尖点**. 例如，对于函数 $f(x) = |x|$，$f'(0)$ 不存在，但 $x = 0$ 是它的极小值点，如图 2-6 所示.

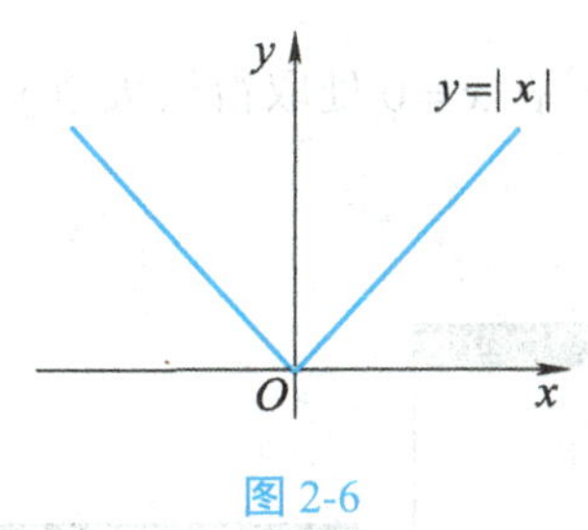

图 2-6

总之，连续函数 $f(x)$ 的极值点只能是其驻点或尖点．极值点可以通过以下定理进行判断．

定理 7（极值存在的第一充分条件）　设 $f(x)$ 在点 x_0 处连续，且在点 x_0 的某一去心邻域内可导．当 x 由小到大经过点 x_0 时，

（1）如果 $f'(x)$ 由正变负，那么点 x_0 是极大值点；

（2）如果 $f'(x)$ 由负变正，那么点 x_0 是极小值点；

（3）如果 $f'(x)$ 不变号，那么点 x_0 不是极值点．

综上可知，求函数极值的一般步骤如下．

（1）确定函数 $f(x)$ 的定义域．

（2）求出 $f(x)$ 的所有驻点、尖点．

（3）判断 $f(x)$ 所有驻点、尖点两侧一阶导数的符号，确定极值点．

（4）求出极值点处的函数值，得到极值．

例 7　求函数 $y=1-x^2$ 的极值．

解　（1）函数 $y=1-x^2$ 的定义域为 $(-\infty,+\infty)$．

（2）函数 $y=1-x^2$ 的导数为 $y'=-2x$，令 $y'=0$，得驻点 $x=0$．

（3）驻点 $x=0$ 两侧一阶导数符号的判断如表 2-2 所示．

表 2-2

x	$(-\infty,0)$	0	$(0,+\infty)$
y'	+	0	−
y	↗	极大值 $y\|_{x=0}=1$	↘

由表 2-2 可知，函数 $y=1-x^2$ 在 $x=0$ 处取得极大值 $y=1$.

利用 MATLAB 求解

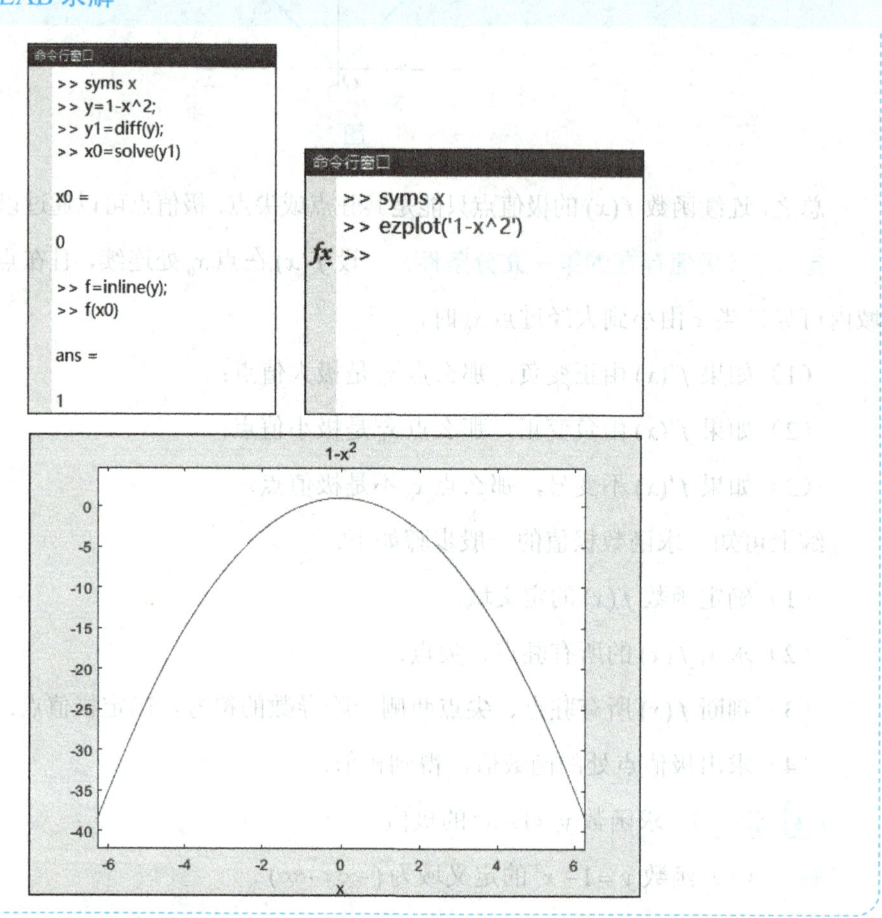

极值点还可以通过以下定理进行判断.

定理 8（极值存在的第二充分条件） 设 $f(x)$ 在点 x_0 处具有二阶导数，且 $f'(x_0)=0$，$f''(x_0)\neq 0$，则

（1）当 $f''(x_0)<0$ 时，$f(x)$ 在点 x_0 处取得极大值；

（2）当 $f''(x_0)>0$ 时，$f(x)$ 在点 x_0 处取得极小值.

例 8 求函数 $f(x)=x^3-6x^2+9x$ 的极值.

方法 1：（1）函数 $f(x)=x^3-6x^2+9x$ 的定义域为 $(-\infty,+\infty)$.

（2）函数 $f(x)=x^3-6x^2+9x$ 的导数为

$$f'(x)=3x^2-12x+9=3(x-1)(x-3),$$

令 $f'(x)=0$，得驻点 $x_1=1$，$x_2=3$.

（3）驻点两侧一阶导数符号的判断如表 2-3 所示.

表 2-3

x	$(-\infty,1)$	1	$(1,3)$	3	$(3,+\infty)$
y'	+	0	−	0	+
y	↗	极大值 $f(1)=4$	↘	极小值 $f(3)=0$	↗

由表 2-3 可知，$f(1)=4$ 为函数 $f(x)$ 的极大值，$f(3)=0$ 为函数 $f(x)$ 的极小值.

方法 2：（1）函数 $f(x)=x^3-6x^2+9x$ 的定义域为 $(-\infty,+\infty)$.

（2）函数 $f(x)=x^3-6x^2+9x$ 的一阶导数为

$$f'(x)=3x^2-12x+9,$$

令 $f'(x)=0$，得驻点 $x_1=1$，$x_2=3$.

（3）函数 $f(x)=x^3-6x^2+9x$ 的二阶导数为

$$f''(x)=6x-12,$$

因为 $f''(1)=-6<0$，所以 $f(1)=4$ 为 $f(x)$ 的极大值；因为 $f''(3)=6>0$，所以 $f(3)=0$ 为 $f(x)$ 的极小值.

利用 MATLAB 求解

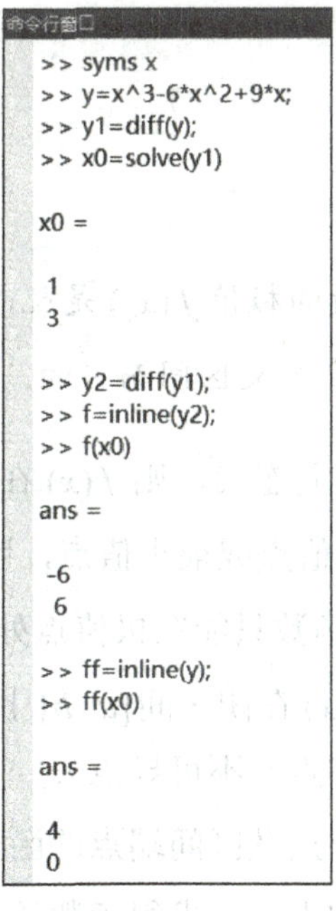

```
命令行窗口
>> syms x
>> y=x^3-6*x^2+9*x;
>> y1=diff(y);
>> x0=solve(y1)

x0 =

 1
 3

>> y2=diff(y1);
>> f=inline(y2);
>> f(x0)

ans =

 -6
  6

>> ff=inline(y);
>> ff(x0)

ans =

 4
 0
```

2.3.5 函数的最值及其应用

在实际生产、生活中会经常遇到用料最省、效率最高、成本最低、利润最大等问题，这些都是数学中的函数最值问题.

引例 （货车的最佳行驶速度）小王想租用一辆载重为 5 吨的货车将一批物资从长沙运往郴州，为节省高速公路费，他安排司机走旧公路. 设货车以 x km / h $(40<x<65)$ 的速度行驶，每升柴油可供货车行驶 $\frac{400}{x}$ km，已知柴油的价格为 5.6 元/L，小王支付给司机的劳务费为 30 元/h，从长沙到郴州的路程为 350 km. 如果使运输费用最低，则货车的行驶速度 x 应为多少？

【分析】设运输费用为 y 元，则上述问题可转化为“当 x 为多少时，y 最小”，这就是典型的“函数最值问题”.

函数的最值与极值显然不是一个概念，那么，什么是函数的最值呢？怎样求最值呢？下面就来介绍.

函数 $f(x)$ 在其定义域上的最大值与最小值统称为 $f(x)$ 的**最值**.

一般情况下，把函数所有的极大值、极小值与区间 $[a,b]$ 的端点函数值 $f(a)$，$f(b)$ 相比较，这些数值中的最大者就是函数 $f(x)$ 在 $[a,b]$ 上的**最大值**，最小者就是函数 $f(x)$ 在 $[a,b]$ 上的**最小值**.

指点迷津

> 函数极值与最值的区别：函数的极值 $f(x_0)$ 是就点 x_0 附近的一个局部范围来讲的，而最大值与最小值是就 $f(x)$ 的某个定义区间而言的.

可以证明，如果 $f(x)$ 在 $[a,b]$ 上连续，则 $f(x)$ 在 $[a,b]$ 上必定能取得最大值与最小值. 如果 x_0 是函数 $f(x)$ 的一个最大值点或最小值点，且 $x_0\in(a,b)$，则 x_0 一定是函数 $f(x)$ 的极值点. 所以，闭区间上的连续函数只能在极值点处或在区间的端点处取得最大或最小值. 于是我们可以归纳出求函数 $f(x)$ 在闭区间 $[a,b]$ 上最值的步骤，具体如下.

（1）求出所有可能极值点（驻点和不可导点）.

（2）计算出上述驻点、不可导点及区间端点的函数值.

（3）通过比较上述各函数值的大小，求得函数的最大值和最小值.

例 9　求函数 $f(x)=2x^3+3x^2-12x$ 在区间 $[-3,4]$ 上的最大值和最小值.

解　因为函数 $f(x)=2x^3+3x^2-12x$ 在区间 $[-3,4]$ 上连续，所以在该区间上一定存在最大值和最小值.

该函数的导数为 $f'(x)=6x^2+6x-12=6(x+2)(x-1)$，令 $f'(x)=0$，得驻点 $x_1=-2$，$x_2=1$.

因为

$$f(-2)=20,\quad f(1)=-7,\quad f(-3)=9,\quad f(4)=128,$$

所以，比较各值，可知函数 $f(x)$ 在区间 $[-3,4]$ 上的最大值为 $f(4)=128$，最小值为 $f(1)=-7$.

利用 MATLAB 求解

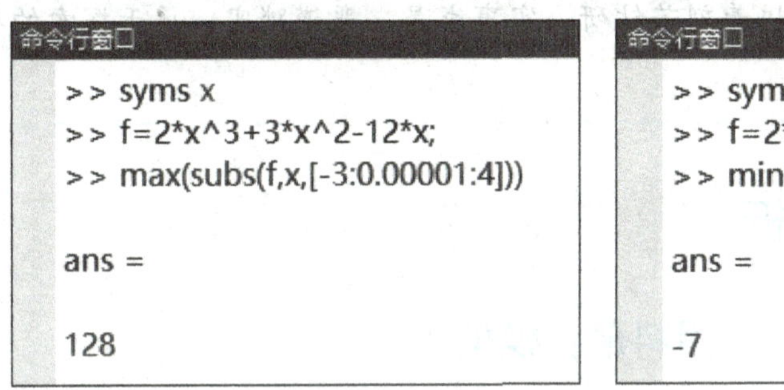

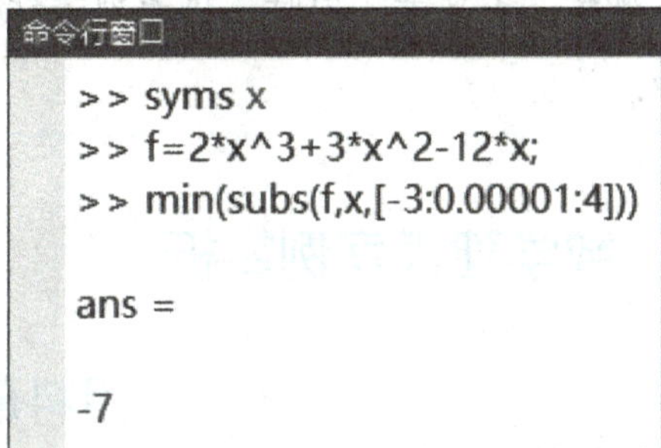

例 10　设某企业每季度生产 q 个单位某种产品时，总成本函数为 $C(q)=q^3-4q^2+7q$. 求使得平均成本最小的产量.

解　（1）建立目标函数.

平均成本函数为 $\overline{C}(q)=\dfrac{C(q)}{q}=q^2-4q+7$，$q\in(0,+\infty)$.

（2）求目标函数的最值点.

对函数求导得 $\overline{C}'(q)=2q-4$. 令 $\overline{C}'(q)=0$，得唯一驻点 $q=2$. 由于平均成本一定存在最小值，故 $q=2$ 就是最小值点.

（3）因此，每季度产量为 2 个单位时平均成本 $\overline{C}(q)$ 最小.

对于最值问题，往往根据问题的性质就可以断定函数 $f(x)$ 在定义区间内是否有最大值或最小值. 如果函数 $f(x)$ 在定义区间内有唯一的驻点 x_0，则 x_0 就是最值点，$f(x_0)$ 就是定义区间内的最大（或最小）值.

思想火炬

数学来源于实践. 在工农业生产、工程技术中，人们常常会遇到这样一类问题：如何才能使产品最多、用料最省、成本最低、效率最高等，这一类问题在数学上归结为求目标函数的最大值或最小值问题. 当代大学生应树立数学思维意识，在生活中多观察、多思考，同时，培养刻苦钻研、实事求是、严谨踏实、勇于探索的科学精神.

2.3.6 数学建模案例赏析

用料最省模型

1. 实际问题

制作一个体积为 $54\pi\ \text{m}^3$ 的封口的圆柱体容器，怎样设计才能使得用料最省？

2. 模型假设

（1）用料最省即为圆柱体的表面积最小.

（2）如果函数 $f(x)$ 在定义区间内有唯一的驻点 x_0，则 x_0 就是最值点，$f(x_0)$ 就是定义区间内的最大（或最小）值.

3. 模型建立

设圆柱体表面积为 $S\ \text{m}^2$、高为 h m、底面半径为 r m，则

$$S = 2\pi r^2 + 2\pi rh .$$

圆柱体的体积为 $\pi r^2 h = 54\pi$，得 $h=\dfrac{54}{r^2}$．故有

$$S = 2\pi r^2 + \frac{108\pi}{r},\quad r \in (0,+\infty).$$

4．模型求解

对 S 求导得 $S' = 4\pi r - \dfrac{108\pi}{r^2}$．令 $S'=0$，得唯一驻点 $r=3$．由于此圆柱体表面积一定有最小值，故 $r=3$ 就是最小值点，此时 $h=\dfrac{54}{r^2}=6$．

5．模型分析

当底面半径为 3 m、高为 6 m 时，用料最省．

习题 2.3

1．判断下列极限属于哪种未定式，并计算各式的值．

（1）$\lim\limits_{x\to 0}\dfrac{\tan\alpha x}{\tan\beta x}$（$\alpha,\beta$ 为常数，$\beta\neq 0$）．　（2）$\lim\limits_{x\to a}\dfrac{\sin x-\sin a}{x-a}$．

（3）$\lim\limits_{x\to +\infty}\dfrac{\ln(1+x)}{\mathrm{e}^x}$．　（4）$\lim\limits_{x\to a}\dfrac{x^m-a^m}{x^n-a^n}$．

2．用洛必达法则求下列极限．

（1）$\lim\limits_{x\to 1}\dfrac{x-1}{\ln x}$．　（2）$\lim\limits_{x\to 0}\dfrac{\mathrm{e}^x-\mathrm{e}^{-x}}{\ln(1+x)}$．

（3）$\lim\limits_{x\to \frac{\pi}{2}}\dfrac{\ln\sin x}{(\pi-2x)^2}$．　（4）$\lim\limits_{x\to a}\dfrac{x^5-a^5}{x^3-a^3}$．

3．判断函数 $f(x)=-\operatorname{arccot} x + x$ 的单调性．

4．求下列函数的单调区间．

（1）$y=2x+\dfrac{8}{x}$．

（2）$y=x-2\sin x\ (0\leqslant x\leqslant 2\pi)$．

（3）$y=9x^3-\ln x$．

5．若函数 $f(x)=ax^2+bx$ 在点 $x=1$ 处取极大值 2，则 a,b 分别为何值？

6．求下列函数的极值．

（1）$y=x-\ln(x+1)$．

（2）$y=\dfrac{x}{\ln x}$．

7．求下列函数在指定区间上的最值．

（1）$y=2x^3-3x^2-80$，$[-1,4]$．

（2）$y=x^4-8x^2+2$，$[-1,3]$．

2.4 微分及其应用

知识目标

（1）了解微分的定义．

（2）熟悉微分的几何意义．

（3）掌握微分公式与运算法则．

能力目标

（1）能运用微分公式求函数微分．

（2）能运用微分知识进行近似计算．

素质目标

（1）培养刻苦钻研、团结协作、积极进取的职业素质．

（2）培养理论来源于实践，且理论服务于实践的意识．

微分是微积分中的基本概念之一，是研究函数局部变化的方法，可以更细致、更精确地研究函数性质，从而更深入地了解问题的本质，为更深层次的问题研究打下坚实的基础，是科学计算中最普遍的工具之一．

2.4.1 微分的定义

引例 如图 2-7 所示，一块正方形的金属薄片受热膨胀后，边长由 x_0 变为 $x_0+\Delta x$，问此薄片的面积增加了多少？

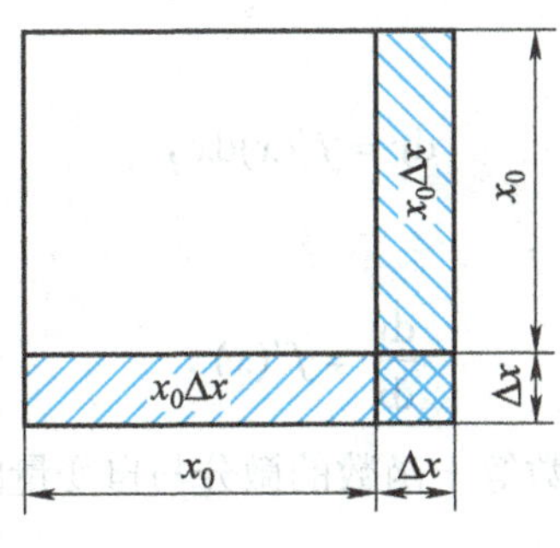

图 2-7

【分析】设此薄片的边长为 x，面积为 A，则 $A=x^2$．当边长 x 由 x_0 变到 $x_0+\Delta x$ 时，因此面积的增量 ΔA 为

$$\Delta A=(x_0+\Delta x)^2-x_0^{\ 2}=2x_0\Delta x+(\Delta x)^2 .$$

从上式可以看出，ΔA 由两部分组成，第一部分是 $2x_0\Delta x$，即图中带有斜线的两个矩形面积之和，它是 Δx 的线性函数；第二部分是 $(\Delta x)^2$，即图中带有交叉斜线的小正方形面积．当 $\Delta x\to 0$ 时，$(\Delta x)^2$ 是比 Δx 高阶的无穷小，因此面积的增量 ΔA 可以用 $2x_0\Delta x$ 近似表示，即

$$\Delta A\approx 2x_0\Delta x ,$$

因为 $A'(x_0)=(x^2)'\big|_{x=x_0}=2x_0$，所以

$$\Delta A\approx A'(x_0)\Delta x .$$

一般地，对于函数 $y=f(x)$，当自变量从 x_0 变到 $x_0+\Delta x$ 时，函数的增量可表示为

$$\Delta y=f'(x_0)\Delta x+o(\Delta x) ,$$

上式右端第一项 $f'(x_0)\Delta x$ 是 Δx 的线性函数，第二项 $o(\Delta x)$ 是比 Δx 高阶的无穷小．因此，当 $|\Delta x|$ 很小时，第二项可以忽略不计，Δy 可近似表示为

$$\Delta y\approx f'(x_0)\Delta x ,$$

称 $f'(x_0)\Delta x$ 为 Δy 的线性主部．

由此，我们引入微分的定义．

函数的微分

定义 1　如果函数 $y=f(x)$ 在点 x_0 处可导，则称 $f'(x_0)\Delta x$ 为 $y=f(x)$ 在点 x_0 处的**微分**，记为 $\mathrm{d}y$，即 $\mathrm{d}y=f'(x_0)\Delta x$．当函数 $y=f(x)$ 在点 x_0 处有微分时，称函数 $y=f(x)$ 在点 x_0 处**可微**．

定义 2　一般地，如果函数 $y=f(x)$ 在任意点 x 处都可导，则称 $f'(x)\Delta x$ 为 $y=f(x)$ 在任意点 x 处的微分，也称其为**函数的微分**，记为 $\mathrm{d}y$，即 $\mathrm{d}y=f'(x)\Delta x$．

通常把自变量 x 的增量 Δx 称为**自变量的微分**，记为 $\mathrm{d}x$，即 $\mathrm{d}x=\Delta x$．于是，函数

$y=f(x)$ 的微分又可记为

$$\mathrm{d}y=f'(x)\mathrm{d}x,$$

从而有

$$\frac{\mathrm{d}y}{\mathrm{d}x}=f'(x).$$

由上式和微分定义可知：导数等于函数的微分与自变量的微分之商，因此，导数也称为微商.

指点迷津

导数与微分的区别：导数是函数在一点处的变化率，其值只与 x 有关，而微分是函数在一点处由自变量增量所引起的函数增量的主要部分，其值与 x 和 Δx 都有关.

例 1 求当 $x=1$，$\Delta x=0.01$ 时，函数 $y=x^3$ 的增量 Δy 及微分 $\mathrm{d}y$.

解 当 $x=1$，$\Delta x=0.01$ 时，函数 $y=x^3$ 的增量为

$$\Delta y=(x+\Delta x)^3-x^3=(1+0.01)^3-1^3=0.030\,301.$$

因为函数 $y=x^3$ 在任意点 x 处的微分为

$$\mathrm{d}y=(x^3)'\Delta x=3x^2\Delta x,$$

所以当 $x=1$，$\Delta x=0.01$ 时，函数 $y=x^3$ 的微分为

$$\mathrm{d}y\Big|_{\substack{x=1\\ \Delta x=0.01}}=3\times1^2\times0.01=0.03.$$

例 2 设 $y=\ln(1+x)$，求 $\mathrm{d}y$.

解
$$\mathrm{d}y=[\ln(1+x)]'\mathrm{d}x=\frac{1}{1+x}\mathrm{d}x.$$

利用 MATLAB 求解

例 1

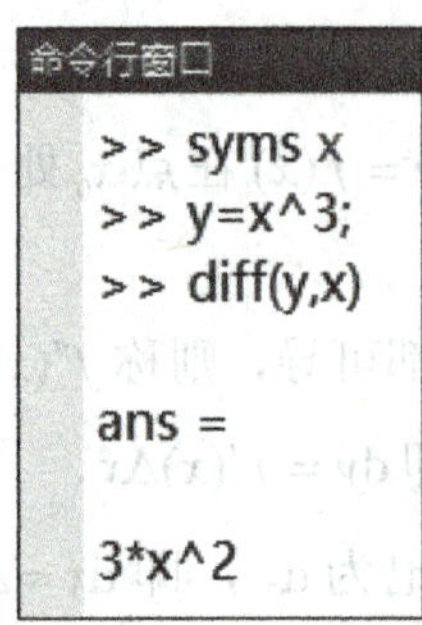

例 2

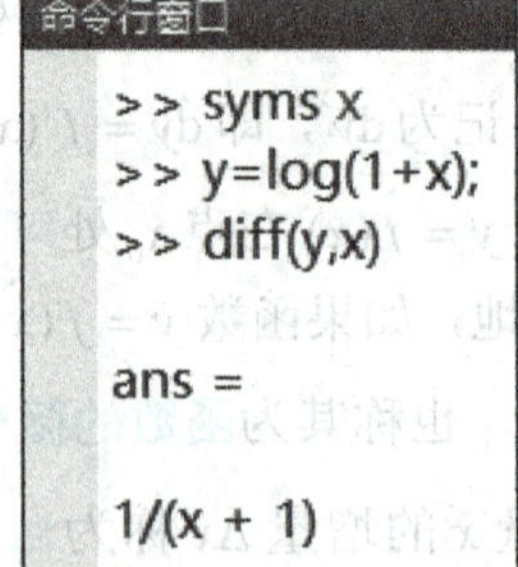

2.4.2　微分的几何意义

如图 2-8 所示，在直角坐标系中，函数 $y=f(x)$ 的图形是一条曲线. 对于某一固定的 x_0 值，曲线上有一个确定点 $P(x_0, y_0)$，当自变量 x 有微小增量 Δx 时，就得到曲线上另一点 $Q(x_0+\Delta x, y_0+\Delta y)$. 从图 2-8 可知，$PR=\Delta x$，$RQ=\Delta y$.

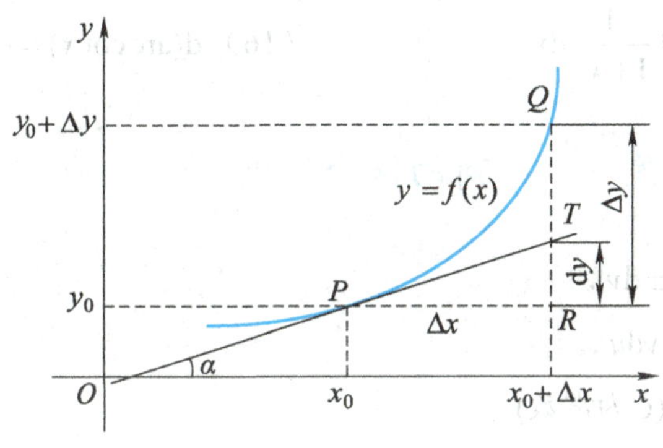

图 2-8

过点 P 作曲线的切线 PT，它的倾角为 α，则

$$RT = PR\tan\alpha = \Delta x f'(x_0) = \mathrm{d}y.$$

由此可见，对于可微函数 $y=f(x)$ 而言，当 Δy 是曲线 $y=f(x)$ 在点 x_0 处的纵坐标的增量时，微分 $\mathrm{d}y$ 就是曲线在点 x_0 处切线的纵坐标的增量 RT.

从图 2-8 中可以看出，$TQ=RQ-RT$，表示 Δy 与 $\mathrm{d}y$ 之差，当 $|\Delta x|$ 很小时，RQ 可用 RT 近似代替，即 $\Delta y\approx \mathrm{d}y$，也就是说，在点 P 的附近，可以用切线段来近似代替曲线段，即

$$\overset{\frown}{PQ} \approx |PT| = \sqrt{(\mathrm{d}x)^2+(\mathrm{d}y)^2}.$$

2.4.3　微分公式与运算法则

因为 $\mathrm{d}y=f'(x)\mathrm{d}x$，所以，要计算函数的微分，只要计算函数的导数，再乘自变量的微分即可. 由此可得如下微分公式和微分运算法则.

1．微分公式

（1）$\mathrm{d}(C)=0$.　　（2）$\mathrm{d}(x^\mu)=\mu x^{\mu-1}\mathrm{d}x$.

（3）$\mathrm{d}(a^x)=a^x\ln a\mathrm{d}x\ (a>0且a\neq 1)$.　　（4）$\mathrm{d}(\mathrm{e}^x)=\mathrm{e}^x\mathrm{d}x$.

(5) $d(\log_a x)=\dfrac{1}{x\ln a}dx\ (a>0且a\neq 1)$．　(6) $d(\ln x)=\dfrac{1}{x}dx$．

(7) $d(\sin x)=\cos xdx$．　(8) $d(\cos x)=-\sin xdx$．

(9) $d(\tan x)=\sec^2 xdx$．　(10) $d(\cot x)=-\csc^2 xdx$．

(11) $d(\sec x)=\sec x\tan xdx$．　(12) $d(\csc x)=-\csc x\cot xdx$．

(13) $d(\arcsin x)=\dfrac{1}{\sqrt{1-x^2}}dx$．　(14) $d(\arccos x)=-\dfrac{1}{\sqrt{1-x^2}}dx$．

(15) $d(\arctan x)=\dfrac{1}{1+x^2}dx$．　(16) $d(\mathrm{arc}\cot x)=-\dfrac{1}{1+x^2}dx$．

2．函数的和、差、积、商的微分法则

(1) $d(u\pm v)=du\pm dv$．

(2) $d(uv)=udv+vdu$．

(3) $d(Cu)=Cdu\ (C为常数)$．

(4) $d\left(\dfrac{u}{v}\right)=\dfrac{vdu-udv}{v^2}\ (v\neq 0)$．

3．复合函数的微分法则

由微分的定义可知，当u是自变量时，函数$y=f(u)$的微分是

$$dy=f'(u)du．$$

如果u不是自变量而是x的函数$u=\varphi(x)$，即u是中间变量，那么对于复合函数$y=f[\varphi(x)]$，根据微分的定义和复合函数的求导法则，有

$$dy=y'_x dx=f'(u)\varphi'(x)dx，$$

其中$\varphi'(x)dx=du$，所以上式仍可写成

$$dy=f'(u)du．$$

由此可见，不论u是自变量还是中间变量，函数$y=f(u)$的微分总是同一个形式，即$dy=f'(u)du$，此性质称为微分形式不变性．

例 3　设函数$y=\sin(1+2x^3)$，求dy．

解　方法 1：直接应用$dy=y'dx$计算，则有

$$\begin{aligned}dy&=[\sin(1+2x^3)]'dx=\cos(1+2x^3)\cdot(1+2x^3)'dx\\&=6x^2\cos(1+2x^3)dx．\end{aligned}$$

方法 2：把 $(1+2x^3)$ 看成中间变量 u，则有

$$\mathrm{d}y=\mathrm{d}(\sin u)=\cos u\mathrm{d}u=\cos(1+2x^3)\mathrm{d}(1+2x^3)$$
$$=6x^2\cos(1+2x^3)\mathrm{d}x.$$

例 4　设函数 $y=\dfrac{1-t}{1+t}$，求 $\mathrm{d}y$.

解
$$\mathrm{d}y=y'\mathrm{d}t=\left(\frac{1-t}{1+t}\right)'\mathrm{d}t=\frac{-2}{(1+t)^2}\mathrm{d}t.$$

利用 MATLAB 求解

例 3

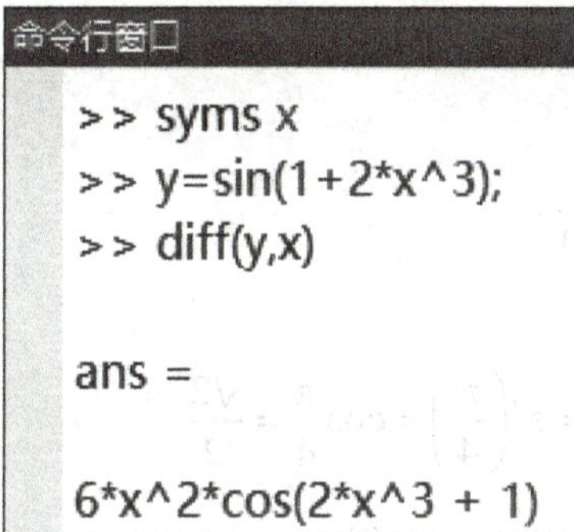

```
命令行窗口
>> syms x
>> y=sin(1+2*x^3);
>> diff(y,x)

ans =

6*x^2*cos(2*x^3 + 1)
```

例 4

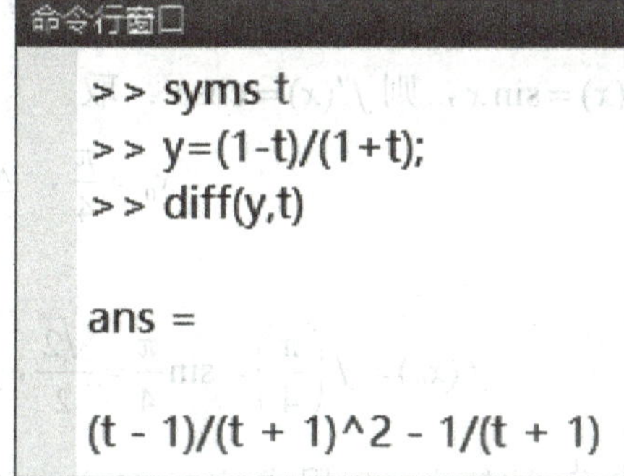

```
命令行窗口
>> syms t
>> y=(1-t)/(1+t);
>> diff(y,t)

ans =

(t - 1)/(t + 1)^2 - 1/(t + 1)
```

2.4.4　微分的应用

1. 计算函数增量的近似值

当 $|\Delta x|$ 很小时，函数的增量 Δy 可用其微分 $\mathrm{d}y$ 来近似代替，即

$$\Delta y=f(x_0+\Delta x)-f(x_0)\approx \mathrm{d}y=f'(x_0)\Delta x,$$

因为 $\mathrm{d}y$ 比 Δy 容易求得，所以可以通过 $\mathrm{d}y$ 来求 Δy 的近似值.

例 5　半径为 10 cm 的金属圆片加热后，半径伸长了 0.05 cm，问该圆片的面积增大了约多少？

解　设圆片的半径为 r、面积为 A，则 $A=\pi r^2$，于是

$$\mathrm{d}A=2\pi r\Delta r.$$

因为当 $r=10\text{ cm}$，$\Delta r=0.05\text{ cm}$ 时，圆片面积的增量

$$\Delta A\approx \mathrm{d}A=2\pi r\Delta r=2\pi\times 10\times 0.05=\pi\text{ cm}^2,$$

所以圆片面积增大了约 $\pi\text{ cm}^2$.

2. 计算函数值的近似值

当 $|\Delta x|$ 很小时，由 $\Delta y=f(x_0+\Delta x)-f(x_0)\approx \mathrm{d}y=f'(x_0)\Delta x$ 可得

$$f(x_0+\Delta x)\approx f(x_0)+f'(x_0)\Delta x.$$

例 6 计算 $\sin 45°30'$ 的近似值.

解 把 $\sin 45°30'$ 化为弧度，得

$$45°30'=\frac{\pi}{4}+\frac{\pi}{360}.$$

设 $f(x)=\sin x$，则 $f'(x)=\cos x$. 取

$$x_0=\frac{\pi}{4},\quad \Delta x=\frac{\pi}{360},$$

则

$$f(x_0)=f\left(\frac{\pi}{4}\right)=\sin\frac{\pi}{4}=\frac{\sqrt{2}}{2},\ f'(x_0)=f'\left(\frac{\pi}{4}\right)=\cos\frac{\pi}{4}=\frac{\sqrt{2}}{2}.$$

因为 $\Delta x=\dfrac{\pi}{360}$ 比较小，应用式 $f(x_0+\Delta x)\approx f(x_0)+f'(x_0)\Delta x$，得

利用 MATLAB 求解

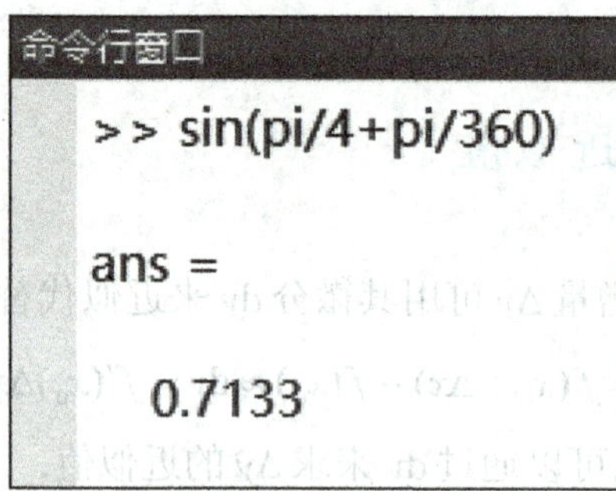

$$\sin 45°30'=\sin\left(\frac{\pi}{4}+\frac{\pi}{360}\right)\approx \sin\frac{\pi}{4}+\cos\frac{\pi}{4}\cdot\frac{\pi}{360}=\frac{\sqrt{2}}{2}\left(1+\frac{\pi}{360}\right)\approx 0.7133.$$

例 7　证明当 $|x|$ 较小时，$\sqrt[n]{1+x}\approx 1+\frac{1}{n}x$.

证明　设 $f(x)=\sqrt[n]{1+x}$，则 $f'(x)=\frac{1}{n\sqrt[n]{(1+x)^{n-1}}}$，于是

$$f(0)=\sqrt[n]{1+0}=1,\quad f'(0)=\frac{1}{n}.$$

因为当 $|x|$ 较小时，在 $f(x_0+\Delta x)\approx f(x_0)+f'(x_0)\Delta x$ 中取 $x_0=0$，有 $f(x)\approx f(0)+f'(0)x$，所以

$$f(x)\approx 1+\frac{1}{n}x,$$

即

$$\sqrt[n]{1+x}\approx 1+\frac{1}{n}x.$$

知识宝典

利用 $f(x)\approx f(0)+f'(0)x$ 可计算函数 $f(x)$ 在 $x=0$ 附近的近似值，同时由它可以推出如下一些常用的近似公式（下面公式中都假定 $|x|$ 较小）.

（1）$\sqrt[n]{1+x}\approx 1+\frac{1}{n}x$.　（2）$\sin x\approx x$.　（3）$\tan x\approx x$.

（4）$\ln(1+x)\approx x$.　（5）$e^x\approx 1+x$.　（6）$\arcsin x\approx x$.

例 8　计算 $\sqrt[3]{1.03}$ 的近似值.

解　利用近似公式 $\sqrt[n]{1+x}\approx 1+\frac{1}{n}x$，得

$$\sqrt[3]{1.03}=\sqrt[3]{1+0.03}\approx 1+\frac{1}{3}\times 0.03=1.01.$$

例 9　求 $e^{-0.001}$ 的近似值.

解　利用近似公式 $e^x\approx 1+x$，得

$$e^{-0.001}\approx 1+(-0.001)=0.999.$$

例 8

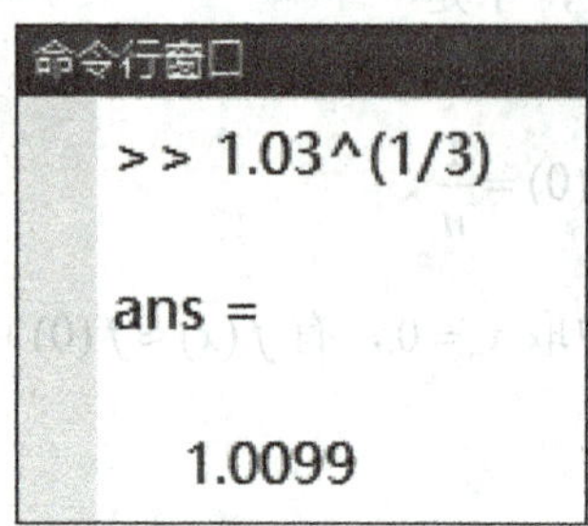

例 9

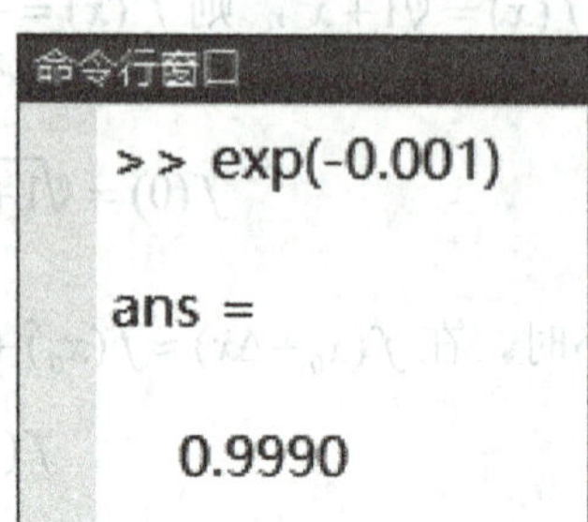

2.4.5 数学建模案例赏析

金属球镀铜模型

1. 实际问题

为了提高金属球面的光洁度，可在其表面上镀一层铜. 现有一个金属球，其半径为 $11\,\mathrm{cm}$，需要镀的铜层厚度为 $0.01\,\mathrm{cm}$，估算需要用的铜的质量.

2. 模型假设

（1）铜的密度为 $8.9\ \mathrm{g/cm^3}$.

（2）镀的铜层厚度均匀.

3. 模型建立

先求出铜层体积，再乘以密度就可得到需要用的铜的质量. 铜层体积就是球体体积 $V=\dfrac{4}{3}\pi R^3$ 当 R 在 $R_0=11$ 处取得改变量 $\Delta R=0.01$ 时的改变量 ΔV .

因为

$$\Delta V \approx V'\big|_{R=R_0}\Delta R,$$

所以

$$m=\rho\Delta V \approx \rho V'\big|_{R=R_0}\Delta R .$$

4. 模型求解

将 $R_0=11$，$\Delta R=0.01$ 带入上式，得需要用的铜的质量约为

$$m=\rho\Delta V\approx\rho V'\big|_{R=R_0}\Delta R=8.9\times4\pi R^2\big|_{R=11}\times0.01=8.9\times15.2053\approx135.3272 .$$

5. 模型分析

需要用的铜的质量约为 135.327 2 g.

习题 2.4

1. 求下列函数的微分.

（1）$y=\ln(4-x^2)$.　　　　（2）$y=\dfrac{x}{x-1}$.

2. 将适当的函数填入下列括号中，使等式成立.

（1）$\mathrm{d}(\sin^2 x)=(\quad)\mathrm{d}\sin x$.　　　　（2）$\mathrm{d}(\sin x+\cos x)=(\quad)\mathrm{d}x$.

3. 计算下列各函数值的近似值.

（1）$\sqrt{1.02}$.　　　　（2）$\mathrm{e}^{-0.005}$.

本章小结

1. 学习的主要内容

本章内容主要包括一元函数的导数、微分及其应用.

2. 重点与难点

学习重点：导数的概念、导数与微分的计算、导数的应用.

学习难点：复合函数的求导、最值问题的应用.

3. 学习策略

（1）深入理解导数的概念：导数是增量之比的极限，即 $f'(x)=\lim\limits_{\Delta x\to0}\dfrac{\Delta y}{\Delta x}$.

（2）必须熟记导数的基本公式和求导法则，它是计算导数的基础.

（3）复合函数求导要注意“由外向内、逐层求导”，隐函数的求导方法是复合函数求导法则的一个应用.

（4）洛必达法则是求未定式极限的一种常用的有效方法，应用时首先要判断能否将其化为“$\frac{0}{0}$”型或“$\frac{\infty}{\infty}$”型未定式.

（5）求解实际最值问题时首先要学会建立目标函数（实际问题的函数模型）.

数学文化（二） 微分几何之父——陈省身

陈省身，1911 年 10 月 28 日，出生于浙江省嘉兴市秀水县，是 20 世纪重要的微分几何学家，被誉为“微分几何之父”. 早在 20 世纪 40 年代，陈省身结合微分几何与拓扑学的方法，完成了两项划时代的重要工作：高斯-博内-陈定理和 Hermitian 流形的示性类理论，为大范围微分几何提供了不可缺少的工具. 这些概念和工具已远远超过微分几何与拓扑学的范围，成为整个现代数学中的重要组成部分.

1984 年，陈省身获得了“沃尔夫奖”，这个奖项相当于数学界的诺贝尔奖，至今为止只有两位华人获得，一位是他，一位是他的学生丘成桐. 同年，他出任南开大学数学所所长，亲自参与指导组织我国数学界开展的学术交流与学术活动，为我国培养了大批优秀的青年数学家，极大地推动了我国数学事业的发展. 1998 年，他捐出 100 万元，以支持南开大学数学所的发展.

在晚年，他将自己的全部精力都奉献给了中国的现代数学事业. 为了纪念陈省身在数学上的卓越贡献，国际数学联盟还设立了陈省身奖. 2004 年，国际天文联合会决定将新发现的小行星命名为“陈省身星”.

陈省身的成功进一步向世人证明了中国智慧. 如今，随着时代的进步，我国也涌现出了一批又一批的优秀学子，他们在各个领域都取得了辉煌的成绩.

复习题 2

1．填空题

（1）设 $f(x)=\frac{1}{x}-2\sqrt{x}$，则 $f'(1)=$________.

（2）设 $y=\frac{2}{1+x}$，则 $y'=$________.

（3）设 $y=\arctan(1-x^2)$，则 $y'=$________.

（4）设 $y=2\sqrt{\ln x}$，则 $y'|_{x=e}=$________.

（5）设 $y=(1+\cos 3x)^2$，则 $y'=$________.

（6）设 $y=(x^2+1)\ln(x^2+1)$，则 $y'=$________.

（7）设 $y=\frac{1}{x}+2\sqrt{x}$，则 $dy=$________.

（8）过曲线 $y=\frac{x+1}{x-1}$ 上点 $(2,3)$ 处的切线斜率为________.

2．选择题

（1）设函数 $y=e^{\sin 2x}$，则 $y'=$（　　）.

A．$y=2e^{\sin 2x}$　　B．$y=\cos 2xe^{\sin 2x}$

C．$y=2\cos 2xe^{\sin 2x}$　　D．$y=\sin 2xe^{\sin 2x}$

（2）曲线 $y=\tan x$ 在 $x=\frac{\pi}{4}$ 处的切线方程为（　　）.

A．$2x-y+1-\frac{\pi}{2}=0$　　B．$2x+y+1-\frac{\pi}{2}=0$

C．$2x+y-\frac{\pi}{2}=0$　　D．$x+2y-\frac{\pi}{2}=0$

（3）设函数 $y=\ln(x+1)$，则 $y''=$（　　）.

A．$y=-\frac{1}{x+1}$　　B．$y=\frac{1}{x^2+1}$

C．$y=\frac{1}{x+1}$　　D．$y=-\frac{1}{(x+1)^2}$

（4）设函数 $y=x\sqrt{x^2+1}$，则 $f'(0)=$（　　）.

A. 1　　B. 2

C. 3　　D. 0

（5）ln1.01 的近似值等于（　　）.

A. 1.01　　B. 0.01

C. −1.01　　D. −0.01

3. 计算题

（1）求下列函数的导数.

① $y=2x^3-5x^2+3x-7$.　　② $y=\mathrm{e}^x(\sin x+\cos x)$.

③ $y=\cos\dfrac{1}{x}$.　　④ $y=\ln(1-x)$.

（2）求下列函数的微分.

① $y=x\left(\dfrac{1}{x^2}-\dfrac{1}{x}-1\right)$.　　② $y=\cot^2 3x$.

第 3 章 积 分

本章寄语

前面介绍了导数与微分的相关知识，即已知一个可导函数 $F(x)$，求它的导数 $F'(x)$ 的问题. 但在实际问题中，常会遇到与此相反的另一类问题，即已知某函数的导数 $F'(x)$，需要求这个函数 $F(x)$. 这就是积分学的问题.

积分学主要研究两个问题，即不定积分和定积分. 由求导（或求微）的逆运算，可引出不定积分；由对微小量的无限累加，可引出定积分.

3.1 不定积分

知识目标

（1）了解原函数的概念.

（2）熟悉不定积分的几何意义.

（3）掌握不定积分的概念、性质、基本积分公式和积分方法.

能力目标

（1）能用直接积分的方法和技巧求解一些积分问题.

（2）能用换元积分法和分部积分法解决相应的积分问题.

（3）能解决实际问题中的简单积分问题.

素质目标

（1）培养科学的价值观、实事求是的科学精神和钻研精神.

（2）培养辩证唯物主义观点和通过现象看本质的理性思维.

智能红绿灯是一种具有广泛应用前景的智能交通技术．它可以根据交通量和行人流量自动调节红绿灯时间，达到道路通行的最佳效果．那么“自动调节”的时长是如何计算得出的呢？

3.1.1 不定积分的概念和性质

1. 原函数的概念

引例 已知物体的运动速度为 $v(t)=2t$，怎样确定它的运动方程 $s=s(t)$ 呢？

【分析】根据导数的几何意义可知，$s'(t)=v(t)=2t$．从数学角度思考，要确定 $s=s(t)$，只需寻找一个函数，使它的导数等于已知函数 $v(t)=2t$ 即可，$s(t)=t^2$ 就满足上述要求，此时我们称 $s(t)=t^2$ 为 $v(t)=2t$ 的一个原函数．

定义 1 设函数 $f(x)$ 是定义在区间 I 上的已知函数，若存在函数 $F(x)$，使对于区间 I 上任意一点 x 都有

$$F'(x)=f(x) \text{ 或 } \mathrm{d}F(x)=f(x)\mathrm{d}x,$$

则称函数 $F(x)$ 是 $f(x)$ 在区间 I 上的一个原函数．

例如，$(x^2)'=2x$，故 x^2 是 $2x$ 在 $(-\infty,+\infty)$ 上的一个原函数；$(x^2+1)'=2x$，故 x^2+1 也是 $2x$ 在 $(-\infty,+\infty)$ 上的一个原函数；同样，对于任意常数 C，x^2+C 也是 $2x$ 在 $(-\infty,+\infty)$ 上的原函数．可见，函数 $f(x)=2x$ 的原函数不是唯一的．

由以上例子可以看出，如果一个函数的原函数存在，那么它必有无穷多个原函数．这些原函数之间具有什么样的关系呢？如何找出所有的原函数呢？现给出如下定理．

定理 1 如果函数 $F(x)$ 是 $f(x)$ 的一个原函数，则 $f(x)$ 有无穷多个原函数，且 $F(x)+C$（C是任意常数）是 $f(x)$ 的全体原函数．

不定积分概述

2. 不定积分的概念

为表示全体原函数，我们给出以下定义．

定义 2 在区间 I 上，函数 $f(x)$ 的全体原函数 $F(x)+C$（C是任意常数）称为 $f(x)$ 的不定积分，记为 $\int f(x)\mathrm{d}x$．其中，$\int$ 称为积分号，$f(x)$ 称为被积函数，$f(x)\mathrm{d}x$ 称为被积表达式，x 称为积分变量．

由以上定义可知，若 $F'(x)=f(x)$，则有 $\int f(x)\mathrm{d}x=F(x)+C$．

例 1 利用不定积分的定义求下列不定积分.

(1) $\int x^2 \mathrm{d}x$.　　　　(2) $\int \sin x \mathrm{d}x$.

解 (1) 因为 $\left(\dfrac{x^3}{3}\right)' = x^2$，所以 $\dfrac{x^3}{3}$ 是 x^2 的一个原函数，因此

$$\int x^2 \mathrm{d}x = \frac{x^3}{3} + C .$$

(2) 因为 $(-\cos x)' = \sin x$，所以 $-\cos x$ 是 $\sin x$ 的一个原函数，因此

$$\int \sin x \mathrm{d}x = -\cos x + C .$$

利用 MATLAB 求解

(1)

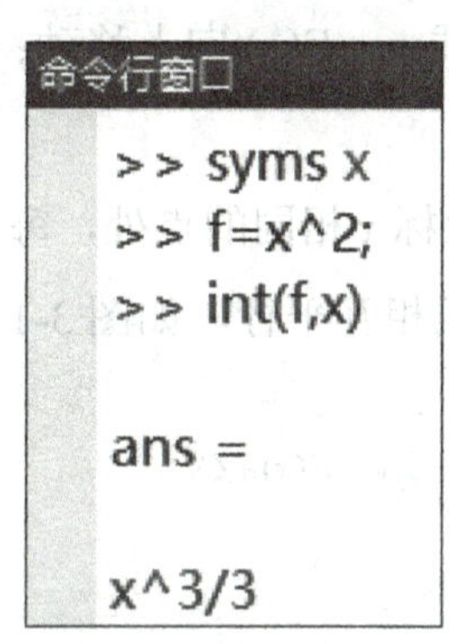

(2)

```
命令行窗口
>> syms x
>> f=sin(x);
>> int(f,x)

ans =

-cos(x)
```

不定积分与导数（或微分）之间有如下运算关系.

(1) $\left[\int f(x)\mathrm{d}x\right]' = f(x)$ 或 $\mathrm{d}\left[\int f(x)\mathrm{d}x\right] = f(x)\mathrm{d}x$.

(2) $\int F'(x)\mathrm{d}x = F(x) + C$ 或 $\int \mathrm{d}F(x) = F(x) + C$.

由此可见，求不定积分的运算与求导（微分）的运算是互逆的. 例如，$\left[\int 2x\mathrm{d}x\right]' = 2x$，$\int \mathrm{d}x^2 = x^2 + C$.

思想火炬

一个被积函数 $f(x)$ 的原函数会有无穷多个，它们只差一个常数 C. 我们发现，只要 $F(x)$ 不变，那么无论 C 变成什么样子，这些原函数的导数都为 $f(x)$. 可见，要

想改变结果，就不要在 C 上下功夫. 因此，当我们在某一方面一直努力但未能达到预期目标时，就要想想是不是方向选错了，否则我们的努力可能只是重复了无数次的“竹篮打水”.

3. 不定积分的几何意义

设 $F(x)$ 是 $f(x)$ 的一个原函数，则称函数 $y=F(x)$ 的图形为 $f(x)$ 的一条**积分曲线**. 显然，这条积分曲线沿着 y 轴的方向上下平移可以得到无数多条曲线，它们表示的函数就是 $f(x)$ 的不定积分 $F(x)+C$，称这些曲线为 $f(x)$ 的**积分曲线族**.

积分曲线族有以下几个特点.

（1）积分曲线族中任意一条曲线，可由其中某一条（如曲线 $y=F(x)$）沿 y 轴平行移动若干个（如 $|C|$ 个）单位而得到. 当 $C>0$ 时，曲线 $y=F(x)$ 向上移动；当 $C<0$ 时，曲线 $y=F(x)$ 向下移动.

（2）由于 $[F(x)+C]'=F'(x)=f(x)$，所以在横坐标 x 相同的点处，每条积分曲线上相应点的切线斜率相等，都等于 $f(x)$，即相应点的切线相互平行，如图 3-1 所示.

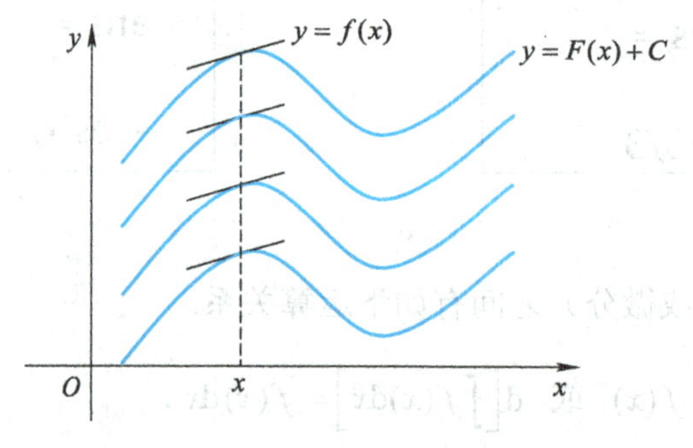

图 3-1

例 2 已知某曲线上任一点处的切线斜率等于该点处横坐标平方的 3 倍，且该曲线过点 $(0,1)$，求该曲线方程.

解 设所求曲线方程为 $y=f(x)$. 由导数的几何意义知 $y'=3x^2$，由不定积分的定义得 $y=\int 3x^2\mathrm{d}x=x^3+C$. 因为曲线过点 $(0,1)$，所以求得 $C=1$. 于是所求曲线方程为 $y=x^3+1$.

利用 MATLAB 求解

命令行窗口
```
>> syms x
>> f=3*x^2;
>> int(f,x)

ans =

x^3
```

4. 不定积分的性质

根据不定积分的定义，可以推得如下性质.

性质 1 被积函数中不为零的常数因子可以提到积分号前面，即

$$\int kf(x)\mathrm{d}x = k\int f(x)\mathrm{d}x \ (k \neq 0).$$

性质 2 两个函数和（或差）的不定积分等于这两个函数不定积分的和（或差），即

$$\int [f_1(x) \pm f_2(x)]\,\mathrm{d}x = \int f_1(x)\mathrm{d}x \pm \int f_2(x)\,\mathrm{d}x.$$

性质 2 可以推广到任意有限个函数代数和的情形.

例 3 求 $\int\left(x^2+\sin x-\dfrac{1}{1+x^2}\right)\mathrm{d}x$.

解
$$\begin{aligned}\int\left(x^2+\sin x-\frac{1}{1+x^2}\right)\mathrm{d}x &= \int x^2\mathrm{d}x+\int \sin x\mathrm{d}x-\int\frac{1}{1+x^2}\mathrm{d}x\\ &= \frac{1}{3}x^3+C_1-\cos x+C_2-\arctan x+C_3\\ &= \frac{1}{3}x^3-\cos x-\arctan x+C.\end{aligned}$$

注意

逐项积分后，每个不定积分都含有任意常数，由于任意常数之和仍为任意常数，所以最后加一个任意常数即可.

例 4 求 $\int \cos^2 \frac{x}{2} \mathrm{d}x$.

解 因为 $\cos^2 \frac{x}{2} = \frac{1}{2}(1+\cos x)$，所以

$$\int \cos^2 \frac{x}{2} \mathrm{d}x = \int \frac{1}{2}(1+\cos x)\mathrm{d}x = \frac{1}{2}\int (1+\cos x)\mathrm{d}x = \frac{1}{2}(x+\sin x)+C .$$

利用 MATLAB 求解

例 3

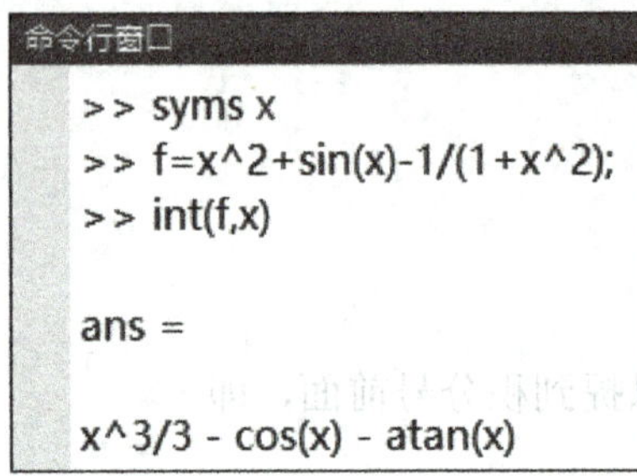
命令行窗口
```
>> syms x
>> f=x^2+sin(x)-1/(1+x^2);
>> int(f,x)

ans =

x^3/3 - cos(x) - atan(x)
```

例 4

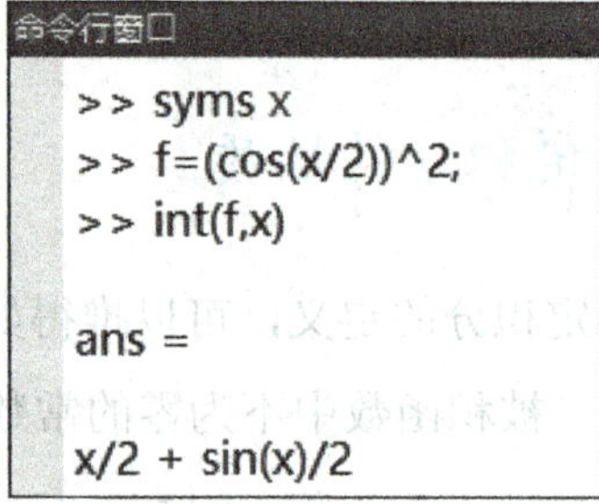
命令行窗口
```
>> syms x
>> f=(cos(x/2))^2;
>> int(f,x)

ans =

x/2 + sin(x)/2
```

例 5 已知某物体以速度 $v=(2t^2+1)$ m/s 做直线运动，当时间 t 为 1 s 时，物体经过的路程 s 为 3 m，求该物体的运动方程.

解 设所求物体的运动方程为 $s=s(t)$，则有 $s'(t)=v=2t^2+1$，所以

$$s(t)=\int (2t^2+1)\mathrm{d}t = \frac{2}{3}t^3+t+C .$$

已知当 $t=1$ 时，$s=3$，代入上式有

$$3=\frac{2}{3}+1+C，\text{解得 } C=\frac{4}{3} .$$

所以，所求物体的运动方程为 $s(t)=\frac{2}{3}t^3+t+\frac{4}{3}$.

利用 MATLAB 求解

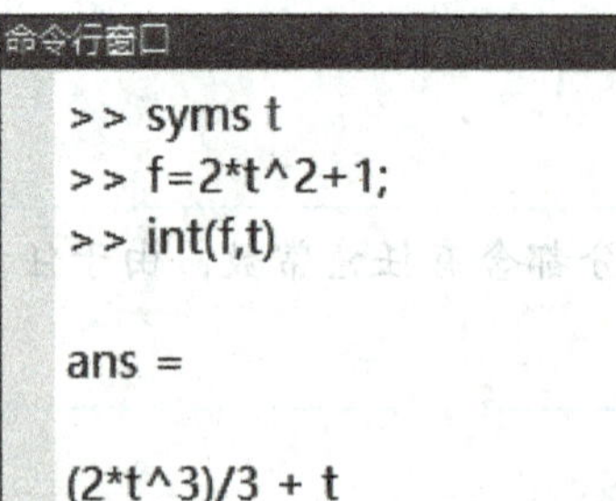
命令行窗口
```
>> syms t
>> f=2*t^2+1;
>> int(f,t)

ans =

(2*t^3)/3 + t
```

3.1.2 不定积分的基本积分公式

因为求不定积分是求导数的逆运算，所以由导数公式可以相应地得出不定积分的基本积分公式.

（1）$\int k\mathrm{d}x = kx + C$ (k为常数).

（2）$\int x^{\mu}\mathrm{d}x = \dfrac{x^{\mu+1}}{\mu+1} + C\ (\mu \neq -1)$.

（3）$\int a^{x}\mathrm{d}x = \dfrac{1}{\ln a}a^{x} + C$.

（4）$\int \mathrm{e}^{x}\mathrm{d}x = \mathrm{e}^{x} + C$.

（5）$\int \dfrac{1}{x}\mathrm{d}x = \ln|x| + C$.

（6）$\int \cos x\mathrm{d}x = \sin x + C$.

（7）$\int \sin x\mathrm{d}x = -\cos x + C$.

（8）$\int \dfrac{1}{\cos^2 x}\mathrm{d}x = \int \sec^2 x\mathrm{d}x = \tan x + C$.

（9）$\int \dfrac{1}{\sin^2 x}\mathrm{d}x = \int \csc^2 x\mathrm{d}x = -\cot x + C$.

（10）$\int \sec x\tan x\mathrm{d}x = \sec x + C$.

（11）$\int \csc x\cot x\mathrm{d}x = -\csc x + C$.

（12）$\int \dfrac{1}{\sqrt{1-x^2}}\mathrm{d}x = \arcsin x + C$.

（13）$\int \dfrac{1}{1+x^2}\mathrm{d}x = \arctan x + C$.

注意

以上 13 个基本积分公式是求不定积分的基础，必须牢牢记住并能熟练运用.

例 6 求下列不定积分.

（1）$\int \sqrt{x}(x^2-5)\mathrm{d}x$.

（2）$\int 2^{x}\mathrm{e}^{x}\mathrm{d}x$.

（3）$\int \dfrac{(1-x)^2}{x}\mathrm{d}x$.

（4）$\int \dfrac{\mathrm{d}x}{x^2(1+x^2)}$.

解 （1）
$$\int \sqrt{x}(x^2-5)\mathrm{d}x = \int (x^{\frac{5}{2}} - 5x^{\frac{1}{2}})\mathrm{d}x = \int x^{\frac{5}{2}}\mathrm{d}x - 5\int x^{\frac{1}{2}}\mathrm{d}x$$
$$= \frac{2}{7}x^{\frac{7}{2}} - 5\times\frac{2}{3}x^{\frac{3}{2}} + C = \frac{2}{7}x^{3}\sqrt{x} - \frac{10}{3}x\sqrt{x} + C.$$

（2）
$$\int 2^{x}\mathrm{e}^{x}\mathrm{d}x = \int (2\mathrm{e})^{x}\mathrm{d}x = \frac{(2\mathrm{e})^{x}}{\ln(2\mathrm{e})} + C = \frac{(2\mathrm{e})^{x}}{1+\ln 2} + C.$$

（3）$\int\frac{(1-x)^2}{x}\mathrm{d}x=\int\frac{1-2x+x^2}{x}\mathrm{d}x=\int\left(\frac{1}{x}-2+x\right)\mathrm{d}x=\ln|x|-2x+\frac{1}{2}x^2+C$.

（4）$\int\frac{\mathrm{d}x}{x^2(1+x^2)}=\int\frac{(1+x^2)-x^2}{x^2(1+x^2)}\mathrm{d}x=\int\frac{1}{x^2}\mathrm{d}x-\int\frac{1}{1+x^2}\mathrm{d}x=-\frac{1}{x}-\arctan x+C$.

利用 MATLAB 求解

（1）

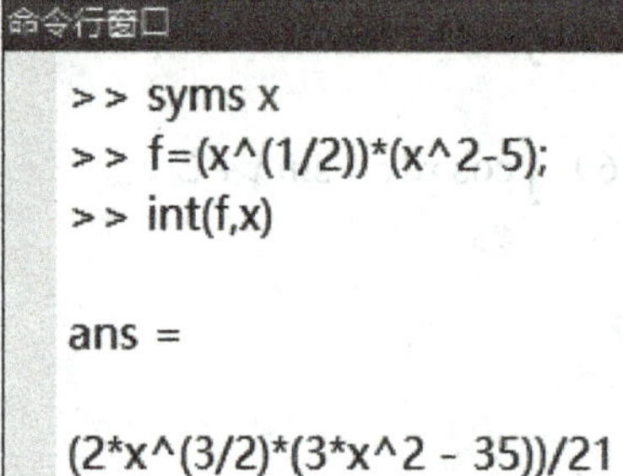

命令行窗口

```
>> syms x
>> f=(x^(1/2))*(x^2-5);
>> int(f,x)

ans =

(2*x^(3/2)*(3*x^2 - 35))/21
```

（2）

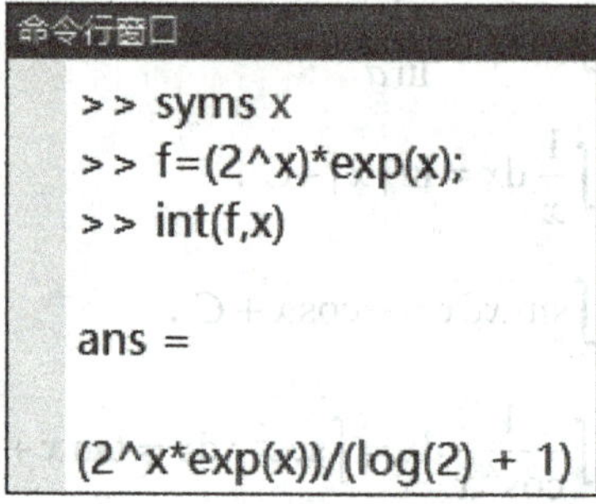

命令行窗口

```
>> syms x
>> f=(2^x)*exp(x);
>> int(f,x)

ans =

(2^x*exp(x))/(log(2) + 1)
```

（3）

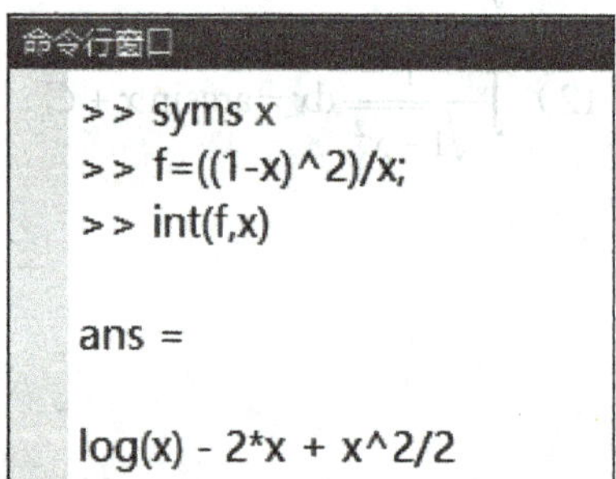

命令行窗口

```
>> syms x
>> f=((1-x)^2)/x;
>> int(f,x)

ans =

log(x) - 2*x + x^2/2
```

（4）

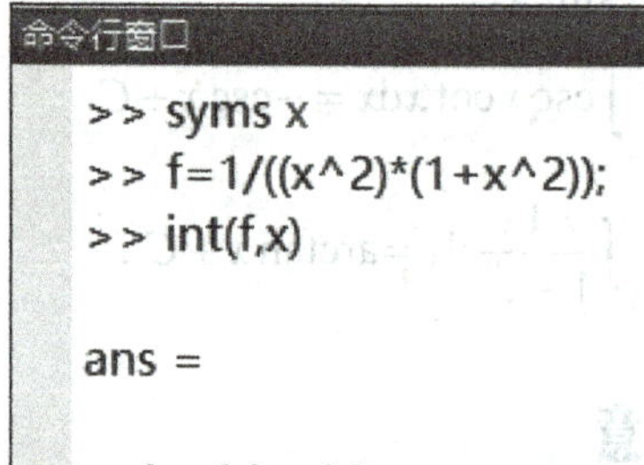

命令行窗口

```
>> syms x
>> f=1/((x^2)*(1+x^2));
>> int(f,x)

ans =

- atan(x) - 1/x
```

3.1.3 不定积分的换元积分法

不定积分的积分方法

利用不定积分的定义、性质及基本积分公式只能求解一些简单的不定积分. 对于一些复杂的不定积分，则需要采用其他方法. 下面先介绍换元积分法.

换元积分法是指通过引进中间变量，作变量代换，使被积函数变成容易积分的形式，然后进行积分，一般包括第一换元积分法和第二换元积分法两种方法.

1. 第一换元积分法

定理 2（第一换元积分法） 设函数 $f(u)$ 具有原函数 $F(u)$，且 $u=\varphi(x)$ 可导，则函数 $F[\varphi(x)]$ 是函数 $f[\varphi(x)]\varphi'(x)$ 的原函数，即有换元公式

$$\int f[\varphi(x)]\varphi'(x)\mathrm{d}x=F[\varphi(x)]+C=\left[\int f(u)\mathrm{d}u\right]_{u=\varphi(x)}.$$

知识宝典

利用第一换元积分法求不定积分的具体步骤如下.

$$\int f[\varphi(x)]\varphi'(x)\mathrm{d}x\overset{\text{凑微分}}{=\!=}\int f[\varphi(x)]\mathrm{d}\varphi(x)\overset{\text{令}u=\varphi(x)}{=\!=\!=}\int f(u)\mathrm{d}u=F(u)+C\overset{\text{还原}}{=\!=}F[\varphi(x)]+C.$$

例 7 求下列不定积分.

（1）$\int\sin 5x\mathrm{d}x$.　（2）$\int(1+2x)^3\mathrm{d}x$.　（3）$\int x\mathrm{e}^{x^2}\mathrm{d}x$.

解 （1）首先凑微分，因为 $\mathrm{d}x=\frac{1}{5}\mathrm{d}(5x)$，所以

$$\int\sin 5x\mathrm{d}x=\frac{1}{5}\int\sin 5x\mathrm{d}(5x)\overset{\text{令}u=5x}{=\!=\!=}\frac{1}{5}\int\sin u\mathrm{d}u=-\frac{1}{5}\cos u+C\overset{\text{还原}}{=\!=}-\frac{1}{5}\cos 5x+C.$$

（2）首先凑微分，因为 $\mathrm{d}x=\frac{1}{2}\mathrm{d}(2x)=\frac{1}{2}\mathrm{d}(1+2x)$，所以

$$\int(1+2x)^3\mathrm{d}x=\int\frac{1}{2}(1+2x)^3\mathrm{d}(1+2x)=\frac{1}{2}\int(1+2x)^3\mathrm{d}(1+2x)$$

$$\overset{\text{令}u=1+2x}{=\!=\!=}\frac{1}{2}\int u^3\mathrm{d}u=\frac{1}{8}u^4+C\overset{\text{还原}}{=\!=}\frac{1}{8}(1+2x)^4+C.$$

（3）首先凑微分，因为 $x\mathrm{d}x=\frac{1}{2}\mathrm{d}x^2$，所以

$$\int x\mathrm{e}^{x^2}\mathrm{d}x=\frac{1}{2}\int\mathrm{e}^{x^2}\mathrm{d}x^2\overset{\text{令}u=x^2}{=\!=\!=}\frac{1}{2}\int\mathrm{e}^u\mathrm{d}u=\frac{1}{2}\mathrm{e}^u+C\overset{\text{还原}}{=\!=}\frac{1}{2}\mathrm{e}^{x^2}+C.$$

利用 MATLAB 求解

（1）

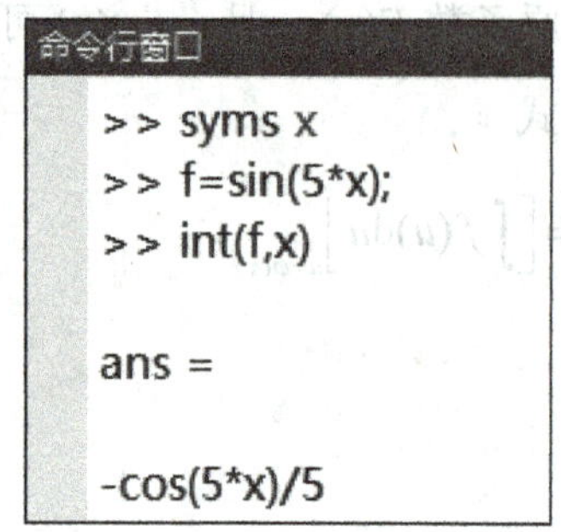

（2）

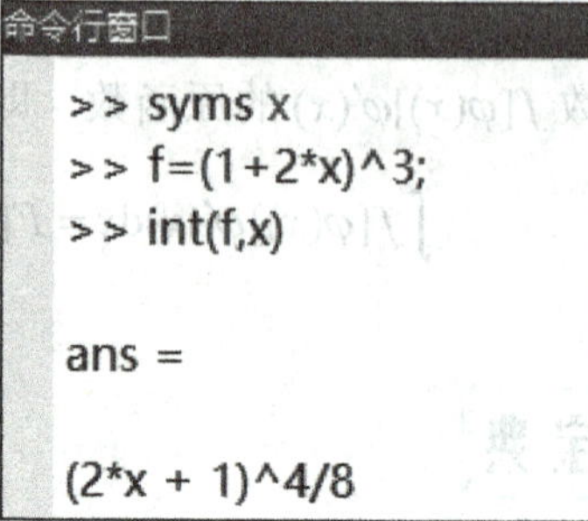

（3）

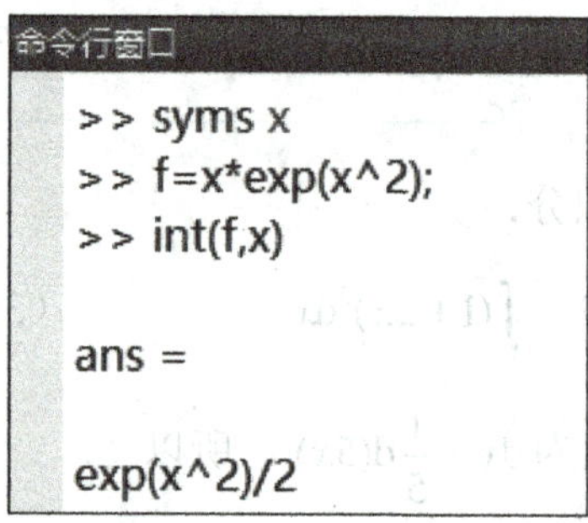

从以上例子可以看出，第一换元积分法的关键在于“凑微分”．为了方便计算，下面给出一些常用的凑微分形式．

（1）$\mathrm{d}x=\dfrac{1}{a}\mathrm{d}(ax+b)$．　　（2）$x\mathrm{d}x=\dfrac{1}{2}\mathrm{d}x^2=\dfrac{1}{2a}\mathrm{d}(ax^2+b)$．

（3）$\dfrac{1}{\sqrt{x}}\mathrm{d}x=2\mathrm{d}\sqrt{x}=\dfrac{2}{a}\mathrm{d}(a\sqrt{x}+b)$．　　（4）$a^x\mathrm{d}x=\dfrac{1}{\ln a}\mathrm{d}(a^x)$．

（5）$\dfrac{1}{x^2}\mathrm{d}x=-\mathrm{d}\left(\dfrac{1}{x}\right)$．　　（6）$\dfrac{1}{x}\mathrm{d}x=\mathrm{d}(\ln x)$．

（7）$\cos x\mathrm{d}x=\mathrm{d}(\sin x)$．　　（8）$\sin x\mathrm{d}x=-\mathrm{d}(\cos x)$．

（9）$\sec^2 x\mathrm{d}x=\mathrm{d}(\tan x)$．　　（10）$\sec x\tan x\mathrm{d}x=\mathrm{d}(\sec x)$．

（11）$\dfrac{1}{\sqrt{1-x^2}}\mathrm{d}x=\mathrm{d}(\arcsin x)$．　　（12）$\dfrac{1}{1+x^2}\mathrm{d}x=\mathrm{d}(\arctan x)$．

在对变量代换比较熟练后，可不必写出中间变量．

例 8 求下列不定积分.

（1）$\int \frac{e^{3\sqrt{x}}}{\sqrt{x}}dx$.　　（2）$\int \frac{dx}{x(1+2\ln x)}$.

解 （1）因为$\frac{1}{\sqrt{x}}dx = 2d\sqrt{x}$，所以

$$\int \frac{e^{3\sqrt{x}}}{\sqrt{x}}dx = 2\int e^{3\sqrt{x}}d\sqrt{x} = \frac{2}{3}\int e^{3\sqrt{x}}d(3\sqrt{x}) = \frac{2}{3}e^{3\sqrt{x}} + C.$$

（2）因为$\frac{1}{x}dx = d(\ln x)$，所以

$$\int \frac{dx}{x(1+2\ln x)} = \int \frac{d(\ln x)}{1+2\ln x} = \frac{1}{2}\int \frac{d(2\ln x)}{1+2\ln x} = \frac{1}{2}\int \frac{d(1+2\ln x)}{1+2\ln x} = \frac{1}{2}\ln|1+2\ln x| + C.$$

利用 MATLAB 求解

（1）

命令行窗口

```
>> syms x
>> f=exp(3*x^0.5)/x^0.5;
>> int(f,x)

ans =

(2*exp(3*x^(1/2)))/3
```

（2）

命令行窗口

```
>> syms x
>> f=1/(x*(1+2*log(x)));
>> int(f,x)

ans =

log(2*log(x) + 1)/2
```

例 9 证明下列等式.

（1）$\int \tan x dx = -\ln|\cos x| + C$.

（2）$\int \csc x dx = \ln|\csc x - \cot x| + C$.

证明 （1）因为$\int \tan x dx = \int \frac{\sin x}{\cos x}dx$，其中$\sin x dx = -d(\cos x)$，所以

$$\int \tan x dx = \int \frac{\sin x}{\cos x}dx = -\int \frac{d(\cos x)}{\cos x} = -\ln|\cos x| + C.$$

即

$$\int \tan x dx = -\ln|\cos x| + C.$$

（2）

$$\int \csc x\mathrm{d}x=\int\frac{\mathrm{d}x}{\sin x}=\int\frac{\mathrm{d}x}{2\sin\frac{x}{2}\cos\frac{x}{2}}=\int\frac{\mathrm{d}\left(\frac{x}{2}\right)}{\tan\frac{x}{2}\cos^2\frac{x}{2}}=\int\frac{\mathrm{d}\left(\tan\frac{x}{2}\right)}{\tan\frac{x}{2}}=\ln\left|\tan\frac{x}{2}\right|+C .$$

因为 $\tan\frac{x}{2}=\frac{\sin\frac{x}{2}}{\cos\frac{x}{2}}=\frac{2\sin^2\frac{x}{2}}{\sin x}=\frac{1-\cos x}{\sin x}=\csc x-\cot x$，所以

$$\int \csc x\mathrm{d}x=\ln|\csc x-\cot x|+C .$$

利用 MATLAB 求解

（1）

```
命令行窗口
>> syms x
>> f=tan(x);
>> int(f,x)

ans =

-log(cos(x))
```

（2）

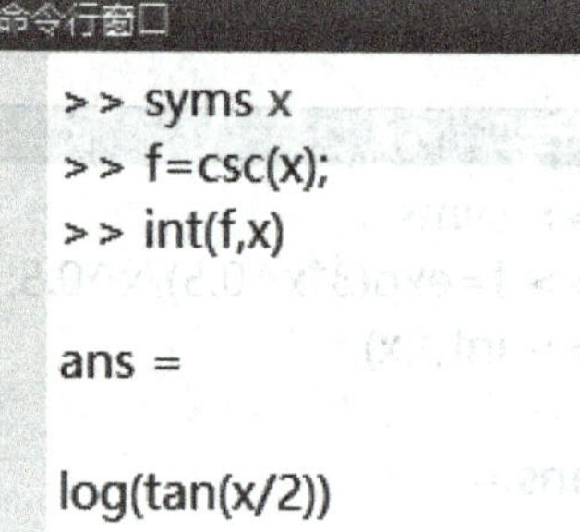

学以致用

利用第一换元积分法求证：

$$\int\cot x\mathrm{d}x=\ln|\sin x|+C，\quad \int\sec x\mathrm{d}x=\ln|\sec x+\tan x|+C .$$

例 10 求不定积分 $\int\frac{\mathrm{d}x}{a^2+x^2}\ (a\neq 0)$.

解 $\int\frac{\mathrm{d}x}{a^2+x^2}=\int\frac{1}{a^2}\cdot\frac{\mathrm{d}x}{1+\left(\frac{x}{a}\right)^2}=\frac{1}{a}\int\frac{\mathrm{d}\left(\frac{x}{a}\right)}{1+\left(\frac{x}{a}\right)^2}=\frac{1}{a}\arctan\frac{x}{a}+C$，

即

$$\int\frac{\mathrm{d}x}{a^2+x^2}=\frac{1}{a}\arctan\frac{x}{a}+C .$$

利用 MATLAB 求解

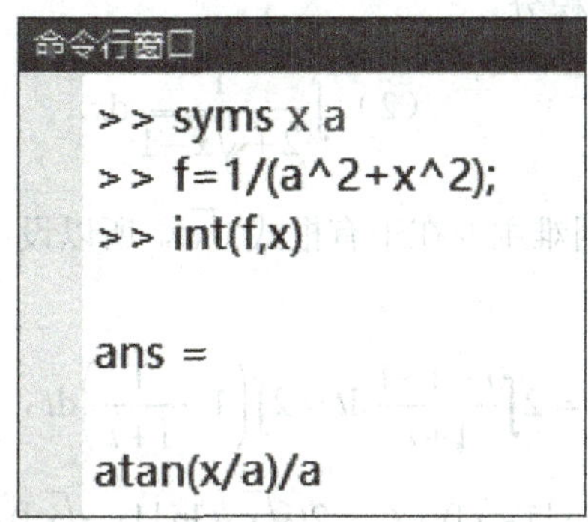

学以致用

利用第一换元积分法求证：

$$\int \frac{\mathrm{d}x}{x^2-a^2}=\frac{1}{2a}\ln\left|\frac{x-a}{x+a}\right|+C\,,\quad \int \frac{\mathrm{d}x}{\sqrt{a^2-x^2}}=\arcsin\frac{x}{a}+C\,.$$

2. 第二换元积分法

定理 3（第二换元积分法） 设 $x=\psi(t)$ 是单调、可导的函数，且 $\psi'(t)\neq 0$，又设 $f[\psi(t)]\psi'(t)$ 具有原函数，则有换元公式

$$\int f(x)\mathrm{d}x=\left[\int f[\psi(t)]\psi'(t)\mathrm{d}t\right]_{t=\psi^{-1}(x)}\,,$$

其中，$t=\psi^{-1}(x)$ 为 $x=\psi(t)$ 的反函数.

知识宝典

利用第二换元积分法求不定积分的具体步骤如下.

$$\int f(x)\mathrm{d}x \xlongequal{\text{令}x=\psi(t)} \int f[\psi(t)]\psi'(t)\mathrm{d}t \xlongequal{\text{积分}} F(t)+C \xlongequal{\text{回代}t=\psi^{-1}(x)} F[\psi^{-1}(x)]+C\,.$$

第二换元积分法通常可分为两种：简单根式换元积分法和三角换元积分法. 下面通过例子来介绍这两种方法.

1）简单根式换元积分法

例 11 求下列不定积分.

（1）$\int \frac{dx}{1+\sqrt{x}}$.　　　　（2）$\int \frac{1}{2+\sqrt{x-1}}dx$.

解 （1）求这个积分的困难主要在于有根式 $\sqrt{x}$，所以设 $\sqrt{x}=t$，则 $x=t^2$，$dx=2tdt$，于是

$$\int \frac{dx}{1+\sqrt{x}}=\int \frac{2tdt}{1+t}=2\int \frac{t+1-1}{1+t}dt=2\int\left(1-\frac{1}{1+t}\right)dt$$

$$=2(t-\ln|1+t|)+C=2(\sqrt{x}-\ln|1+\sqrt{x}|)+C$$

$$=2[\sqrt{x}-\ln(1+\sqrt{x})]+C.$$

（2）设 $t=\sqrt{x-1}$，则 $x=1+t^2$，$dx=2tdt$，于是

$$\int \frac{1}{2+\sqrt{x-1}}dx=\int \frac{2t}{2+t}dt=2\int \frac{t+2-2}{2+t}dt$$

$$=2\int dt-4\int \frac{1}{2+t}dt=2t-4\ln|2+t|+C$$

$$=2\sqrt{x-1}-4\ln|2+\sqrt{x-1}|+C$$

$$=2\sqrt{x-1}-4\ln(2+\sqrt{x-1})+C.$$

利用 MATLAB 求解

（1）

命令行窗口

```
>> syms x
>> f=1/(1+x^0.5);
>> int(f,x)

ans =

2*x^(1/2) - 2*log(x^(1/2) + 1)
```

（2）

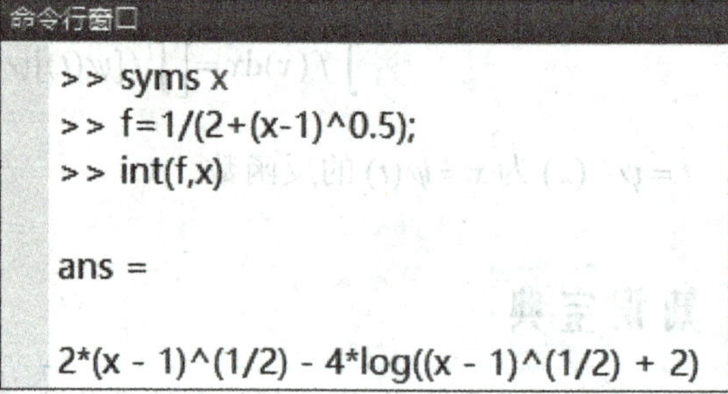

命令行窗口

```
>> syms x
>> f=1/(2+(x-1)^0.5);
>> int(f,x)

ans =

2*(x - 1)^(1/2) - 4*log((x - 1)^(1/2) + 2)
```

2）三角换元积分法

例 12 求 $\int\sqrt{a^2-x^2}dx\ (a>0)$.

解 设 $x=a\sin t$，$|t|<\frac{\pi}{2}$，则

$$dx=a\cos tdt,\quad \sqrt{a^2-x^2}=\sqrt{a^2-a^2\sin^2 t}=a\cos t,$$

于是得

$$\begin{aligned}\int\sqrt{a^2-x^2}\,\mathrm{d}x&=\int a\cos t\cdot a\cos t\mathrm{d}t=a^2\int\cos^2 t\mathrm{d}t\\&=\frac{a^2}{2}\int(1+\cos 2t)\,\mathrm{d}t=\frac{a^2}{2}\left(t+\frac{1}{2}\sin 2t\right)+C\\&=\frac{a^2}{2}t+\frac{a^2}{2}\sin t\cos t+C.\end{aligned}$$

因为 $\sin t=\dfrac{x}{a}$， $t=\arcsin\dfrac{x}{a}$， $\cos t=\dfrac{\sqrt{a^2-x^2}}{a}$ ，所以

$$\begin{aligned}\int\sqrt{a^2-x^2}\,\mathrm{d}x&=\frac{a^2}{2}\arcsin\frac{x}{a}+\frac{a^2}{2}\cdot\frac{x}{a}\cdot\frac{\sqrt{a^2-x^2}}{a}+C\\&=\frac{a^2}{2}\arcsin\frac{x}{a}+\frac{x}{2}\sqrt{a^2-x^2}+C.\end{aligned}$$

例 13 求 $\displaystyle\int\frac{\mathrm{d}x}{\sqrt{x^2+a^2}}\ (a>0)$.

解 设 $x=a\tan t$， $|t|<\dfrac{\pi}{2}$，则

$$\mathrm{d}x=a\sec^2 t\mathrm{d}t,\quad \sqrt{x^2+a^2}=a\sqrt{1+\tan^2 t}=a\,|\sec t|=a\sec t,$$

于是得

$$\int\frac{\mathrm{d}x}{\sqrt{x^2+a^2}}=\int\frac{a\sec^2 t\mathrm{d}t}{a\sec t}=\int\sec t\mathrm{d}t=\ln|\sec t+\tan t|+C_1.$$

因为 $\sec t=\dfrac{\sqrt{x^2+a^2}}{a}$， $\tan t=\dfrac{x}{a}$，且 $\sec t+\tan t=\dfrac{1+\sin t}{\cos t}>0$，所以

$$\int\frac{\mathrm{d}x}{\sqrt{x^2+a^2}}=\ln\left(\frac{\sqrt{x^2+a^2}}{a}+\frac{x}{a}\right)+C_1=\ln(\sqrt{x^2+a^2}+x)+C.$$

利用 MATLAB 求解

例 12

命令行窗口

```
>> syms x,syms a positive
>> f=sqrt(a^2-x^2);
>> int(f,x)

ans =

(a^2*asin(x/a))/2 + (x*(a^2 - x^2)^(1/2))/2
```

例 13

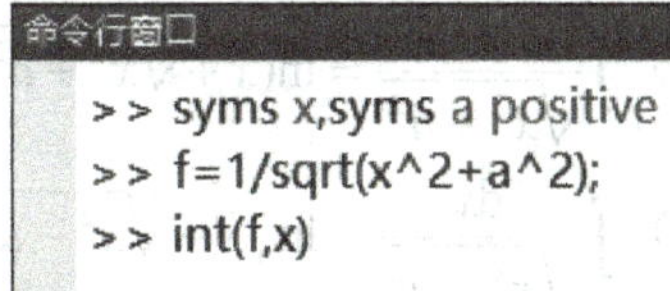

命令行窗口

```
>> syms x,syms a positive
>> f=1/sqrt(x^2+a^2);
>> int(f,x)

ans =

asinh(x/a)
```

指点迷津

$$\operatorname{arsinh}\frac{x}{a}=\ln(\sqrt{x^2+a^2}+x)-\ln a.$$

学以致用

利用第二换元积分法求证：

$$\int\frac{dx}{\sqrt{x^2-a^2}}=\ln|x+\sqrt{x^2-a^2}|+C.$$

一般地，被积函数中含有$\sqrt{a^2-x^2}$，$\sqrt{x^2+a^2}$，$\sqrt{x^2-a^2}$因子时，宜采用三角换元积分法.

（1）当被积函数中含有$\sqrt{a^2-x^2}$时，设$x=a\sin t$.

（2）当被积函数中含有$\sqrt{x^2+a^2}$时，设$x=a\tan t$.

（3）当被积函数中含有$\sqrt{x^2-a^2}$时，设$x=\pm a\sec t$.

利用换元积分法求得的一些积分结果，可以作为公式直接使用．以下给出一些常用的积分结果.

（1）$\int\tan x\mathrm{d}x=-\ln|\cos x|+C$.

（2）$\int\cot x\mathrm{d}x=\ln|\sin x|+C$.

（3）$\int\sec x\mathrm{d}x=\ln|\sec x+\tan x|+C$.

（4）$\int\csc x\mathrm{d}x=\ln|\csc x-\cot x|+C$.

（5）$\int\frac{\mathrm{d}x}{a^2+x^2}=\frac{1}{a}\arctan\frac{x}{a}+C$.

（6）$\int\frac{\mathrm{d}x}{x^2-a^2}=\frac{1}{2a}\ln\left|\frac{x-a}{x+a}\right|+C$.

（7）$\int\frac{\mathrm{d}x}{\sqrt{a^2-x^2}}=\arcsin\frac{x}{a}+C$.

（8）$\int\frac{\mathrm{d}x}{\sqrt{x^2+a^2}}=\ln(x+\sqrt{x^2+a^2})+C$.

（9）$\int\frac{\mathrm{d}x}{\sqrt{x^2-a^2}}=\ln|x+\sqrt{x^2-a^2}|+C$.

（10）$\int\sqrt{a^2-x^2}\mathrm{d}x=\frac{a^2}{2}\arcsin\frac{x}{a}+\frac{x}{2}\sqrt{a^2-x^2}+C$.

3.1.4 不定积分的分部积分法

前面介绍了不定积分的换元积分法，下面利用两个函数乘积的求导法则，来推得另一个求不定积分的方法，即不定积分的分部积分法.

设函数 $u=u(x)$，$v=v(x)$ 具有连续导数，则这两个函数乘积的导数为

$$(uv)'=u'v+uv',$$

即

$$uv'=(uv)'-u'v.$$

上式两边同时求不定积分，得

$$\int uv'\mathrm{d}x=\int (uv)'\mathrm{d}x-\int u'v\mathrm{d}x,$$

即

$$\int u\mathrm{d}v=uv-\int v\mathrm{d}u,$$

该公式称为不定积分的**分部积分公式**.

注意

当 $\int uv'\mathrm{d}x=\int u\mathrm{d}v$ 不易求出，而 $\int vu'\mathrm{d}x=\int v\mathrm{d}u$ 易求出时，可以先求 $\int vu'\mathrm{d}x=\int v\mathrm{d}u$，然后利用分部积分公式，求出 $\int uv'\mathrm{d}x=\int u\mathrm{d}v$.

在运用分部积分公式时，应正确选取 u 函数和 v 函数，下面通过例子来具体说明.

例 14 求 $\int x\mathrm{e}^x\mathrm{d}x$.

解 设 $u=x$，$\mathrm{d}v=\mathrm{e}^x\mathrm{d}x=\mathrm{d}(\mathrm{e}^x)$，则 $\mathrm{d}u=\mathrm{d}x$，$v=\mathrm{e}^x$，代入分部积分公式，得

$$\int x\mathrm{e}^x\mathrm{d}x=\int x\mathrm{d}(\mathrm{e}^x)=x\mathrm{e}^x-\int \mathrm{e}^x\mathrm{d}x=x\mathrm{e}^x-\mathrm{e}^x+C.$$

注意

在例 14 中，若设 $u=\mathrm{e}^x$，$\mathrm{d}v=x\mathrm{d}x=\frac{1}{2}\mathrm{d}(x^2)$，则 $\int x\mathrm{e}^x\mathrm{d}x=\frac{1}{2}\int \mathrm{e}^x\mathrm{d}(x^2)=\frac{1}{2}x^2\mathrm{e}^x-\frac{1}{2}\int x^2\mathrm{e}^x\mathrm{d}x$，而 $\int x^2\mathrm{e}^x\mathrm{d}x$ 比 $\int x\mathrm{e}^x\mathrm{d}x$ 还要复杂，不容易求出，没有达到预期目的. 由此可见，选择 u 与 v 非常关键，一般要考虑以下两点.

(1) v 要容易求得.

(2) $\int v\mathrm{d}u$ 要比 $\int u\mathrm{d}v$ 容易求出.

例 15 求 $\int x^2\mathrm{e}^x\mathrm{d}x$.

解 设 $u=x^2$, $\mathrm{d}v=\mathrm{e}^x\mathrm{d}x=\mathrm{d}(\mathrm{e}^x)$, 则

$$\int x^2\mathrm{e}^x\mathrm{d}x=\int x^2\mathrm{d}(\mathrm{e}^x)=x^2\mathrm{e}^x-\int\mathrm{e}^x\mathrm{d}(x^2)=x^2\mathrm{e}^x-2\int x\mathrm{e}^x\mathrm{d}x .$$

利用例 14 的结果，对 $\int x\mathrm{e}^x\mathrm{d}x$ 再进行一次分部积分，得

$$\int x^2\mathrm{e}^x\mathrm{d}x=x^2\mathrm{e}^x-2x\mathrm{e}^x+2\mathrm{e}^x+C .$$

例 16 求 $\int x\sin x\mathrm{d}x$.

解 令 $u=x$, $\mathrm{d}v=\sin x\mathrm{d}x=\mathrm{d}(-\cos x)$, 则

$$\int x\sin x\mathrm{d}x=\int x\mathrm{d}(-\cos x)=-x\cos x+\int\cos x\mathrm{d}x=-x\cos x+\sin x+C .$$

利用 MATLAB 求解

例 14

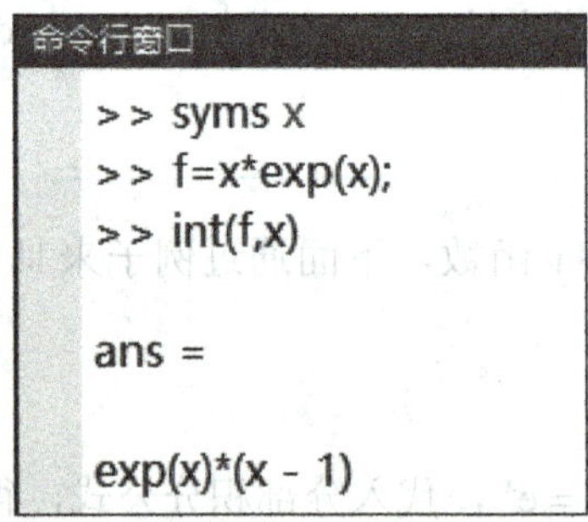

```
命令行窗口
>> syms x
>> f=x*exp(x);
>> int(f,x)

ans =

exp(x)*(x - 1)
```

例 15

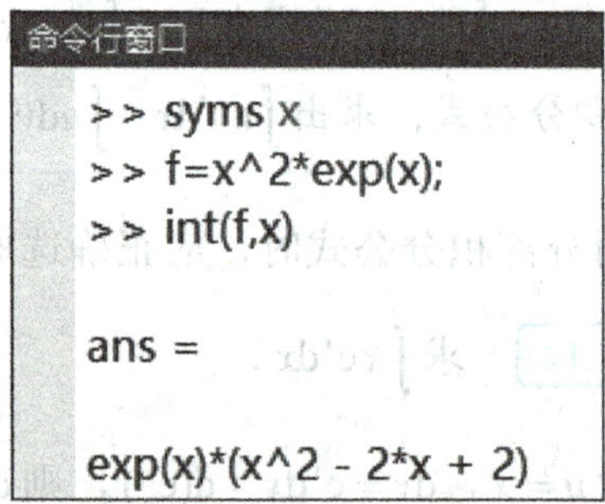

```
命令行窗口
>> syms x
>> f=x^2*exp(x);
>> int(f,x)

ans =

exp(x)*(x^2 - 2*x + 2)
```

例 16

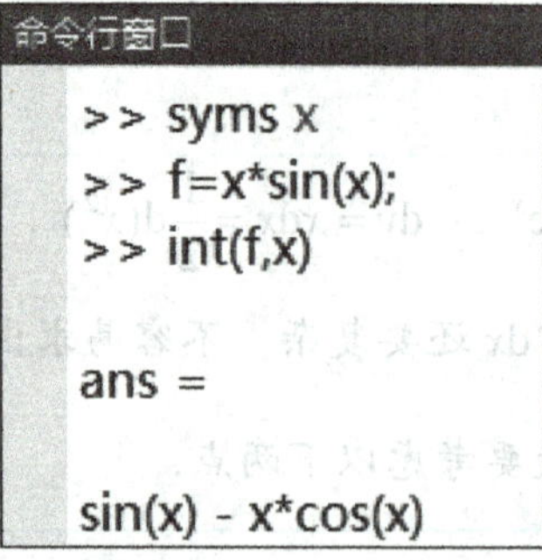

```
命令行窗口
>> syms x
>> f=x*sin(x);
>> int(f,x)

ans =

sin(x) - x*cos(x)
```

知识宝典

总结上面 3 个例子可以知道，如果被积函数是幂函数和正（余）弦函数或幂函数和指数函数的乘积，就可以考虑用分部积分法，并设幂函数为 u .

例 17 求下列不定积分.

（1）$\int x^2\ln x\mathrm{d}x$.　（2）$\int \ln x\mathrm{d}x$.　（3）$\int \arcsin x\mathrm{d}x$.

解 （1）令 $u=\ln x$ ，$\mathrm{d}v=x^2\mathrm{d}x=\mathrm{d}\left(\frac{1}{3}x^3\right)$ ，则

$$\int x^2\ln x\mathrm{d}x=\int \ln x\mathrm{d}\left(\frac{1}{3}x^3\right)=\frac{1}{3}x^3\ln x-\int\frac{1}{3}x^3\mathrm{d}(\ln x)=\frac{1}{3}x^3\ln x-\frac{1}{3}\int x^2\mathrm{d}x=\frac{1}{3}x^3\ln x-\frac{1}{9}x^3+C .$$

（2）因为被积函数是单一函数，这时可直接把 $\ln x$ 选作 u ，而把 $\mathrm{d}x$ 选作 $\mathrm{d}v$ ，则

$$\int \ln x\mathrm{d}x=x\ln x-\int x\mathrm{d}(\ln x)=x\ln x-\int \mathrm{d}x=x\ln x-x+C .$$

（3）令 $u=\arcsin x$ ，$\mathrm{d}v=\mathrm{d}x$ ，则

$$\int \arcsin x\mathrm{d}x=x\arcsin x-\int x\mathrm{d}(\arcsin x)=x\arcsin x-\int\frac{x}{\sqrt{1-x^2}}\mathrm{d}x$$

$$=x\arcsin x+\frac{1}{2}\int\frac{\mathrm{d}(1-x^2)}{\sqrt{1-x^2}}=x\arcsin x+\sqrt{1-x^2}+C .$$

利用 MATLAB 求解

（1）

命令行窗口

```
>> syms x
>> f=(x^2)*log(x);
>> int(f,x)

ans =

(x^3*(log(x) - 1/3))/3
```

（2）

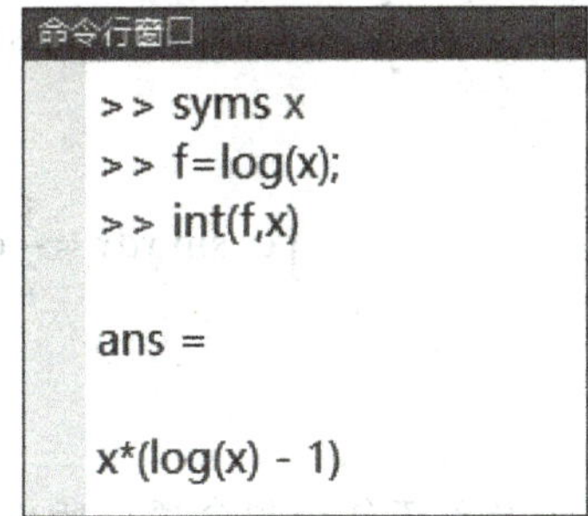

命令行窗口

```
>> syms x
>> f=log(x);
>> int(f,x)

ans =

x*(log(x) - 1)
```

（3）

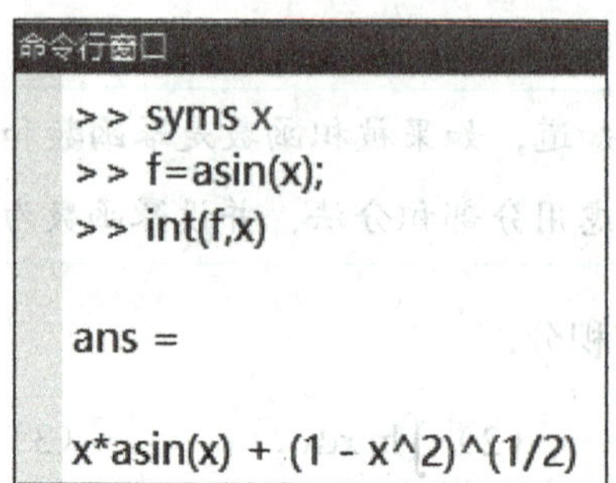
```
命令行窗口
>> syms x
>> f=asin(x);
>> int(f,x)

ans =

x*asin(x) + (1 - x^2)^(1/2)
```

知识宝典

总结上面例子的三个小题可以知道，如果被积函数是幂函数和对数函数或幂函数和反三角函数的乘积，就可以考虑用分部积分法，并设对数函数或反三角函数为 u .

例 18 求 $\int e^x \sin x dx$.

解 令 $u = e^x$ ，$dv = \sin x dx = d(-\cos x)$ ，则

$$\int e^x \sin x dx = \int e^x d(-\cos x) = -e^x \cos x + \int \cos x d(e^x) = -e^x \cos x + \int e^x \cos x dx .$$

对 $\int e^x \cos x dx$ 再进行一次分部积分，令 $u = e^x$ ，$dv = \cos x dx = d(\sin x)$ ，则

$$\int e^x \cos x dx = \int e^x d(\sin x) = e^x \sin x - \int \sin x d(e^x) = e^x \sin x - \int e^x \sin x dx ,$$

于是

$$\int e^x \sin x dx = -e^x \cos x + e^x \sin x - \int e^x \sin x dx ,$$

从而

$$\int e^x \sin x dx = \frac{1}{2} e^x (\sin x - \cos x) + C .$$

注意

因为上式右端已不包含积分项，所以必须加上任意常数 C .

有时可以将换元积分法与分部积分法结合起来计算某些不定积分.

例 19 求$\int e^{\sqrt{x}}dx$.

解 令$\sqrt{x}=t$，则$x=t^2$，$dx=2tdt$，于是

$$\int e^{\sqrt{x}}dx=\int e^t 2tdt=2\int te^t dt=2\int t\,d(e^t)=2(te^t-\int e^t\,dt)=2te^t-2e^t+C$$

$$=2\sqrt{x}e^{\sqrt{x}}-2e^{\sqrt{x}}+C.$$

利用 MATLAB 求解

例 18

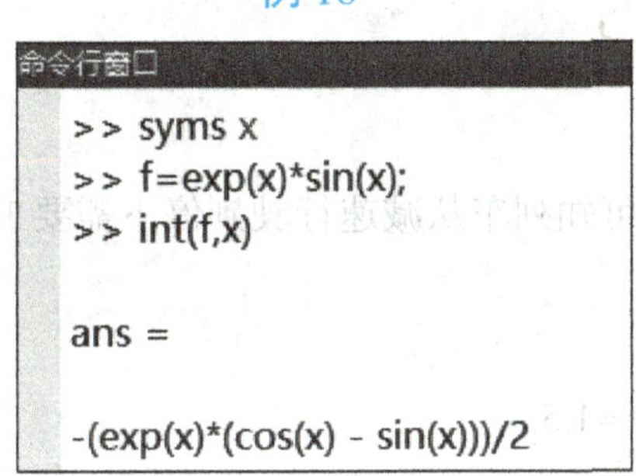

```
命令行窗口
>> syms x
>> f=exp(x)*sin(x);
>> int(f,x)

ans =

-(exp(x)*(cos(x) - sin(x)))/2
```

例 19

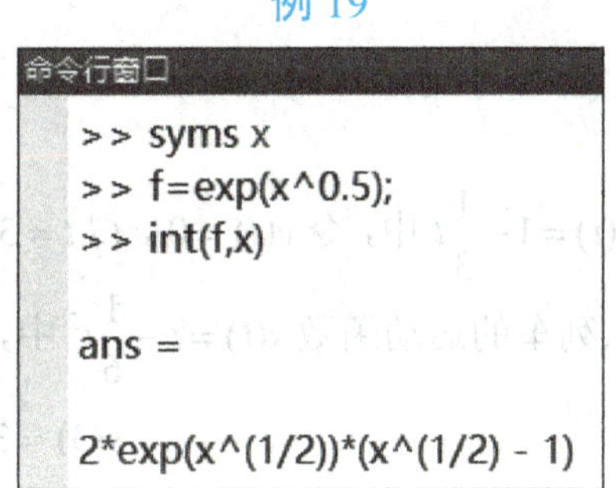

```
命令行窗口
>> syms x
>> f=exp(x^0.5);
>> int(f,x)

ans =

2*exp(x^(1/2))*(x^(1/2) - 1)
```

3.1.5 数学建模案例赏析

列车制动模型

1. 实际问题

列车进站前需要减速行驶，若减速后的速度表达式为$v(t)=1-\frac{1}{3}t$，其中t的单位为min，$v(t)$的单位为km/min．已知列车减速行驶的运动函数为$s=s(t)$，且当t为0时，s为0．问：列车应在离站台多远的地方开始减速行驶？

2. 模型假设

（1）列车在减速行驶的过程中不受环境其他因素影响．

（2）列车在运行中不会遇到极端情况，如隧道垮塌、线路异常等．

3. 模型建立

因为 $v(t)=s'(t)$，所以列车的运动函数为

$$s(t)=\int v(t)\mathrm{d}t=\int\left(1-\frac{1}{3}t\right)\mathrm{d}t=t-\frac{1}{6}t^2+C.$$

当 $t=0$ 时，$s=0$，代入上式，解得 $C=0$，故列车的运动函数为

$$s(t)=t-\frac{1}{6}t^2.$$

4. 模型求解

在 $v(t)=1-\frac{1}{3}t$ 中，令 $v(t)=0$，得 $t=3$，由此可知列车从减速行驶到停下需要 3 min．将 $t=3$ 代入列车的运动函数 $s(t)=t-\frac{1}{6}t^2$ 中，得

$$s(3)=3-\frac{1}{6}\times 9=1.5.$$

5. 模型分析

由以上计算可知，列车应在离站台 1.5 km 的地方减速行驶．

习题 3.1

1．填空题．

（1）函数 x^2 的一个原函数是________________．

（2）已知 $\int f(x)\mathrm{d}x=\arcsin x+C$，则 $f(x)=$________________．

（3）若 $f(x)=1$，则 $\int f(x)\mathrm{d}x=$________________．

（4）若 $f(x)=(x^2\mathrm{e}^x)'$，则 $\int f(x)\mathrm{d}x=$________________．

2．利用换元积分法求下列不定积分．

（1）$\int \mathrm{e}^{3x-1}\mathrm{d}x$．　　（2）$\int (2x+3)^5\mathrm{d}x$．

（3）$\int \frac{x}{\sqrt{x^2+4}}\mathrm{d}x$．　　（4）$\int \frac{2x}{1+x^2}\mathrm{d}x$．

(5) $\int \frac{1}{x(\ln x+1)}dx$.　　(6) $\int \sin(\omega t+\varphi)dt$.

(7) $\int \frac{dx}{\sqrt{1+2x}}$.　　(8) $\int \frac{dx}{\sqrt{x}(1+x)}$.

(9) $\int \frac{dx}{(x+2)\sqrt{x+1}}$.　　(10) $\int \frac{dx}{x^2\sqrt{x^2+1}}$.

3．利用分部积分法求下列不定积分.

(1) $\int x\cos x dx$.　　(2) $\int x\ln x dx$.

(3) $\int xe^{-x}dx$.　　(4) $\int x^2e^{3x}dx$.

3.2 定积分

知识目标

(1) 了解定积分微元法的思维实质.

(2) 熟悉定积分的概念.

(3) 掌握定积分的几何意义、性质及计算方法.

(4) 掌握积分运算的 MATLAB 命令及调用格式.

能力目标

(1) 能利用定积分的几何意义求简单平面图形的面积.

(2) 能利用定积分的性质解决相应的问题.

(3) 能用微元法计算不规则图形的面积.

素质目标

(1) 只有脚踏实地，一步一个脚印，持续不断地努力，才能实现质的飞跃，达到胜利的彼岸.

(2) 培养求真务实、实践创新、精益求精、科学严谨的态度.

钓鱼岛及其附属岛屿是中国领土不可分割的一部分，精确计算钓鱼岛面积是非常重要的. 钓鱼岛形状是不规则的曲边图形，那么此类图形的面积是如何计算的呢？

3.2.1 定积分的概念和性质

引例 1（曲边梯形的面积） 设 $y=f(x)$ 在闭区间 $[a,b]$ 上连续，且 $f(x)\geqslant 0$，则由曲线 $y=f(x)$、直线 $x=a$、直线 $x=b$ 及 x 轴所围成的图形称为**曲边梯形**，如图 3-2 所示.

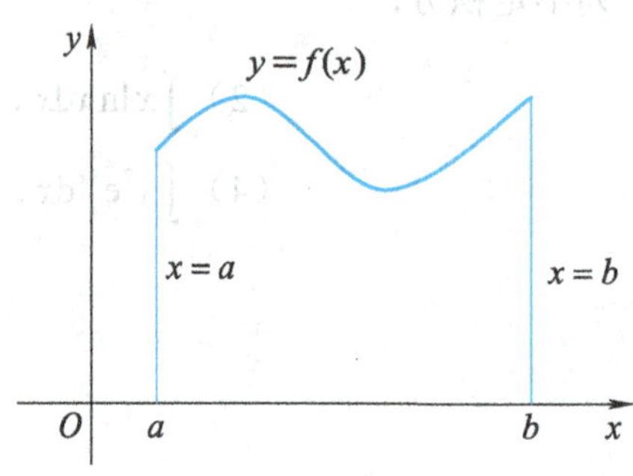

图 3-2

【分析】我们知道，矩形的高是固定不变的，其面积可按公式

$$\text{矩形面积}=\text{高}\times\text{底}$$

来计算. 但曲边梯形的高 $f(x)$ 在 $[a,b]$ 上是变动的，其面积不能直接按上述公式进行计算. 那么如何计算曲边梯形的面积呢？

由于曲边梯形的高 $f(x)$ 在区间 $[a,b]$ 上是连续变化的，在很小一段区间上，它的变化很小，近似于不变. 如果将区间 $[a,b]$ 划分成许多小区间，曲边梯形也相应地被划分成许多窄曲边梯形，在每个小区间上用其中某一点处的高近似代替同一小区间上窄曲边梯形的变高，那么，每个窄曲边梯形就可以近似看成窄矩形，所有窄矩形的面积和就近似于曲边梯形的面积. 将区间 $[a,b]$ 无限细分，使每个小区间的长度都趋于 0，这时所有窄矩形面积和的极限就是曲边梯形的面积.

根据以上分析，可按下面的步骤计算曲边梯形的面积.

（1）分割.

任取分点 $a=x_0<x_1<\cdots<x_{n-1}<x_n=b$，把区间 $[a,b]$ 分成 n 个小区间

$$[x_0,x_1],\ [x_1,x_2],\ [x_2,x_3],\ \cdots,\ [x_{n-1},x_n].$$

每个小区间的长度为 $\Delta x_i=x_i-x_{i-1}\ (i=1,2,\cdots,n)$. 相应地，曲边梯形被分成 n 个窄曲边梯形，每个窄曲边梯形的面积记为 $\Delta A_i\ (i=1,2,\cdots,n)$.

(2) 近似代替.

在每个小区间上任取一点ξ_i，得到以区间$[x_{i-1}, x_i]$的长Δx_i为底、以$f(\xi_i)$为高的窄矩形，如图 3-3 所示．用窄矩形的面积$f(\xi_i)\Delta x_i$近似代替窄曲边梯形的面积ΔA_i，即

$$\Delta A_i \approx f(\xi_i)\Delta x_i \quad (i=1, 2, \cdots, n).$$

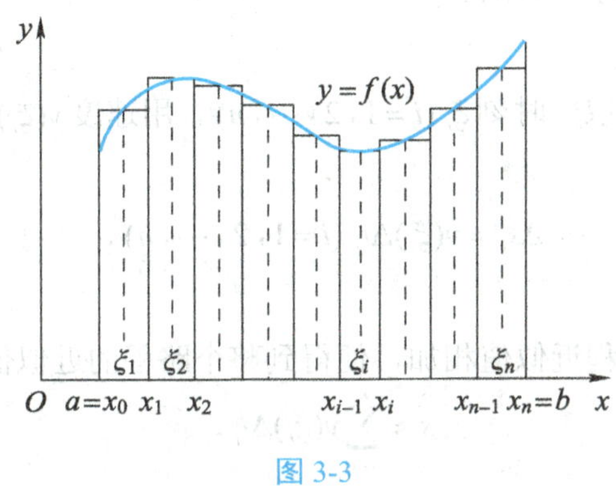

图 3-3

(3) 求和.

将n个窄矩形的面积相加，便得曲边梯形面积的近似值，即

$$A=\Delta A_1+\Delta A_2+\cdots+\Delta A_n \approx f(\xi_1)\Delta x_1+f(\xi_2)\Delta x_2+\cdots+f(\xi_n)\Delta x_n=\sum_{i=1}^{n} f(\xi_i)\Delta x_i .$$

(4) 取极限.

为保证所有小区间的长度都无限缩小，我们要求小区间长度中的最大者趋于 0，即$\lambda=\max\limits_{1\leqslant i\leqslant n}\{\Delta x_i\} \to 0$，此时上述和的极限便是曲边梯形的面积，即

$$A=\lim_{\lambda \to 0}\sum_{i=1}^{n} f(\xi_i)\Delta x_i .$$

引例 2（变速直线运动的路程） 设某物体做变速直线运动，其速度v是时间t的连续函数$v=v(t)$，求该物体在时间段$[T_1, T_2]$内所经过的路程s.

【分析】我们知道，对于匀速直线运动，有路程公式$s=vt$，但我们现在讨论的问题中，物体的速度是随时间变化的，其路程不能直接用公式$s=vt$计算．不过，该物体的速度是连续变化的，在很短一段时间内，变化很小，近似于匀速．因此，可以先算出部分路程的近似值；然后求和，得到整个路程的近似值；最后，通过对时间间隔无限细分，求得整个路程的近似值，其极限便是所求路程的精确值，求解方法和求曲边梯形面积的方法类似，具体如下.

(1) 分割.

任取分点 $T_1=t_0<t_1<\cdots<t_{n-1}<t_n=T_2$，把 $[T_1,T_2]$ 分成 n 个小时段

$$[t_0,t_1],\ [t_1,t_2],\ \cdots,\ [t_{n-1},t_n].$$

每个小时段的时间长度为 $\Delta t_i=t_i-t_{i-1}\ (i=1,2,\cdots,n)$．相应地，路程 s 被分成 n 段小路程，每段小路程记为 $\Delta s_i\ (i=1,2,\cdots,n)$．

(2) 近似代替.

在每个小时段上，任取一时刻 $\xi_i\ (i=1,2,\cdots,n)$，用速度 $v(\xi_i)$ 来近似代替 $[t_{i-1},t_i]$ 上各个时刻的速度，则有

$$\Delta s_i\approx v(\xi_i)\Delta t_i\ (i=1,2,\cdots,n).$$

(3) 求和.

将 n 个小时段上的路程近似值相加，便得到整个路程的近似值，即

$$s\approx\sum_{i=1}^{n}v(\xi_i)\Delta t_i.$$

(4) 取极限.

若分点个数 n 无限增大，令 $\lambda=\max\limits_{1\leqslant i\leqslant n}\{\Delta t_i\}$，则当 $\lambda\to0$ 时，上述和的极限便是所求路程 s 的精确值，即

$$s=\lim_{\lambda\to0}\sum_{i=1}^{n}v(\xi_i)\Delta t_i.$$

定积分概述

以上两个实例虽然实际意义不同，但是解决问题的方法却是相同的，即采用“分割 → 近似代替 → 求和 → 取极限”的方法，最后都归结为求具有特定结构的和的极限问题．类似于这样的实际问题还有很多，我们抛开实际问题的具体意义，从数学角度加以研究，就可以抽象出定积分的概念．

1. 定积分的概念

定义 1 设函数 $f(x)$ 在区间 $[a,b]$ 上有界，任取分点 $a=x_0<x_1<\cdots<x_{n-1}<x_n=b$，把区间 $[a,b]$ 分成 n 个小区间 $[x_{i-1},x_i]\ (i=1,2,\cdots,n)$，这些小区间称为子区间，其长度记为

$$\Delta x_i=x_i-x_{i-1}.$$

在每个子区间 $[x_{i-1},x_i]\ (i=1,2,\cdots,n)$ 上任取一点 $\xi_i\ (x_{i-1}\leqslant\xi_i\leqslant x_i)$，得相应的函数值 $f(\xi_i)$，作乘积 $f(\xi_i)\Delta x_i$，并作和

$$\sum_{i=1}^{n}f(\xi_i)\Delta x_i.$$

令 $\lambda=\max\limits_{1\leqslant i\leqslant n}\{\Delta x_i\}$，若 $\lambda\to 0$，上述和的极限存在，且与区间 $[a,b]$ 的分法及点 ξ_i 的取法无关，则称函数 $f(x)$ 在区间 $[a,b]$ 上**可积**，并将此极限值称为函数 $f(x)$ 在 $[a,b]$ 上的**定积分**，记为 $\int_a^b f(x)\mathrm{d}x$，即

$$\int_a^b f(x)\mathrm{d}x=\lim_{\lambda\to 0}\sum_{i=1}^{n}f(\xi_i)\Delta x_i .$$

其中，“$\int$”称为**积分号**，$f(x)$ 称为**被积函数**，$f(x)\mathrm{d}x$ 称为**被积表达式**，x 称为**积分变量**，$[a,b]$ 称为**积分区间**，a,b 分别称为**积分下限**与**积分上限**.

注意

关于定积分的定义作如下几点说明.

（1）定积分表示一个数，它只与被积函数 $f(x)$ 和积分区间 $[a,b]$ 有关，与积分变量的记号无关，即

$$\int_a^b f(x)\mathrm{d}x=\int_a^b f(t)\mathrm{d}t=\int_a^b f(u)\mathrm{d}u .$$

（2）当 $f(x)$ 在区间 $[a,b]$ 上连续或 $f(x)$ 在区间 $[a,b]$ 上有界且只有有限个间断点时，$f(x)$ 在区间 $[a,b]$ 上可积.

（3）定积分的定义是在 $a<b$ 的情况下给出的，但不管 $a<b$ 还是 $a>b$，总有

$$\int_a^b f(x)\mathrm{d}x=-\int_b^a f(x)\mathrm{d}x .$$

2. 定积分的几何意义

（1）若在 $[a,b]$ 上，$f(x)\geqslant 0$，则定积分 $\int_a^b f(x)\mathrm{d}x$ 表示由曲线 $f(x)$、直线 $x=a$、直线 $x=b$ 及 x 轴所围成图形的面积 A，即 $\int_a^b f(x)\mathrm{d}x=A$，如图 3-4 所示.

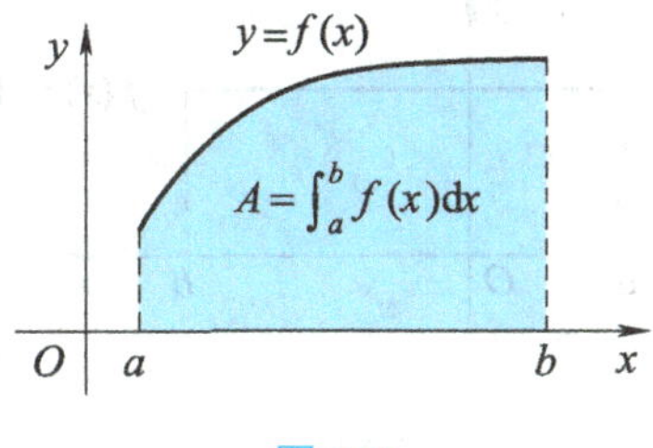

图 3-4

（2）若在$[a,b]$上，$f(x)\leqslant 0$，则定积分$\int_a^b f(x)\mathrm{d}x$表示由曲线$f(x)$、直线$x=a$、直线$x=b$及x轴所围成图形的面积A的负值，即$\int_a^b f(x)\mathrm{d}x=-A$，如图 3-5 所示.

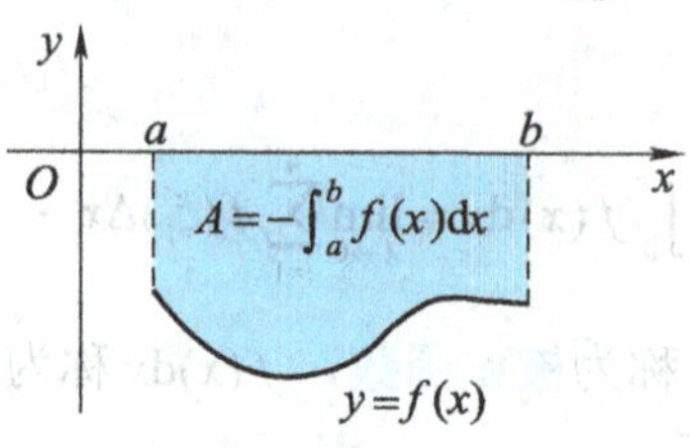

图 3-5

（3）若在$[a,b]$上，$f(x)$有正有负，即$f(x)$的某些部分在x轴上方，某些部分在x轴下方，则定积分$\int_a^b f(x)\mathrm{d}x$表示x轴上方图形的面积与x轴下方图形的面积之差，即$\int_a^b f(x)\mathrm{d}x=A_1-A_2+A_3$，如图 3-6 所示.

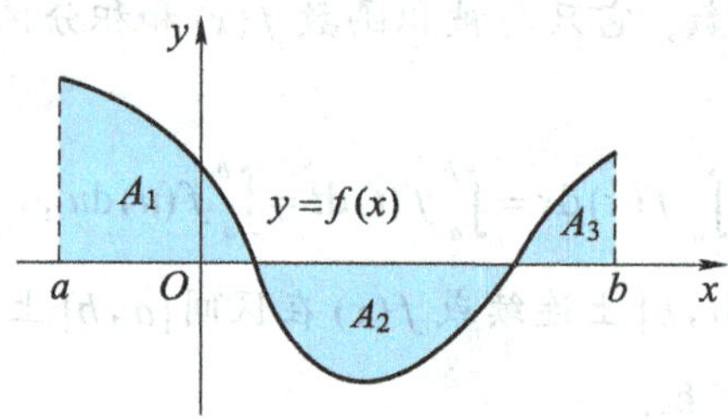

图 3-6

知识宝典

根据定积分的定义和几何意义，可推得如下结论.

（1）当$a=b$时，$\int_a^b f(x)\,\mathrm{d}x=0$.

（2）若在$[a,b]$上，$f(x)\equiv 1$，则$\int_a^b 1\mathrm{d}x=b-a$，如图 3-7 所示.

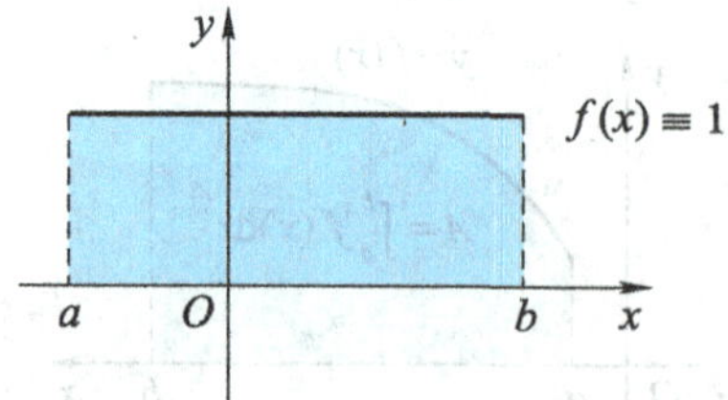

图 3-7

(3) 如图 3-8 所示，若奇函数、偶函数在对称区间$[-a,a]$上连续，则有

$$\int_{-a}^{a} f(x)\,\mathrm{d}x=\begin{cases}0, & \text{当} f(x) \text{为奇函数时},\\ 2\int_{0}^{a} f(x)\mathrm{d}x, & \text{当} f(x) \text{为偶函数时}.\end{cases}$$

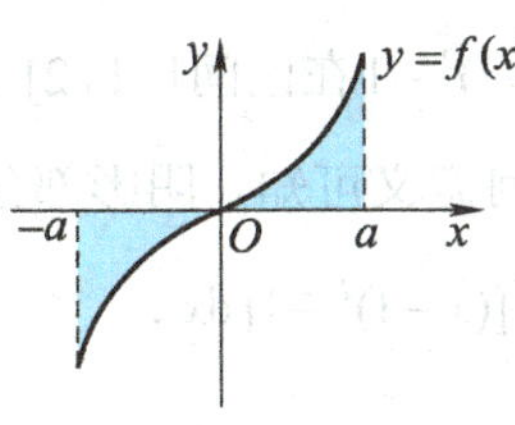

(a)

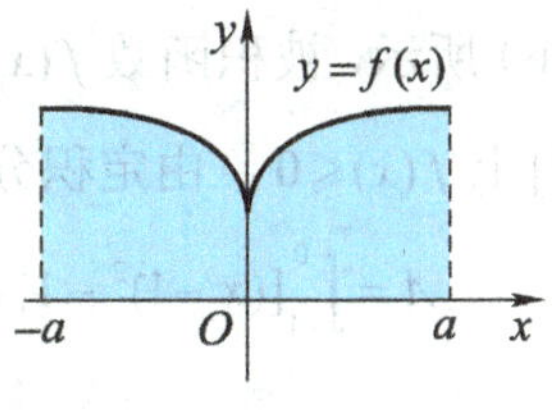

(b)

图 3-8

例 1 计算$\int_{-\pi}^{\pi}\sin x\mathrm{d}x$.

解 因为被积函数$y=\sin x$是奇函数，且积分区间$[-\pi,\pi]$是对称的，所以

$$\int_{-\pi}^{\pi}\sin x\mathrm{d}x=0.$$

利用 MATLAB 求解

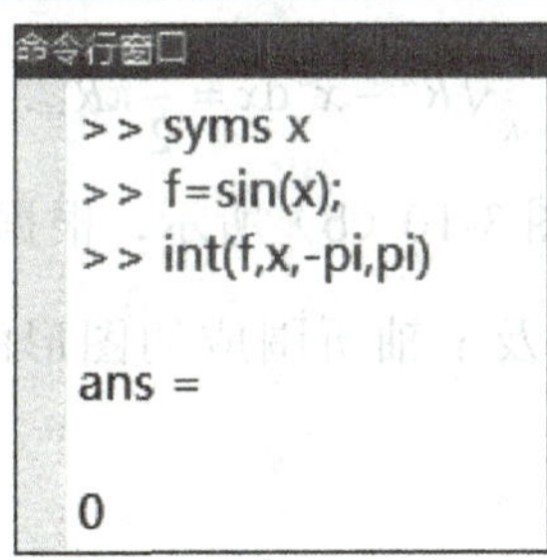

例 2 利用定积分表示如图 3-9 所示阴影部分的面积.

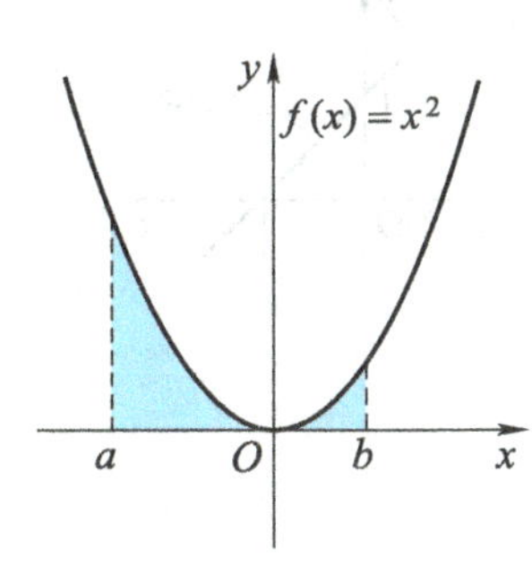

(a)

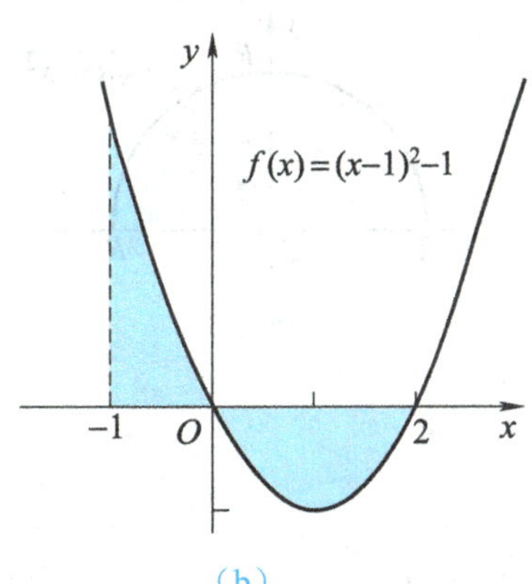

(b)

图 3-9

解 （1）如图 3-9（a）所示，被积函数 $f(x)=x^2$ 在区间 $[a,b]$ 上连续，且 $f(x)\geqslant 0$，由定积分的几何意义可知，阴影部分的面积为

$$A=\int_a^b x^2\mathrm{d}x .$$

（2）如图 3-9（b）所示，被积函数 $f(x)=(x-1)^2-1$ 在区间 $[-1,2]$ 上连续，且在 $[-1,0]$ 上 $f(x)\geqslant 0$，在 $[0,2]$ 上 $f(x)\leqslant 0$，由定积分的几何意义可知，阴影部分的面积为

$$A=\int_{-1}^0[(x-1)^2-1]\,\mathrm{d}x-\int_0^2[(x-1)^2-1]\,\mathrm{d}x .$$

例 3 利用定积分的几何意义，求下列定积分.

（1）$\int_{-R}^R\sqrt{R^2-x^2}\mathrm{d}x$.

（2）$\int_0^1(1-x)\,\mathrm{d}x$.

解 （1）函数 $y=\sqrt{R^2-x^2}$ 的图形如图 3-10（a）所示. 根据定积分的几何意义可知，定积分 $\int_{-R}^R\sqrt{R^2-x^2}\mathrm{d}x$ 表示由 $y=\sqrt{R^2-x^2}$ 及 x 轴所围成的图形的面积，该图形是半径为 R 的半圆，故

$$\int_{-R}^R\sqrt{R^2-x^2}\mathrm{d}x=\frac{1}{2}\pi R^2 .$$

（2）函数 $y=1-x$ 的图形如图 3-10（b）所示. 根据定积分的几何意义可知，定积分 $\int_0^1(1-x)\,\mathrm{d}x$ 表示由 $y=1-x$，x 轴及 y 轴所围成的图形的面积，该图形是一个直角三角形，其底和高均为 1，故

$$\int_0^1(1-x)\,\mathrm{d}x=\frac{1}{2}\times1\times1=\frac{1}{2} .$$

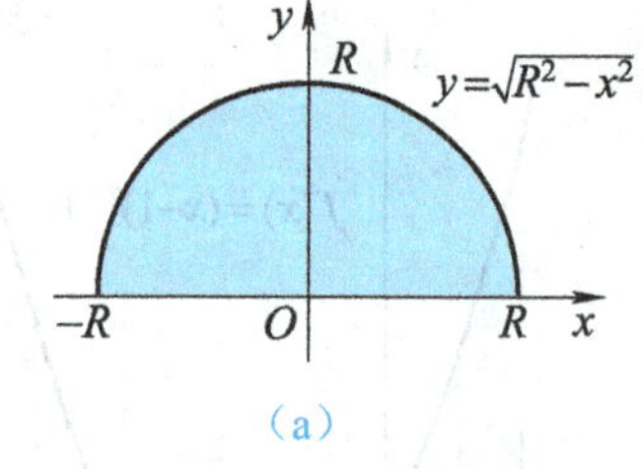

（a）

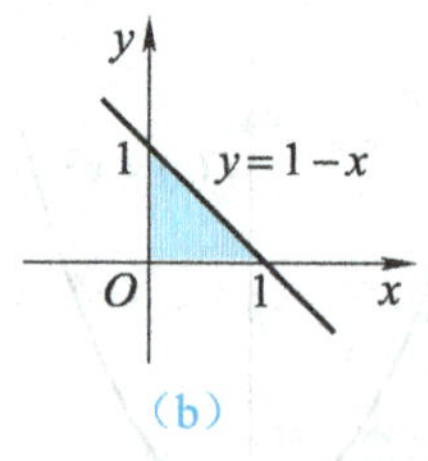

（b）

图 3-10

利用 MATLAB 求解

（1）

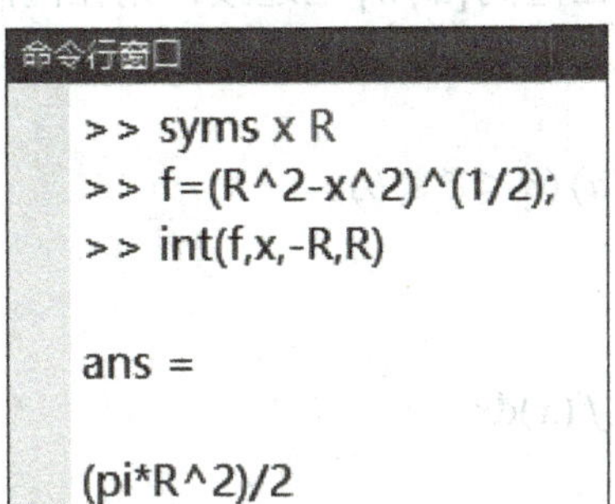

（2）

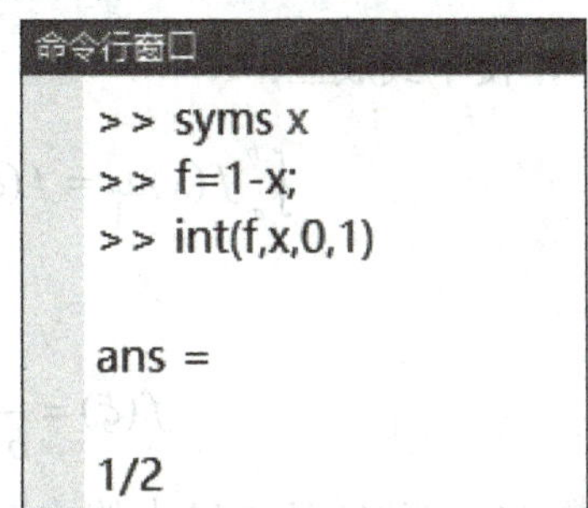

3. 定积分的性质

性质 1　被积函数的常数因子可以提到积分号外面，即

$$\int_a^b kf(x)\,\mathrm{d}x = k\int_a^b f(x)\,\mathrm{d}x\ (k\text{为常数}).$$

性质 2　两个函数代数和的定积分等于它们定积分的代数和，即

$$\int_a^b [f(x)\pm g(x)]\,\mathrm{d}x = \int_a^b f(x)\,\mathrm{d}x \pm \int_a^b g(x)\,\mathrm{d}x.$$

性质 2 可以推广到有限个函数代数和的情形.

性质 3（区间可加性）　函数 $f(x)$ 在 $[a,b]$ 上的定积分等于 $f(x)$ 在 $[a,c]$ 和 $[c,b]$ 上的定积分的和，即

$$\int_a^b f(x)\,\mathrm{d}x = \int_a^c f(x)\,\mathrm{d}x + \int_c^b f(x)\,\mathrm{d}x.$$

不论 c 在 $[a,b]$ 内还是在 $[a,b]$ 外，上式都成立.

性质 4　若在区间 $[a,b]$ 上有 $f(x)\geqslant 0$，则

$$\int_a^b f(x)\,\mathrm{d}x \geqslant 0\ (a<b).$$

推论 1　若在区间 $[a,b]$ 上有 $f(x)\leqslant g(x)$，则

$$\int_a^b f(x)\,\mathrm{d}x \leqslant \int_a^b g(x)\,\mathrm{d}x\ (a<b).$$

推论 2　$\left|\int_a^b f(x)\,\mathrm{d}x\right| \leqslant \int_a^b |f(x)|\,\mathrm{d}x\ (a<b).$

性质 5（估值定理）　设 M，m 分别是函数 $f(x)$ 在区间 $[a,b]$ 上的最大值和最小值，则

$$m(b-a)\leqslant\int_a^b f(x)\mathrm{d}x\leqslant M(b-a)\ (a<b)\ .$$

性质 6（定积分中值定理） 若函数 $f(x)$ 在区间 $[a,b]$ 上连续，则在区间 $[a,b]$ 上至少存在一点 ξ，使下式成立：

$$\int_a^b f(x)\mathrm{d}x=f(\xi)(b-a)\ (a\leqslant\xi\leqslant b)\ ,$$

即

$$f(\xi)=\frac{1}{b-a}\int_a^b f(x)\mathrm{d}x\ ,$$

称 $f(\xi)$ 为函数 $f(x)$ 在区间 $[a,b]$ 上的**平均值**.

定积分中值定理的**几何意义**：由曲线 $y=f(x)$ $(f(x)\geqslant 0)$、直线 $x=a$、直线 $x=b$ 及 x 轴所围成的曲边梯形的面积等于以区间 $[a,b]$ 为底，以 $f(\xi)$ 为高的矩形的面积，如图 3-11 所示.

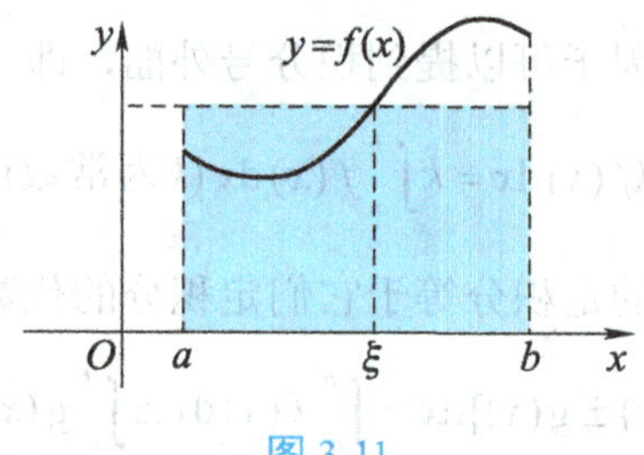

图 3-11

例 4 比较下列各组定积分的大小.

（1）$\int_0^1 x^2\mathrm{d}x$ 与 $\int_0^1 x^3\mathrm{d}x$.

（2）$\int_1^{\mathrm{e}}\ln^2 x\mathrm{d}x$ 与 $\int_1^{\mathrm{e}}\ln x\mathrm{d}x$.

解 （1）由于在 $[0,1]$ 上有 $x^2\geqslant x^3$，因此根据推论 1，得

$$\int_0^1 x^2\mathrm{d}x\geqslant\int_0^1 x^3\mathrm{d}x\ .$$

（2）由于在 $[1,\mathrm{e}]$ 上有 $0\leqslant\ln x\leqslant 1$，即 $\ln^2 x\leqslant\ln x$，因此根据推论 1，得

$$\int_1^{\mathrm{e}}\ln^2 x\mathrm{d}x\leqslant\int_1^{\mathrm{e}}\ln x\mathrm{d}x\ .$$

例 5 估计 $\int_{-1}^1\mathrm{e}^{-x^2}\mathrm{d}x$ 的范围.

解 先求 $f(x)=\mathrm{e}^{-x^2}$ 在 $[-1,1]$ 上的最大值和最小值. 因为 $f'(x)=-2x\mathrm{e}^{-x^2}$，令 $f'(x)=0$，得驻点 $x=0$，比较驻点和区间端点的函数值：

$$f(0)=\mathrm{e}^0=1\ ,\quad f(\pm 1)=\mathrm{e}^{-1}=\frac{1}{\mathrm{e}}\ ,$$

得最小值为$m=\frac{1}{e}$，最大值为$M=1$，所以根据性质5，得

$$\frac{2}{e}\leqslant\int_{-1}^{1}e^{-x^2}dx\leqslant 2.$$

3.2.2 定积分的计算

1. 积分上限函数及其导数

如前文所述，定积分只与被积函数和积分区间有关，与积分变量的记号无关. 若x是区间$[a,b]$上任意一点，则定积分$\int_a^x f(x)dx$和$\int_a^x f(t)dt$都表示函数$f(x)$在部分区间$[a,x]$上的曲边梯形的面积，即如图3-12所示的阴影部分面积.

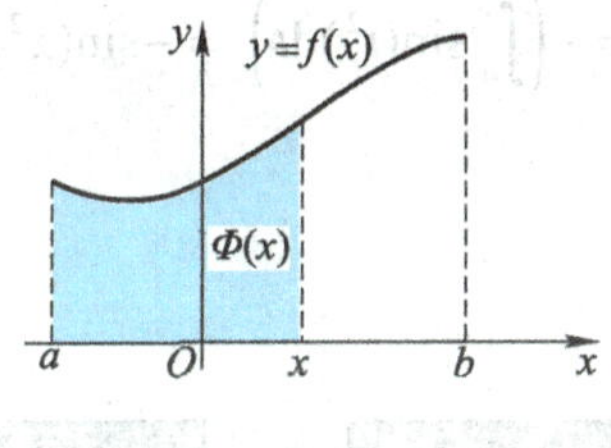

图3-12

定义2 当x在区间$[a,b]$上变化时，阴影部分的曲边梯形面积也随之变化，它是上限变量x的函数，所以称定积分$\int_a^x f(t)dt$为**积分上限函数**或**变上限函数**，记为

$$\Phi(x)=\int_a^x f(t)dt\ (a\leqslant x\leqslant b).$$

积分上限函数$\Phi(x)$具有以下重要定理.

定理1 如果函数$f(x)$在区间$[a,b]$上连续，则积分上限函数$\Phi(x)=\int_a^x f(t)dt$在$[a,b]$上可导，并且它的导数为

$$\Phi'(x)=\frac{d}{dx}\int_a^x f(t)dt=f(x)\ (a\leqslant x\leqslant b).$$

定理2 如果函数$f(x)$在区间$[a,b]$上连续，则函数$\Phi(x)=\int_a^x f(t)dt$就是$f(x)$在$[a,b]$上的一个原函数.

定理2的重要意义：一方面肯定了连续函数的原函数是存在的，另一方面初步揭示了定积分与原函数之间的联系. 因此，我们就有可能通过原函数来计算定积分.

例 6 求下列函数的导数.

（1）$y=\int_a^{x^2} 2\mathrm{e}^{t-1}\mathrm{d}t$.

（2）$y=\int_x^0 \sin(t^2)\mathrm{d}t$.

解 （1）函数 y 可视为由 $y=\int_a^u 2\mathrm{e}^{t-1}\mathrm{d}t$ 与 $u=x^2$ 复合而成的，所以

$$\frac{\mathrm{d}y}{\mathrm{d}x}=\frac{\mathrm{d}y}{\mathrm{d}u}\cdot\frac{\mathrm{d}u}{\mathrm{d}x}=\left(\int_a^u 2\mathrm{e}^{t-1}\mathrm{d}t\right)'(x^2)'=2\mathrm{e}^{u-1}2x=4x\mathrm{e}^{x^2-1} .$$

（2）这个积分不是变上限，而是变下限，不能直接运用定理 1，可先交换上下限，即

$$y=\int_x^0 \sin(t^2)\mathrm{d}t=-\int_0^x \sin(t^2)\mathrm{d}t ,$$

从而

$$\frac{\mathrm{d}y}{\mathrm{d}x}=-\left(\int_0^x \sin(t^2)\mathrm{d}t\right)'=-\sin(x^2) .$$

利用 MATLAB 求解

（1）

命令行窗口

```
>> syms x a t
>> y=int(2*exp(t-1),t,a,x^2);
>> diff(y,x)

ans =

4*x*exp(x^2)*exp(-1)
```

（2）

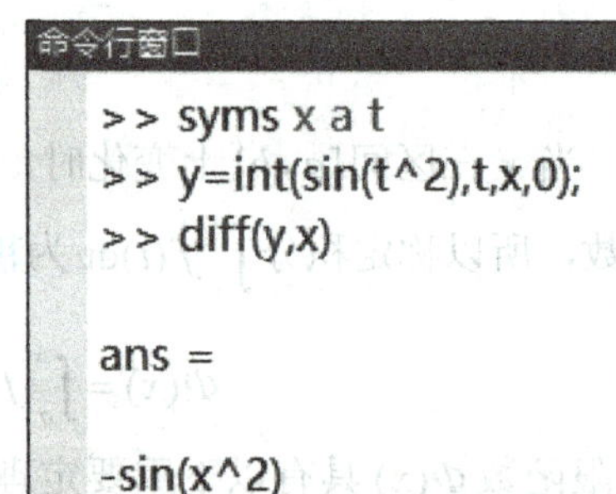

命令行窗口

```
>> syms x a t
>> y=int(sin(t^2),t,x,0);
>> diff(y,x)

ans =

-sin(x^2)
```

2. 牛顿-莱布尼茨公式

定理 3 设函数 $f(x)$ 在闭区间 $[a,b]$ 上连续，$F(x)$ 是 $f(x)$ 的一个原函数，则有

$$\int_a^b f(x)\mathrm{d}x=F(x)\Big|_a^b=F(b)-F(a) .$$

此公式称为牛顿-莱布尼茨公式，也称为微积分基本公式.

牛顿-莱布尼茨公式揭示了定积分和被积函数的原函数之间的关系，它表明定积分可以通过以下两步来计算.

（1）先求 $f(x)$ 的一个原函数 $F(x)$.

（2）求这个原函数在积分区间上的增量 $F(b)-F(a)$.

例 7 求下列定积分.

（1）$\int_{-1}^{1}\frac{1}{1+x^2}\mathrm{d}x$.　　（2）$\int_{0}^{\pi}\sin x\mathrm{d}x$.

解 （1）$\int_{-1}^{1}\frac{1}{1+x^2}\mathrm{d}x=2\int_{0}^{1}\frac{1}{1+x^2}\mathrm{d}x=2\arctan x\Big|_0^1=2(\arctan 1-\arctan 0)=\frac{\pi}{2}$.

（2）$\int_{0}^{\pi}\sin x\mathrm{d}x=-\cos x\Big|_0^{\pi}=2$.

利用 MATLAB 求解

（1）

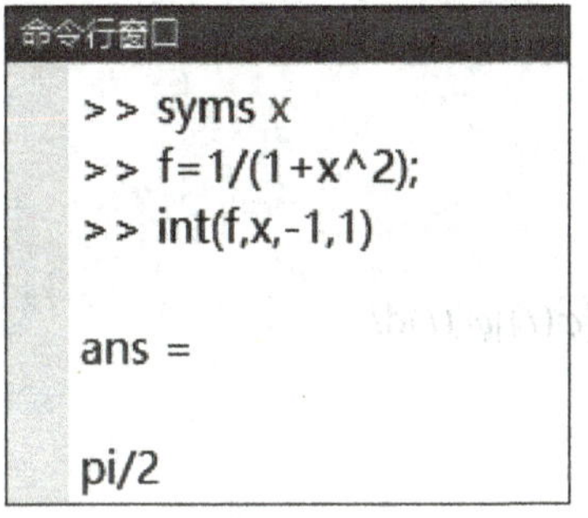

（2）

```
命令行窗口
>> syms x
>> f=sin(x);
>> int(f,x,0,pi)

ans =

2
```

例 8 计算 $\int_{0}^{2}|1-x|\mathrm{d}x$.

解 因为被积函数可化为

$$f(x)=|1-x|=\begin{cases}1-x, & 0\leqslant x<1,\\ x-1, & 1\leqslant x\leqslant 2,\end{cases}$$

所以

$$\int_{0}^{2}|1-x|\mathrm{d}x=\int_{0}^{1}(1-x)\mathrm{d}x+\int_{1}^{2}(x-1)\mathrm{d}x=\left(x-\frac{1}{2}x^2\right)\Big|_0^1+\left(\frac{1}{2}x^2-x\right)\Big|_1^2=1 .$$

利用 MATLAB 求解

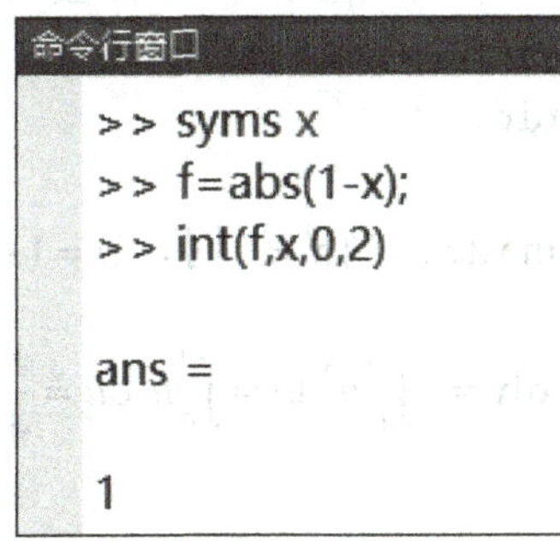

注意

由例 8 可以看出，当被积函数含有绝对值符号时，可以将积分区间分成若干个子区间，去掉绝对值符号，再分别在各个子区间上求定积分.

3. 定积分的换元积分法

定理 4 若 $f(x)$ 在 $[a,b]$ 上连续，函数 $x=\varphi(t)$ 满足条件：

（1）函数 $x=\varphi(t)$ 在区间 $[\alpha,\beta]$ 上具有连续导数 $\varphi'(t)$；

（2）$\varphi(\alpha)=a$，$\varphi(\beta)=b$；

（3）当 $t\in[\alpha,\beta]$ 时，$x=\varphi(t)\in[a,b]$，

则有

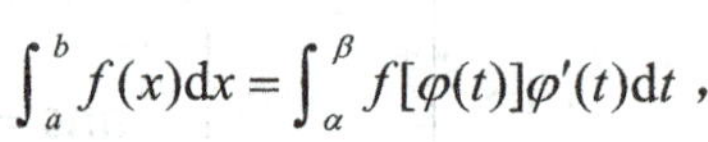

$$\int_a^b f(x)\mathrm{d}x=\int_\alpha^\beta f[\varphi(t)]\varphi'(t)\mathrm{d}t,$$

该公式称为**定积分的换元积分公式**.

定积分的积分方法

例 9 求 $\int_0^4 \frac{1}{1+\sqrt{x}}\mathrm{d}x$.

解 设 $t=\sqrt{x}$，则 $x=t^2$，$\mathrm{d}x=2t\mathrm{d}t$．当 $x=0$ 时，$t=0$；当 $x=4$ 时，$t=2$．于是

$$\int_0^4 \frac{1}{1+\sqrt{x}}\mathrm{d}x=\int_0^2 \frac{2t}{1+t}\mathrm{d}t=2\int_0^2\left(1-\frac{1}{1+t}\right)\mathrm{d}t=2(t-\ln|1+t|)\Big|_0^2=4-2\ln 3.$$

注意

（1）在应用定积分的换元积分公式时，换元必须换限.

（2）由于定积分是一个数值，所以换元后不需要变量回代，直接对新的积分变量进行计算即可.

例 10 求 $\int_0^{\frac{\pi}{2}}\cos^3 x\sin x\mathrm{d}x$.

解 设 $u=\cos x$，则 $\mathrm{d}u=-\sin x\mathrm{d}x$．当 $x=0$ 时，$u=1$；当 $x=\frac{\pi}{2}$ 时，$u=0$．于是

$$\int_0^{\frac{\pi}{2}}\cos^3 x\sin x\mathrm{d}x=-\int_1^0 u^3\mathrm{d}u=\int_0^1 u^3\mathrm{d}u=\frac{1}{4}u^4\Big|_0^1=\frac{1}{4}.$$

利用 MATLAB 求解

例 9

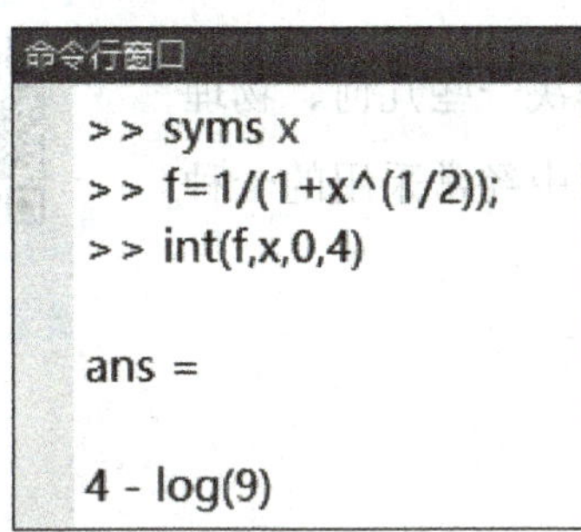

例 10

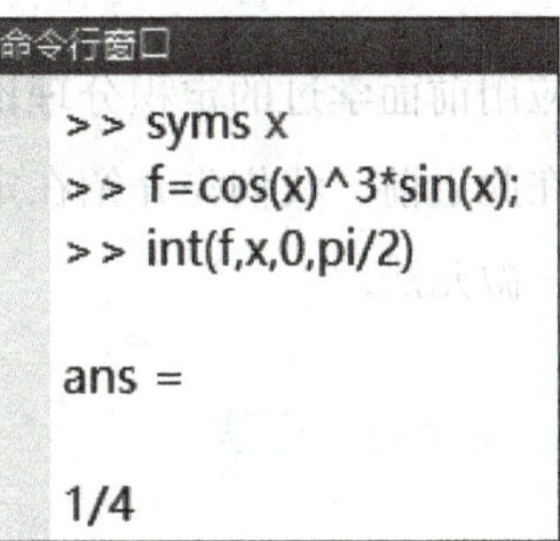

4. 定积分的分部积分法

定理 5 若 $u=u(x)$ 与 $v=v(x)$ 在区间 $[a,b]$ 上有连续导数，则有

$$\int_a^b u\mathrm{d}v=(uv)\Big|_a^b-\int_a^b v\mathrm{d}u\,,$$

该公式称为**定积分的分部积分公式**.

例 11 求 $\int_1^2 x\ln x\mathrm{d}x$.

解 $\int_1^2 x\ln x\mathrm{d}x=\frac{1}{2}\int_1^2\ln x\mathrm{d}x^2=\frac{1}{2}(x^2\ln x)\Big|_1^2-\frac{1}{2}\int_1^2 x^2\mathrm{d}(\ln x)=\frac{1}{2}(x^2\ln x)\Big|_1^2-\frac{1}{2}\int_1^2 x\mathrm{d}x$

$$=2\ln 2-\frac{1}{4}x^2\Big|_1^2=2\ln 2-\frac{3}{4}\,.$$

利用 MATLAB 求解

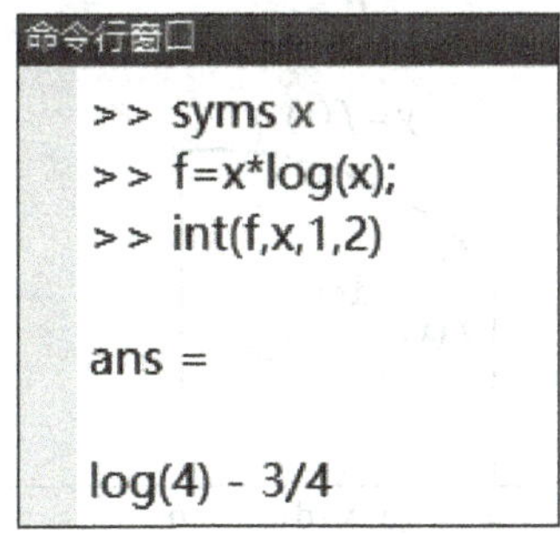

3.2.3 定积分的应用

定积分的应用

下面将应用前面学过的定积分理论来分析和解决一些几何、物理中的问题，在此之前，我们先介绍在定积分的应用中经常采用的一种重要方法——微元法.

1. 定积分的微元法

我们已经知道，在区间$[a,b]$上，由连续曲线$y=f(x)$、直线$x=a$、直线$x=b$及x轴所围成的曲边梯形的面积A，通过“分割→近似代替→求和→取极限”四步，可表达为特定和的极限，即$A=\lim\limits_{\lambda\to 0}\sum\limits_{i=1}^{n}f(\xi_i)\Delta x_i$.

由于A的值与区间$[a,b]$的分法及ξ_i的取法无关，如果我们将分割的小区间$[x_{i-1},x_i]$ $(i=1,2,\cdots,n)$记为$[x,x+\mathrm{d}x]$，区间长度Δx_i即为$\mathrm{d}x$，取$\xi_i=x$，则$\mathrm{d}x$段所对应的窄曲边梯形的面积近似于以点x处的函数值$f(x)$为高、$\mathrm{d}x$为底的矩形的面积，即

$$\Delta A\approx f(x)\mathrm{d}x\ ,$$

我们称$f(x)\mathrm{d}x$为曲边梯形的面积微元，记为$\mathrm{d}A$，即

$$\mathrm{d}A=f(x)\mathrm{d}x\ .$$

如图 3-13 所示，以面积微元$f(x)\mathrm{d}x$为被积表达式，在区间$[a,b]$上作定积分，便得曲边梯形的面积A，即

$$A=\int_a^b f(x)\mathrm{d}x\ .$$

图 3-13

以上通过微元作定积分来求某个实际量的方法称为微元法（又称元素法）. 一般地，通过微元法求某个实际量U的步骤如下.

（1）选取积分变量，如 x，并确定其变化区间，如 $x \in [a,b]$.

（2）将区间 $[a,b]$ 分成 n 个小区间，取其中任一小区间并记为 $[x, x+\mathrm{d}x]$，求相应于这个小区间的微元 $\mathrm{d}U = f(x)\mathrm{d}x$.

（3）以微元 $f(x)\mathrm{d}x$ 为被积表达式，在区间 $[a,b]$ 上作定积分，得 $U = \int_a^b f(x)\mathrm{d}x$.

2. 定积分在几何上的应用

1）平面图形的面积

定积分的微元法不仅可以用来计算曲边梯形的面积，还可以用来计算一些比较复杂平面图形的面积.

如图 3-14 所示，设平面图形是由区间 $[a,b]$ 上的连续曲线 $y=f(x)$，$y=g(x)$ $(g(x)\leqslant f(x))$ 及直线 $x=a$，$x=b$ 围成的，试求该平面图形的面积.

取 x 为积分变量，它的变化区间为 $[a,b]$，在 $[a,b]$ 上任取一小区间 $[x,x+\mathrm{d}x]$，对应的窄曲边梯形面积近似于以 $f(x)-g(x)$ 为高、$\mathrm{d}x$ 为底的矩形的面积，从而得面积微元为 $\mathrm{d}A=[f(x)-g(x)]\mathrm{d}x$. 以 $[f(x)-g(x)]\mathrm{d}x$ 为被积表达式，在区间 $[a,b]$ 上作定积分，便得到所求平面图形的面积，即

$$A=\int_a^b[f(x)-g(x)]\mathrm{d}x .$$

如图 3-15 所示，设平面图形是由区间 $[c,d]$ 上的连续曲线 $x=\varphi(y)$，$x=\psi(y)$ $(\psi(y)\leqslant\varphi(y))$ 及直线 $y=c$，$y=d$ 围成的，那么该平面图形的面积为

$$A=\int_c^d[\varphi(y)-\psi(y)]\mathrm{d}y .$$

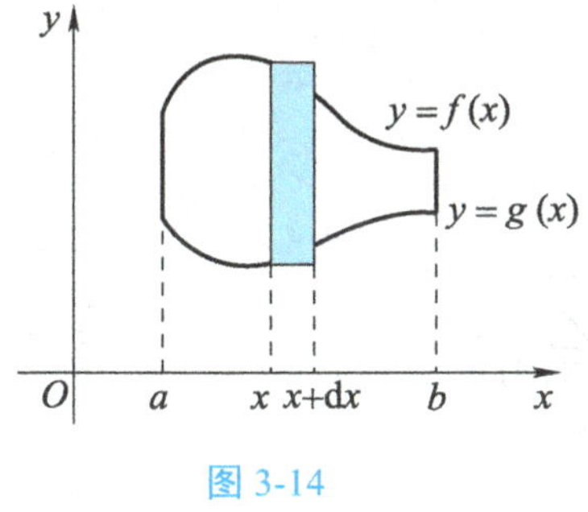

图 3-14

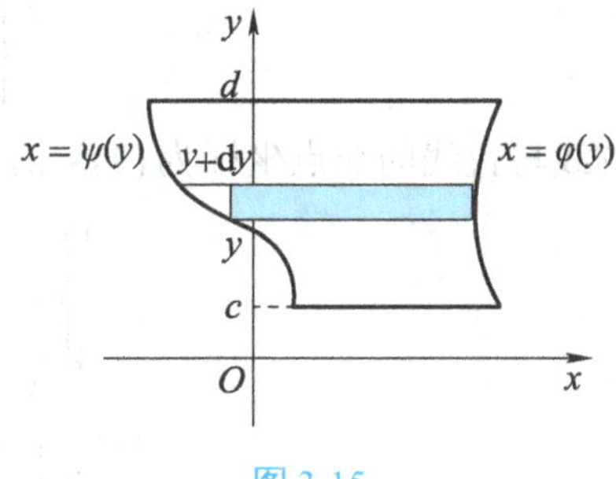

图 3-15

例 12 计算由抛物线 $y^2=x$，$y=x^2$ 所围成的平面图形的面积.

解 这两条抛物线所围成的平面图形如图 3-16 所示，为了确定平面图形所在的范围，解方程组

$$\begin{cases} y = x^2, \\ y^2 = x, \end{cases}$$

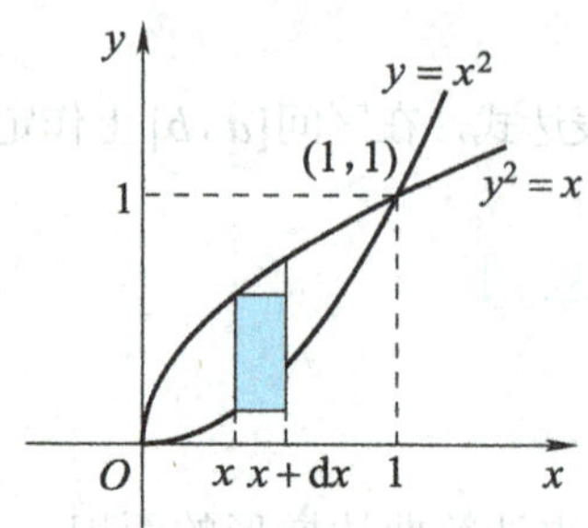

图 3-16

得到两个解

$$x=0，y=0 \text{ 及 } x=1，y=1，$$

即这两抛物线的交点为 $(0,0)$ 及 $(1,1)$，从而知道该平面图形在直线 $x=0$，$x=1$ 之间.

取 x 为积分变量，则它的变化区间为 $[0,1]$. 在 $[0,1]$ 上任取一小区间 $[x, x+\mathrm{d}x]$，对应的窄曲边梯形面积近似于以 $\sqrt{x}-x^2$ 为高、$\mathrm{d}x$ 为底的窄矩形的面积，从而得面积微元为 $\mathrm{d}A=(\sqrt{x}-x^2)\mathrm{d}x$. 以 $(\sqrt{x}-x^2)\mathrm{d}x$ 为被积表达式，在 $[0,1]$ 上作定积分，得所求平面图形的面积为

$$A=\int_0^1(\sqrt{x}-x^2)\,\mathrm{d}x=\left.\left(\frac{2}{3}x^{\frac{3}{2}}-\frac{1}{3}x^3\right)\right|_0^1=\frac{1}{3}.$$

例 13　求由抛物线 $y^2=2x$ 与直线 $y=x-4$ 所围成的平面图形的面积.

解　所围成的平面图形如图 3-17 所示. 解方程组

$$\begin{cases} y^2 = 2x, \\ y = x-4, \end{cases}$$

得出抛物线与直线的交点坐标为 $(2,-2)$ 和 $(8,4)$.

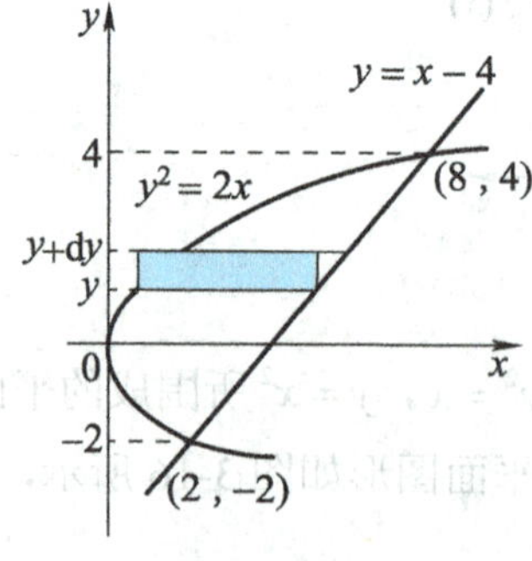

图 3-17

取 y 为积分变量，则其变化区间为 $[-2,4]$．在区间 $[-2,4]$ 上任取一小区间 $[y, y+\mathrm{d}y]$，对应的窄曲边梯形面积近似于以 $\mathrm{d}y$ 为高、$(y+4)-\frac{1}{2}y^2$ 为底的窄矩形的面积，从而得面积微元为 $\mathrm{d}A=\left[(y+4)-\frac{1}{2}y^2\right]\mathrm{d}y$．以 $\left[(y+4)-\frac{1}{2}y^2\right]\mathrm{d}y$ 为被积表达式，在区间 $[-2,4]$ 上作定积分，得所求平面图形的面积为

$$A=\int_{-2}^{4}\left(y+4-\frac{1}{2}y^2\right)\mathrm{d}y=\left(\frac{y^2}{2}+4y-\frac{1}{6}y^3\right)\Big|_{-2}^{4}=18 .$$

利用 MATLAB 求解

例 12

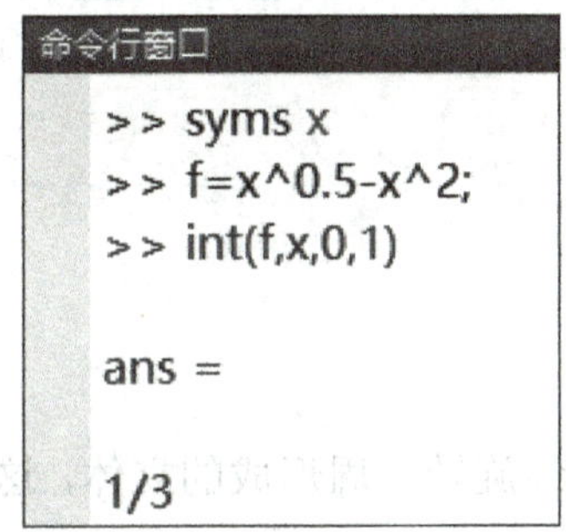

例 13

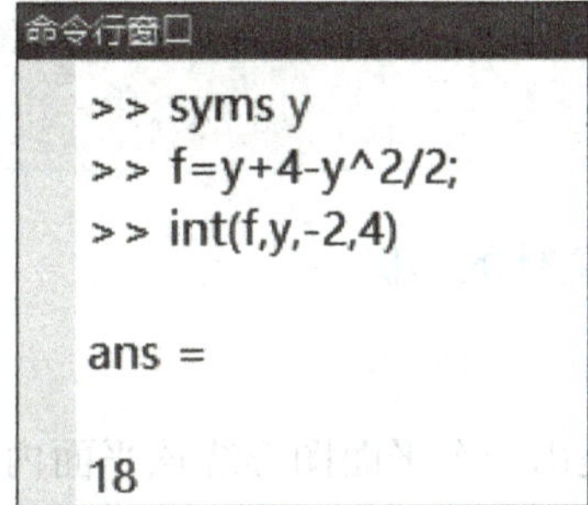

动动脑

若取 x 为积分变量，有什么不方便的地方？

提示：如图 3-18 所示，若取 x 为积分变量，则需要过点 $(2,-2)$ 作直线 $x=2$，将平面图形分成两部分进行计算．在 $[0,2]$ 上任取一小区间 $[x, x+\mathrm{d}x]$，对应的面积微元为 $\mathrm{d}A=[\sqrt{2x}-(-\sqrt{2x})]\mathrm{d}x$；在 $[2,8]$ 上任取一小区间 $[x, x+\mathrm{d}x]$，对应的面积微元为 $\mathrm{d}A=[\sqrt{2x}-(x-4)]\mathrm{d}x$．所以，所求平面图形的面积为

$$A=\int_{0}^{2}[\sqrt{2x}-(-\sqrt{2x})]\mathrm{d}x+\int_{2}^{8}[\sqrt{2x}-(x-4)]\mathrm{d}x=18 .$$

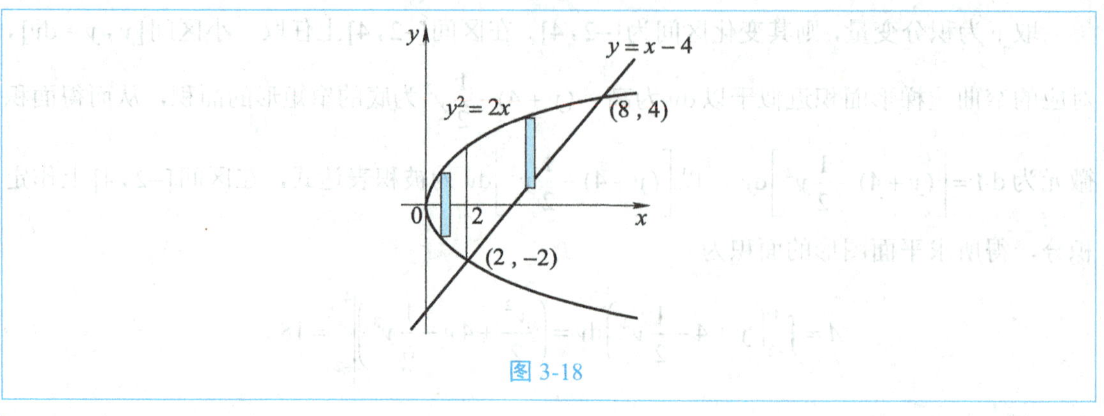

图 3-18

注意

由以上例题可以看出，在求解平面图形的面积时，积分变量选择得当可以简化计算过程.

2）空间立体的体积

（1）旋转体的体积.

旋转体是由一个平面图形绕该平面内的一条直线旋转一周形成的立体，这条直线称为旋转轴. 球体、圆柱体、圆台、圆锥等都是旋转体. 那么，旋转体的体积应如何求解呢？下面分两种类型进行讨论.

类型 1　如图 3-19 所示，设旋转体是由连续曲线 $y=f(x)$、直线 $x=a$、直线 $x=b$ 及 x 轴所围成的曲边梯形绕 x 轴旋转一周形成的，试求它的体积.

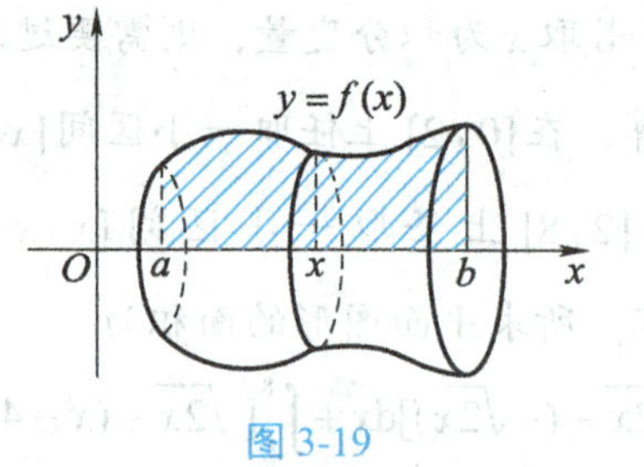

图 3-19

取横坐标 x 为积分变量，它的变化区间为 $[a,b]$. 用过点 $x\,(x\in[a,b])$ 且垂直于 x 轴的平面截旋转体，得截面半径为 $|f(x)|$ 的圆盘，其面积为 $A(x)=\pi[f(x)]^2$. 在 $[a,b]$ 上任取一小区间 $[x,x+\mathrm{d}x]$，对应的窄曲边梯形绕 x 轴旋转一周形成的薄片的体积近似于以 $\pi[f(x)]^2$ 为底面积、$\mathrm{d}x$ 为高的扁柱体的体积，从而得该旋转体的体积微元为

$$\mathrm{d}V_x = \pi[f(x)]^2\mathrm{d}x .$$

以 $\pi[f(x)]^2\mathrm{d}x$ 为被积表达式，在区间 $[a,b]$ 上作定积分，便得到所求旋转体的体积，即

$$V_x = \pi\int_a^b [f(x)]^2\mathrm{d}x .$$

类型 2　如图 3-20 所示，若旋转体是由连续曲线 $x=\varphi(y)$、直线 $y=c$、直线 $y=d$ 及 y 轴所围成的曲边梯形绕 y 轴旋转一周形成的，则可求得其体积为

$$V_y = \pi\int_c^d [\varphi(y)]^2\mathrm{d}y .$$

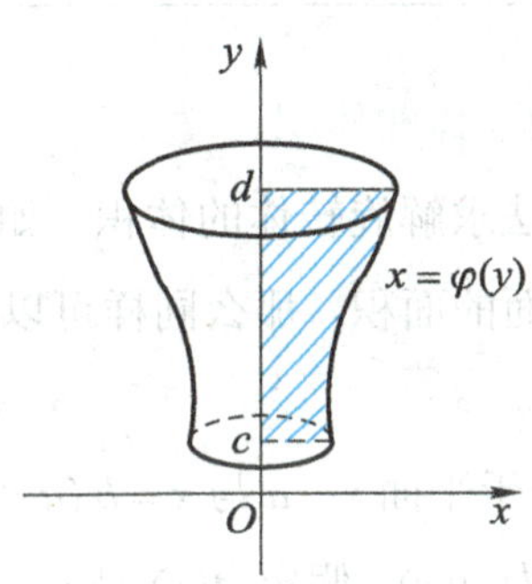

图 3-20

例 14　求由 $y=x^2+1$，$x=0$，$x=1$ 及 x 轴所围成的平面图形绕 x 轴旋转一周形成的旋转体的体积，如图 3-21 所示.

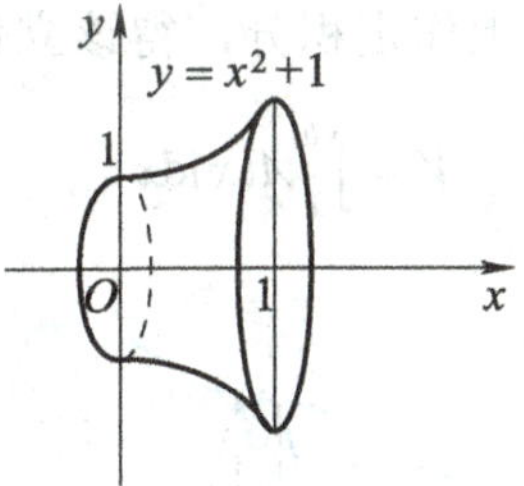

图 3-21

解　取 x 为积分变量，其变化区间为 $[0,1]$，则所求旋转体的体积为

$$V = \pi\int_0^1 (x^2+1)^2\mathrm{d}x = \pi\int_0^1 (x^4+2x^2+1)\mathrm{d}x = \pi\left(\frac{x^5}{5}+\frac{2x^3}{3}+x\right)\Bigg|_0^1 = \frac{28}{15}\pi .$$

利用 MATLAB 求解

命令行窗口

```
>> syms x
>> f=pi*(x^2+1)^2;
>> int(f,x,0,1)

ans =

(28*pi)/15
```

（2）平行截面面积为已知的立体的体积.

以上介绍了用定积分的微元法求解旋转体的体积. 如果一个立体不是旋转体，但已知该立体上垂直于一定轴的各个截面的面积，那么同样可以用定积分的微元法来计算该立体的体积，具体如下.

如图 3-22 所示，设一立体位于平面 $x=a$ 与 $x=b\ (a<b)$ 之间，用过点 x 且垂直于 x 轴的平面截此物体所得的截面面积为 $A(x)$，假定 $A(x)$ 是 x 在 $[a,b]$ 上的连续函数，在 $[a,b]$ 上任取一小区间 $[x,x+\mathrm{d}x]$，对应的薄片体积近似于以 $A(x)$ 为底面积、$\mathrm{d}x$ 为高的扁柱体的体积，从而得该立体的体积微元为

$$\mathrm{d}V=A(x)\mathrm{d}x.$$

以 $A(x)\mathrm{d}x$ 为被积表达式，在 $[a,b]$ 上作定积分，得该立体的体积为

$$V=\int_a^b A(x)\mathrm{d}x.$$

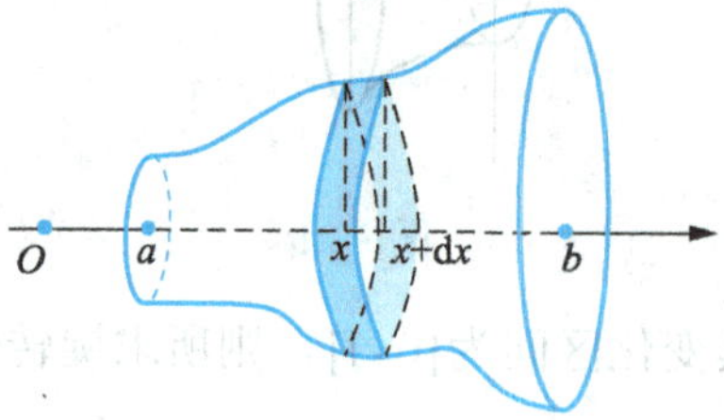

图 3-22

注意

在实际应用中，$A(x)$ 一般需要通过求解得到.

例 15 如图 3-23 所示，一平面经过半径为 R 的圆柱体底圆中心，并与底圆交成角 α，计算这个平面截圆柱体所得立体的体积.

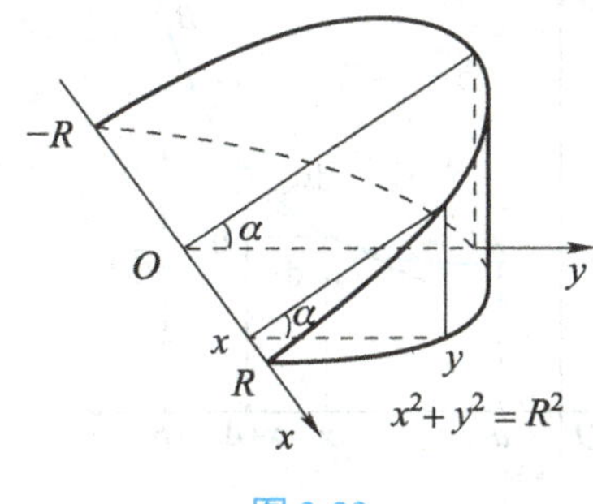

图 3-23

解 取平面与底圆的交线为 x 轴，底圆中过底圆中心、且垂直于 x 轴的直线为 y 轴，则底圆的方程为 $x^2+y^2=R^2$，半圆的方程为 $y=\sqrt{R^2-x^2}$．立体中过点 x 且垂直于 x 轴的截面是一个直角三角形，其底边长为 y，高为 $y\tan\alpha$，所以截面面积为

$$A(x)=\frac{1}{2}y\cdot y\tan\alpha=\frac{1}{2}y^2\tan\alpha=\frac{1}{2}(R^2-x^2)\tan\alpha .$$

于是，所求立体的体积为

$$V=\int_{-R}^{R}A(x)\mathrm{d}x=\int_{-R}^{R}\frac{1}{2}\tan\alpha(R^2-x^2)\mathrm{d}x=\frac{1}{2}\tan\alpha\int_{-R}^{R}(R^2-x^2)\mathrm{d}x$$

$$=\frac{1}{2}\tan\alpha\left(R^2x-\frac{1}{3}x^3\right)\Bigg|_{-R}^{R}=\frac{2}{3}R^3\tan\alpha .$$

利用 MATLAB 求解

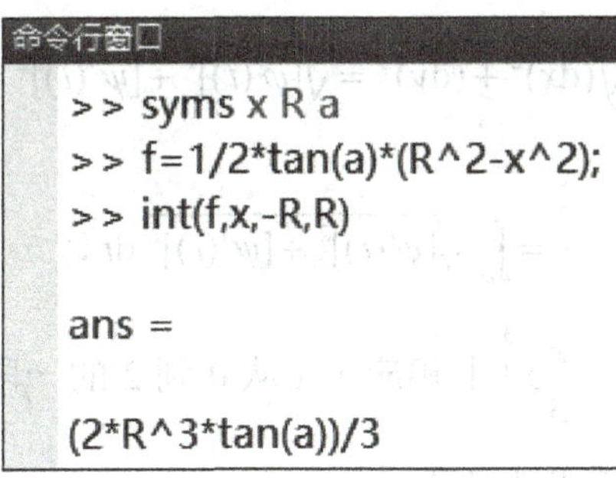
命令行窗口

```
>> syms x R a
>> f=1/2*tan(a)*(R^2-x^2);
>> int(f,x,-R,R)

ans =

(2*R^3*tan(a))/3
```

3）平面曲线的弧长

利用定积分的微元法不仅可以计算平面图形的面积、空间立体的体积，还可以计算平面曲线的弧长，下面进行具体介绍.

如图 3-24 所示，设平面曲线 $y=f(x)$ 是光滑的，$\overset{\frown}{AB}$ 是 $y=f(x)$ 上相应于 x 从 a 到 b 的

一段弧，试求该弧的长度.

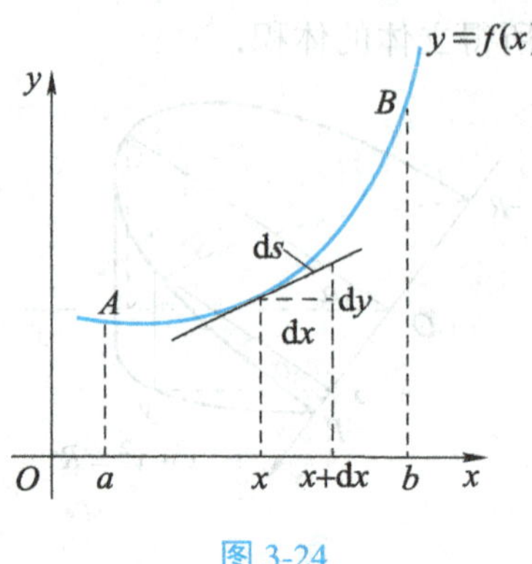

图 3-24

取 x 为积分变量，其变化区间为$[a,b]$．在$[a,b]$上任取一小区间$[x,x+\mathrm{d}x]$，曲线 $y=f(x)$ 上对应的一小段弧的长度近似于该曲线在点 $(x,f(x))$ 处的切线上相应的长度 $\sqrt{(\mathrm{d}x)^2+(\mathrm{d}y)^2}$，从而得 $\overset{\frown}{AB}$ 的弧长微元为

$$\mathrm{d}s=\sqrt{(\mathrm{d}x)^2+(\mathrm{d}y)^2}=\sqrt{1+y'^2}\mathrm{d}x,$$

于是，所求弧长为

$$s=\int_a^b\sqrt{1+y'^2}\,\mathrm{d}x.$$

如果曲线 $y=f(x)$ 由参数方程$\begin{cases}x=\varphi(t),\\y=\psi(t)\end{cases}$$(\alpha\leqslant t\leqslant\beta)$ 给出，取参数 t 为积分变量，其变化区间为$[\alpha,\beta]$，在区间$[\alpha,\beta]$任取一小区间$[t,t+\mathrm{d}t]$，则曲线上相应的一段弧的长度近似为$\sqrt{(\mathrm{d}x)^2+(\mathrm{d}y)^2}=\sqrt{[\varphi'(t)]^2+[\psi'(t)]^2}\,\mathrm{d}t$，从而得 $\overset{\frown}{AB}$ 的弧长微元为

$$\mathrm{d}s=\sqrt{(\mathrm{d}x)^2+(\mathrm{d}y)^2}=\sqrt{[\varphi'(t)]^2+[\psi'(t)]^2}\,\mathrm{d}t,$$

于是，所求弧长为

$$s=\int_\alpha^\beta\sqrt{[\varphi'(t)]^2+[\psi'(t)]^2}\,\mathrm{d}t.$$

例 16 计算曲线 $y=\frac{2}{3}x^{\frac{3}{2}}$ 上相应于 x 从 0 到 2 的一段弧长.

解 因为 $y'=x^{\frac{1}{2}}$，所以所求弧长为

$$s=\int_0^2\sqrt{1+(x^{\frac{1}{2}})^2}\,\mathrm{d}x=\int_0^2\sqrt{1+x}\,\mathrm{d}x=\frac{2}{3}(1+x)^{\frac{3}{2}}\Big|_0^2=2\sqrt{3}-\frac{2}{3}.$$

利用 MATLAB 求解

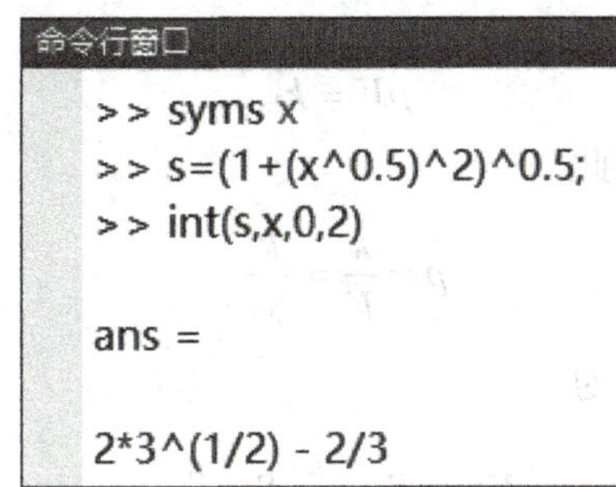

```
命令行窗口
>> syms x
>> s=(1+(x^0.5)^2)^0.5;
>> int(s,x,0,2)

ans =

2*3^(1/2) - 2/3
```

3. 定积分在物理上的应用

1）变力做功

如果一个物体在恒力 F 的作用下移动距离 s，则力 F 对物体所做的功为

$$W=F\cdot s\ .$$

如果一个物体在变力 $F(x)$ 的作用下，沿 Ox 轴由 a 点移动到 b 点，那么变力 $F(x)$ 对物体做的功为多少呢？下面利用定积分的微元法进行求解.

设变力 $F(x)$ 是连续变化的. 取 x 为积分变量，它的变化区间为 $[a,b]$，在 $[a,b]$ 上任取一小区间 $[x,x+\mathrm{d}x]$，物体在 $\mathrm{d}x$ 这一小段上移动时，$F(x)$ 的变化很小，力对物体做的功近似于 $F(x)\mathrm{d}x$，从而得功的微元为

$$\mathrm{d}W=F(x)\mathrm{d}x\ ,$$

于是，所求的功为

$$W=\int_a^b F(x)\mathrm{d}x\ .$$

例 17 如图 3-25 所示，某空气压缩机的活塞面积为 S，在等温压缩过程中，活塞由 x_1 处压缩到 x_2 处，求活塞在这段压缩过程中所做的功.

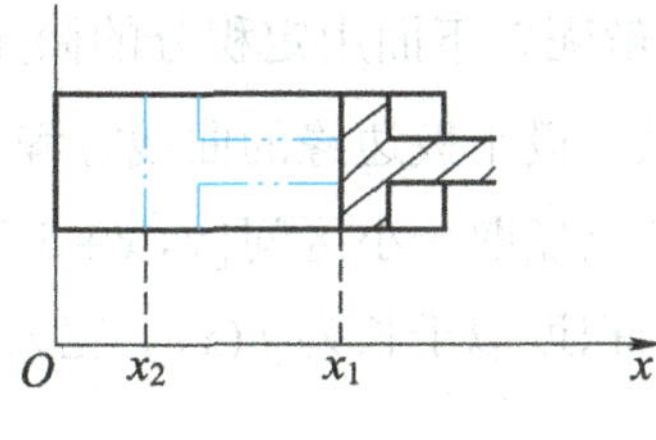

图 3-25

解 由物理学知识知道，一定量的气体在等温条件下，压强 p 与体积 V 的乘积为常数 k，即

$$pV = k .$$

由题意可知，$V = Sx$，因此

$$p = \frac{k}{V} = \frac{k}{Sx} .$$

因为气体作用于活塞的力为

$$F = pS = \frac{k}{Sx}S = \frac{k}{x},$$

所以活塞作用于气体的力为

$$f = -F = -\frac{k}{x} .$$

取 x 为积分变量，它的变化区间为 $[x_1, x_2]$，在 $[x_1, x_2]$ 上任取一小区间 $[x, x+\mathrm{d}x]$，活塞在 $\mathrm{d}x$ 这一小段上移动时，其对气体所做的功近似于 $-\frac{k}{x}\mathrm{d}x$，所以功的微元为

$$\mathrm{d}W = -\frac{k}{x}\mathrm{d}x ,$$

于是，所求的功为

$$W = \int_{x_1}^{x_2}\left(-\frac{k}{x}\right)\mathrm{d}x = k\ln x\Big|_{x_2}^{x_1} = k\ln\frac{x_1}{x_2} .$$

2）液体压力

由物理学知识知道，某液体在深度为 h 处的压强为 $p = \gamma h$，其中 $\gamma = \rho g$ 为比重，这里 ρ 是液体的密度，g 是重力加速度. 如果一面积为 S 的平板，水平置于比重为 γ、深度为 h 的液体中，则平板一侧所受的压力为

$$F = pS = \gamma hS .$$

如果平板垂直放于液体中，由于不同深度的液体压强不同，因此平板一侧所受的压力不能按上述公式计算，那么该如何求解呢？下面用定积分的微元法进行求解.

建立如图 3-26 所示的坐标系. 设平板边缘的曲线方程为 $y = f(x)$，取 x 为积分变量，它的变化区间为 $[a, b]$，在 $[a, b]$ 上任取一小区间 $[x, x+\mathrm{d}x]$，对应的窄曲边梯形各点处的压强近似于 γx，窄曲边梯形的面积近似于长为 $f(x)$、宽为 $\mathrm{d}x$ 的窄矩形的面积，所以压力的微元为

$$\mathrm{d}F = \gamma x f(x)\mathrm{d}x ,$$

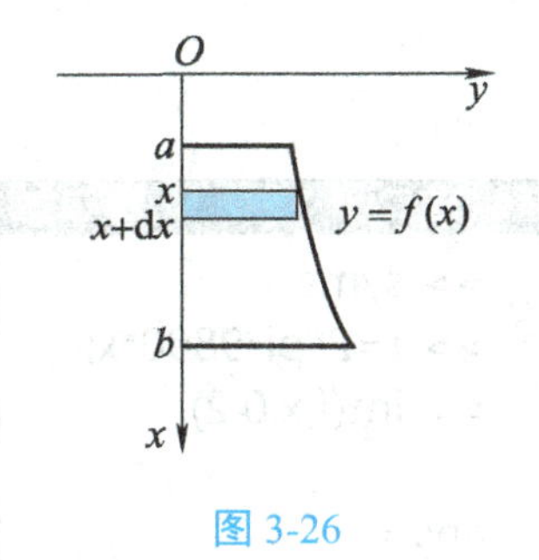

图 3-26

因此，所求压力为

$$F=\int_a^b \gamma x f(x)\mathrm{d}x .$$

例 18 有一底面半径为 1 m、高为 2 m 的圆柱形贮水桶，里面盛满水，求水对桶壁的压力.（水的比重为 $\gamma=9.8\times10^3\ \mathrm{N/m^3}$）

解 建立如图 3-27 所示的坐标系，取 x 为积分变量，它的变化区间为 $[0,2]$，在 $[0,2]$ 上任取一小区间 $[x,x+\mathrm{d}x]$，对应的小窄条各点处的压强近似于 γx，小窄条的面积为 $2\pi\cdot1\mathrm{d}x$，所以压力微元为

$$\mathrm{d}F=\gamma x\cdot2\pi\cdot1\mathrm{d}x=2\pi\gamma x\mathrm{d}x ,$$

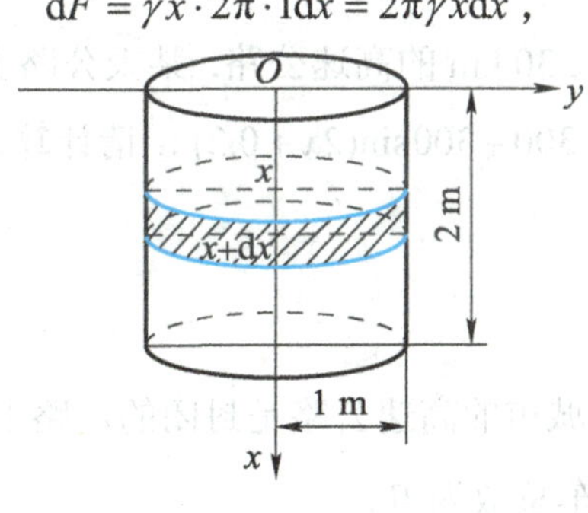

图 3-27

于是，所求压力为

$$F=\int_0^2 2\pi\gamma x\mathrm{d}x=2\pi\gamma\left(\frac{x^2}{2}\right)\Bigg|_0^2=4\pi\gamma .$$

将 $\gamma=9.8\times10^3\ \mathrm{N/m^3}$ 代入上式得

$$F=4\pi\times9.8\times10^3=3.92\pi\times10^4\ (\mathrm{N}) .$$

利用 MATLAB 求解

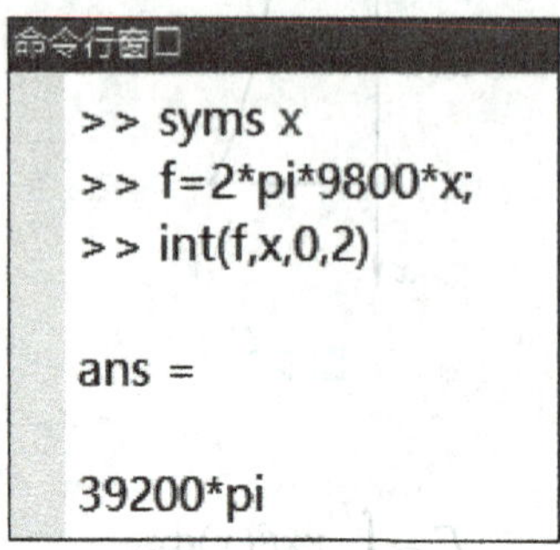

```
命令行窗口
>> syms x
>> f=2*pi*9800*x;
>> int(f,x,0,2)

ans =

39200*pi
```

3.2.4 数学建模案例赏析

高速公路上汽车总数模型

1. 实际问题

从 A 城市到 B 城市有条长 30 km 的高速公路．某天公路上距 A 城市 x km 处的汽车密度（每公里车辆数）为 $\rho(x)=300+300\sin(2x+0.2)$．请计算该高速公路上的汽车总数．

2. 模型假设

（1）假设从 A 城市到 B 城市的高速公路是封闭的，路上没有其他出口．

（2）设高速公路上的汽车总数为 W.

3. 模型建立

利用微元法，在 $[x,x+\mathrm{d}x]$ 路段上，可将汽车密度视为常数，在该路段的车辆数为

$$\mathrm{d}W=[300+300\sin(2x+0.2)]\mathrm{d}x.$$

所以，高速公路上的汽车总数为

$$W=\int_0^{30}[300+300\sin(2x+0.2)]\mathrm{d}x.$$

4. 模型求解

用定积分的换元积分法计算得

$$W=\int_0^{30}[300+300\sin(2x+0.2)]\,\mathrm{d}x=\int_0^{30}300\mathrm{d}x+\frac{300}{2}\int_0^{30}\sin(2x+0.2)\mathrm{d}(2x+0.2)$$

$$=[300x-150\cos(2x+0.2)]\Big|_0^{30}\approx 9\,278\ (\text{辆}).$$

5. 模型分析

由以上计算可知，高速公路上的汽车总量约为 9 278 辆.

习题 3.2

1．填空题.

（1）$\int_{-1}^{1}x\sqrt{1+x^2}\mathrm{d}x=$________.　　（2）$\int_{-2}^{2}\frac{x}{\sqrt{1+x^2}}\mathrm{d}x=$________.

（3）$\int_{-1}^{1}x^3\mathrm{d}x=$________.　　（4）$\int_{-\frac{\pi}{4}}^{\frac{\pi}{4}}\frac{x^2\sin x}{1+\cos x}\mathrm{d}x=$________.

2．利用定积分表示下列面积.

（1）由 $y=x^3$，$x=1$，$x=2$ 和 x 轴所围成的图形的面积.

（2）由 $y=\mathrm{e}^{-x}$，$y=x+1$，$x=1$ 所围成的图形的面积.

3．利用定积分的几何意义，求下列定积分.

（1）$\int_0^1 x\mathrm{d}x$.　　（2）$\int_0^2 3\mathrm{d}x$.　　（3）$\int_{-1}^{1}\sqrt{1-x^2}\mathrm{d}x$.

4．利用定积分的性质，比较下列各组定积分的大小.

（1）$\int_0^1 x^2\mathrm{d}x$ 与 $\int_0^1 x\mathrm{d}x$.　　（2）$\int_1^2 x^2\mathrm{d}x$ 与 $\int_1^2 x^3\mathrm{d}x$.

（3）$\int_0^1 x\mathrm{d}x$ 与 $\int_0^1\ln(x+1)\mathrm{d}x$.　　（4）$\int_0^{\frac{\pi}{2}}x\mathrm{d}x$ 与 $\int_0^{\frac{\pi}{2}}\sin x\mathrm{d}x$.

5．估计下列定积分的范围.

（1）$\int_0^1(1+x^2)\mathrm{d}x$.　　（2）$\int_0^2(4x-2x^2)\mathrm{d}x$.

6．求下列函数的导数．

（1）$y=\int_{1}^{x} e^{t^2-t}dt$．　　（2）$y=\int_{1}^{\sqrt{x}}\cos(t^2+1)dt$．

（3）$y=\int_{x}^{4}\frac{\sin t}{t}dt$．　　（4）$y=\int_{-x}^{1}\sin(t^2)dt$．

7．利用换元积分法计算下列定积分．

（1）$\int_{0}^{4}\frac{x+2}{\sqrt{2x+1}}dx$．　　（2）$\int_{1}^{5}\frac{\sqrt{x-1}}{x}dx$．

8．利用分部积分法计算下列定积分．

（1）$\int_{0}^{\pi}x\sin x dx$．　　（2）$\int_{0}^{1}xe^{x}dx$．

9．求下列各平面图形的面积．

（1）由抛物线 $y=x^2-4x+5$、直线 $x=3$、直线 $x=5$ 及 x 轴所围成的平面图形．

（2）由曲线 $y=\frac{1}{x}$ 与直线 $y=x, x=2$ 所围成的平面图形．

（3）由曲线 $y=x^3$ 与直线 $y=2x$ 所围成的平面图形．

10．求下列各立体的体积．

（1）由曲线 $y=\sqrt{x}$ 与直线 $x=4, x=1, y=0$ 所围成的图形绕 x 轴旋转所形成的立体．

（2）由曲线 $y=x^3$ 与直线 $x=2, y=0$ 所围成的图形绕 x 轴旋转所形成的立体．

11．求下列各平面曲线的弧长．

（1）$y^2=2px$，自点 $(0,0)$ 至点 $\left(\frac{p}{2},p\right)$．

（2）$\begin{cases}x=e^t\sin t,\\ y=e^t\cos t,\end{cases}$ 自 $t=0$ 至 $t=\frac{\pi}{2}$．

本章小结

1．学习的主要内容

本章内容主要包括一元函数的不定积分与定积分．

2. 重点与难点

学习重点：原函数的概念、不定积分与定积分的概念和性质、定积分的几何意义、求积分的方法、牛顿-莱布尼茨公式、定积分的应用.

学习难点：定积分概念的理解、换元积分法和分部积分法的应用、定积分的应用.

3. 学习策略

（1）理解原函数与不定积分的关系.

（2）熟练掌握不定积分的基本积分公式，灵活应用换元积分法、分部积分法求不定积分.

（3）深刻理解定积分的概念及其几何意义.

（4）会对积分上限函数求导，熟练掌握牛顿-莱布尼茨公式.

（5）用换元法计算定积分时，换元的同时一定要注意换限.

（6）掌握用微元法解题的思想.

数学文化（三） 数学界一直争论的问题——谁先发明了微积分？

关于微积分创建的优先权，在数学史上曾展开了一场激烈的争论. 实际上，牛顿在微积分方面的研究早于莱布尼茨，但莱布尼茨的成果发表早于牛顿.

牛顿于1666年写过几篇关于他称为“流数术”的微积分文章，但他并没有公开发表，这些文章只是在一些英国科学家中流传，直到1704年，牛顿才在其光学著作的附录中，首次完整地发表了“流数术”.

莱布尼茨于1675年发现了微积分，但当时没有发表相关的文章，1684年发表了第一篇微分论文，定义了微分概念，采用了微分符号 dx ，dy . 1686年，他又发表了积分论文，讨论了微分与积分，使用了积分符号 $\int$. 依据莱布尼茨的笔记本我们发现，1675年11月11日，莱布尼茨已经建立了一套完整的微分学.

起初没有人来争夺微积分的发现权. 1699年，移居英国的一名瑞士人一方面为了讨好英国人，另一方面与莱布尼茨有私人恩怨，指责莱布尼茨剽窃了牛顿的流数术，但此人并无威望，遭到莱布尼茨的驳斥后，就没了下文. 当年，有一篇匿名评论反过来指责牛顿剽窃了莱布尼茨的微积分.

在数学上，莱布尼茨与牛顿研究微积分的途径和方法是不同的．牛顿是为解决运动问题，先引出了导数概念，后引出了积分概念；莱布尼茨则反过来，受哲学思想的影响，先引出了积分概念，后引出了导数概念．牛顿仅仅把微积分当做物理研究的数学工具，而莱布尼茨则意识到了微积分将会给数学带来一场革命．

后来，人们公认牛顿和莱布尼茨是各自独立地创建了微积分．但是，莱布尼茨创建的微积分符号远远优于牛顿创建的微积分符号，因此，一直被沿用至今．

复习题 3

1．填空题

（1）函数 $f(x)$ 的全体原函数称为函数 $f(x)$ 的____________．

（2）若 $\int f(x)\mathrm{d}x=x^3+C$，则 $f(x)=$________．

（3）若 $F'(x)=f(x)$，则 $\int_a^b f(x)\mathrm{d}x=$____________．

（4）设 $f(x)$ 是连续奇函数，且 $\int_0^1 f(x)\mathrm{d}x=1$，则 $\int_{-1}^0 f(x)\mathrm{d}x=$________．

（5）曲线 $y=x^2$ 上相应于 x 从 0 到 1 的一段弧长可表示为定积分__________．

2．选择题

（1）若 $f(x)$ 的一个原函数是 $2\mathrm{e}^{2x}$，则 $f(x)=$（　　）．

A．$\mathrm{e}^{2x}+C$　　B．$\frac{1}{4}\mathrm{e}^{2x}$

C．$4\mathrm{e}^{2x}$　　D．e^{2x}

（2）下列等式正确的是（　　）．

A．$\left[\int f(x)\mathrm{d}x\right]'=f(x)$　　B．$\left[\int f(x)\mathrm{d}x\right]'=f(x)+C$

C．$\int f'(x)\mathrm{d}x=f(x)$　　D．$\mathrm{d}\left[\int f(x)\mathrm{d}x\right]=f(x)$

（3）不定积分 $\int(x^3+2\mathrm{e}^x)\mathrm{d}x=$（　　）．

A．$3x^2+2\mathrm{e}^x$　　B．$\frac{1}{4}x^4+2\mathrm{e}^x$

C．$\frac{1}{4}x^4+2\mathrm{e}^x+C$　　D．$3x^2+2\mathrm{e}^x+C$

（4）设 $f(x)=\sqrt{x}$，则 $\int f'(x)\mathrm{d}x=$（　　）.

A. $\frac{1}{2\sqrt{x}}$　　B. $\frac{1}{2\sqrt{x}}+C$

C. $\sqrt{x}$　　D. $\sqrt{x}+C$

（5）$\int\frac{\ln x}{x}\mathrm{d}x=$（　　）.

A. $\ln^2 x+C$　　B. $\frac{1}{2}\ln^2 x+C$

C. $-\frac{1}{2}$　　D. 不存在

（6）如果 $f(x)$ 在 $[-1,1]$ 上连续，且平均值为 2，则 $\int_{-1}^{1}f(x)\mathrm{d}x=$（　　）.

A. 1　　B. -1

C. 4　　D. -4

（7）$\frac{\mathrm{d}}{\mathrm{d}x}\int_a^x \sin t^2\mathrm{d}t=$（　　）.

A. $\sin x^2-\sin a^2$　　B. $2x\cos x^2$

C. $\sin x^2$　　D. $2x\sin x^2$

（8）设 $\int_0^k \mathrm{e}^{2x}\mathrm{d}x=\frac{3}{2}$，则 $k=$（　　）.

A. 1　　B. 2

C. $\ln 2$　　D. $\frac{1}{2}\ln 2$

3. 计算题

（1）计算下列不定积分.

① $\int \mathrm{e}^{-3x+1}\mathrm{d}x$.　　② $\int 2x\mathrm{e}^{-x^2}\mathrm{d}x$.

③ $\int x\sqrt{2+x^2}\mathrm{d}x$.　　④ $\int\frac{1}{2x+3}\mathrm{d}x$.

（2）计算下列定积分.

① $\int_4^9\sqrt{x}(1+\sqrt{x})\mathrm{d}x$.　　② $\int_1^2\left(x+\frac{1}{x}\right)^2\mathrm{d}x$.

③ $\int_0^{\mathrm{e}-1}\ln(1+x)\mathrm{d}x$.　　④ $\int_0^1 x(x+1)^2\mathrm{d}x$

（3）一窗户的形状是由抛物线 $y=1-x^2$ 与 x 轴所围成的图形，求此图形的面积.

第4章 线性代数初步

本章寄语

线性代数是数学的一个重要分支，其思想和方法在自然科学、工程技术和国民经济等许多领域中都有着广泛的应用．本章将从实际问题出发，介绍线性代数的一些相关知识．

4.1 矩阵的概念及运算

知识目标

（1）了解矩阵的概念．

（2）熟悉几种特殊矩阵．

（3）掌握矩阵的运算定义和运算规律．

能力目标

（1）能运用矩阵的运算定义和运算规律计算矩阵．

（2）能运用 MATLAB 对矩阵进行计算．

素质目标

（1）正确认识“整体与局部”的辩证关系．

（2）培养认真负责、严谨细致的优良作风．

矩阵一词是英国数学家西尔维斯特于 1850 年首先使用的，1855 年英国人凯莱引入了矩阵的基本概念和运算．从此，矩阵不仅广泛应用于各个领域（如工程技术、经济学、网络设计、电路分析等），而且成为求解线性方程组的重要工具．

矩阵的概念和运算

4.1.1 矩阵的概念

1. 定义

引例 1 某专业 52 名学生的经济数学成绩如表 4-1 所示．

表 4-1

单位：分

序号	平时（20%）	期中（10%）	期末（70%）	总评
1	90	85	95	93
2	75	65	85	81
3	85	80	80	81
…	…	…	…	…
52	93	95	97	96

引例 2 某地区甲、乙、丙 3 家商场同时销售 I 类、II 类品牌的家用电器，其销售额表和单价、利润表，分别如表 4-2 和表 4-3 所示．

表 4-2

单位：万元

商场	销售额	
	I 类	II 类
甲商场	15	10
乙商场	20	10
丙商场	5	3

表 4-3

电器种类	单价/万元	利润/万元
I 类	0.6	0.1
II 类	2	0.4

这些表格虽然内容不同，但它们的数据都是由若干行与列组成的，故可将它们简记为下面的矩形数表：

$$\begin{pmatrix} 90 & 85 & 95 & 93 \\ 75 & 65 & 85 & 81 \\ 85 & 80 & 80 & 81 \\ \vdots & \vdots & \vdots & \vdots \\ 93 & 95 & 97 & 96 \end{pmatrix}, \quad \begin{pmatrix} 15 & 10 \\ 20 & 10 \\ 5 & 3 \end{pmatrix}, \quad \begin{pmatrix} 0.6 & 0.1 \\ 2 & 0.4 \end{pmatrix}.$$

数学上把这种矩形数表称为矩阵.

定义 1 由 $m\times n$ 个数 $a_{ij}\,(i=1,2,\cdots,m;\ j=1,2,\cdots,n)$ 构成的一个 m 行 n 列的数表

$$\begin{pmatrix} a_{11} & a_{12} & \cdots & a_{1n} \\ a_{21} & a_{22} & \cdots & a_{2n} \\ \vdots & \vdots & & \vdots \\ a_{m1} & a_{m2} & \cdots & a_{mn} \end{pmatrix}$$

称为 $m\times n$ 阶**矩阵**. 其中，a_{ij} 称为矩阵第 i 行、第 j 列的**元素**，i 称为元素 a_{ij} 的**行标**，j 称为元素 a_{ij} 的**列标**. 通常用大写英文字母 $\boldsymbol{A},\boldsymbol{B},\boldsymbol{C},\cdots$ 或 $\boldsymbol{A}_{m\times n},\boldsymbol{B}_{m\times n},\boldsymbol{C}_{m\times n},\cdots$ 表示矩阵.

例 1 （田忌赛马）战国时期，有一天齐王让田忌和他赛马，规定每次每人从自己的上、中、下三等马中各选一匹马来比赛，并约定每一次获胜可得一千两黄金，每一次失败要拿出一千两黄金. 当时，齐王每一等次的马都比田忌同样等次的马要强. 问：田忌如何应对，才能获胜？

解 用 1 表示田忌赢得一千两黄金，用 –1 表示田忌输掉一千两黄金，于是齐王与田忌赛马的可能结果如表 4-4 所示.

表 4-4

田忌	齐王		
	上等马	中等马	下等马
上等马	–1	1	1
中等马	–1	–1	1
下等马	–1	–1	–1

表 4-4 的数据可以写成矩阵 $\begin{pmatrix} -1 & 1 & 1 \\ -1 & -1 & 1 \\ -1 & -1 & -1 \end{pmatrix}$. 田忌要获胜，至少要三场中得两

个“1”. 由上述矩阵可以看出，田忌只能采取以下办法：用自己的上等马对齐王的中等马（$a_{12}=1$），用自己的中等马对齐王的下等马（$a_{23}=1$），用自己的下等马对齐王的上等马（$a_{31}=-1$）. 这样，虽然田忌的马总体上不如齐王的马强，但他仍能赢得一千两黄金.

2. 几个特殊的矩阵

1）方阵

当矩阵 $\boldsymbol{A}$ 的行数和列数相等，即 $m=n$ 时，称矩阵 $\boldsymbol{A}$ 为 n 阶方阵，记为 $\boldsymbol{A}_n$ 或 $\boldsymbol{A}$. 方阵 $\boldsymbol{A}$ 的左上角到右下角称为主对角线，其元素 a_{11}，a_{22}，…，a_{nn} 称为主对角元素.

例如，$\begin{pmatrix} 1 & 3 \\ 2 & 4 \end{pmatrix}$ 就是一个二阶方阵，其中主对角元素为 1，4.

2）行（列）矩阵

只有一行的矩阵 $(a_{11} \quad a_{12} \quad \cdots \quad a_{1n})$ 称为行矩阵，只有一列的矩阵 $\begin{pmatrix} a_{11} \\ a_{21} \\ \vdots \\ a_{n1} \end{pmatrix}$ 称为列矩阵.

3）上（下）三角矩阵

主对角线下方的元素全为零的方阵

$$\begin{pmatrix} a_{11} & a_{12} & \cdots & a_{1n} \\ 0 & a_{22} & \cdots & a_{2n} \\ \vdots & \vdots & & \vdots \\ 0 & 0 & \cdots & a_{nn} \end{pmatrix}$$

称为上三角矩阵. 主对角线上方的元素全为零的方阵

$$\begin{pmatrix} a_{11} & 0 & \cdots & 0 \\ a_{21} & a_{22} & \cdots & 0 \\ \vdots & \vdots & & \vdots \\ a_{n1} & a_{n2} & \cdots & a_{nn} \end{pmatrix}$$

称为下三角矩阵.

4）对角矩阵

除主对角元素外，其余元素全为零的方阵

$$\begin{pmatrix} a_{11} & 0 & \cdots & 0 \\ 0 & a_{22} & \cdots & 0 \\ \vdots & \vdots & & \vdots \\ 0 & 0 & \cdots & a_{nn} \end{pmatrix}$$

称为对角矩阵.

5）单位矩阵

主对角线上的元素都为 1，其余元素都为 0 的方阵

$$\begin{pmatrix} 1 & 0 & \cdots & 0 \\ 0 & 1 & \cdots & 0 \\ \vdots & \vdots & & \vdots \\ 0 & 0 & \cdots & 1 \end{pmatrix}$$

称为单位矩阵，记为 $\boldsymbol{E}$.

6）同型矩阵

如果两个矩阵的行数、列数都相等，则称它们为同型矩阵.

7）零矩阵

每个元素都为零的矩阵，称为零矩阵，记为 $\boldsymbol{O}_{m\times n}$ 或 $\boldsymbol{O}$.

8）行阶梯形矩阵

如果一个矩阵满足：

（1）矩阵的零行（若存在）在矩阵最下方；

（2）每行的首个非零元素前面零的个数随行数的增加而增加，那么，这样的矩阵称为行阶梯形矩阵.

例如，$\begin{pmatrix} 2 & 3 & 0 & 4 \\ 0 & 1 & 3 & 0 \\ 0 & 0 & 5 & 1 \\ 0 & 0 & 0 & 0 \end{pmatrix}$，$\begin{pmatrix} 3 & 5 & 2 & 0 \\ 0 & 7 & 3 & 9 \\ 0 & 0 & 4 & 0 \\ 0 & 0 & 0 & 8 \end{pmatrix}$等都是行阶梯形矩阵.

9）行最简阶梯形矩阵

如果一个行阶梯形矩阵满足：

（1）非零行的首个非零元素都是 1；

（2）每行首个为 1 的非零元素所在列的其余元素全为 0，那么，这样的矩阵称为行最简阶梯形矩阵.

例如，$\begin{pmatrix} 1 & 0 & 0 & 3 \\ 0 & 1 & 0 & 4 \\ 0 & 0 & 1 & 4 \\ 0 & 0 & 0 & 0 \end{pmatrix}$，$\begin{pmatrix} 1 & 5 & 2 & 0 \\ 0 & 0 & 0 & 1 \\ 0 & 0 & 0 & 0 \\ 0 & 0 & 0 & 0 \end{pmatrix}$等都是行最简阶梯形矩阵.

4.1.2 矩阵的运算

1. 矩阵的相等

定义 2 设有两个矩阵 $A=(a_{ij})_{m\times n}$，$B=(b_{ij})_{s\times k}$，当 A，B 满足：① $m=s$，$n=k$；② $a_{ij}=b_{ij}$ 时，称矩阵 A，B **相等**，记为 $A=B$，即相等矩阵必须满足行数相同、列数相同，且对应元素相等.

例 2 设 $A=\begin{pmatrix} x & 2 & -4 \\ 0 & 5 & y \end{pmatrix}$，$B=\begin{pmatrix} -2 & 2 & z \\ 0 & 5 & 1 \end{pmatrix}$，且 $A=B$，求 x，y，z.

解 由矩阵相等定义，不难得到

$$x=-2,\quad y=1,\quad z=-4.$$

2. 矩阵的加减

定义 3 设 $A=(a_{ij})_{m\times n}$，$B=(b_{ij})_{m\times n}$，则 $A\pm B=(a_{ij}\pm b_{ij})_{m\times n}$.

指点迷津

由定义可知，只有同型矩阵才能进行加减运算，其和、差仍为同型矩阵.

容易验证，矩阵的加减满足以下运算规律.

(1) $A+B=B+A$.

(2) $(A+B)+C=A+(B+C)$.

(3) $A+O=A$.

(4) $A+(-A)=O$.

例 3 设 $A=\begin{pmatrix} 3 & 1 & 2 \\ 0 & -1 & 5 \end{pmatrix}$，$B=\begin{pmatrix} 4 & -1 & 3 \\ 2 & 1 & -7 \end{pmatrix}$，求 $A+B$，$A-B$.

解

$$A+B=\begin{pmatrix} 3 & 1 & 2 \\ 0 & -1 & 5 \end{pmatrix}+\begin{pmatrix} 4 & -1 & 3 \\ 2 & 1 & -7 \end{pmatrix}=\begin{pmatrix} 3+4 & 1+(-1) & 2+3 \\ 0+2 & -1+1 & 5+(-7) \end{pmatrix}=\begin{pmatrix} 7 & 0 & 5 \\ 2 & 0 & -2 \end{pmatrix},$$

$$A-B=\begin{pmatrix}3&1&2\\0&-1&5\end{pmatrix}-\begin{pmatrix}4&-1&3\\2&1&-7\end{pmatrix}=\begin{pmatrix}3-4&1-(-1)&2-3\\0-2&-1-1&5-(-7)\end{pmatrix}=\begin{pmatrix}-1&2&-1\\-2&-2&12\end{pmatrix}.$$

利用 MATLAB 求解

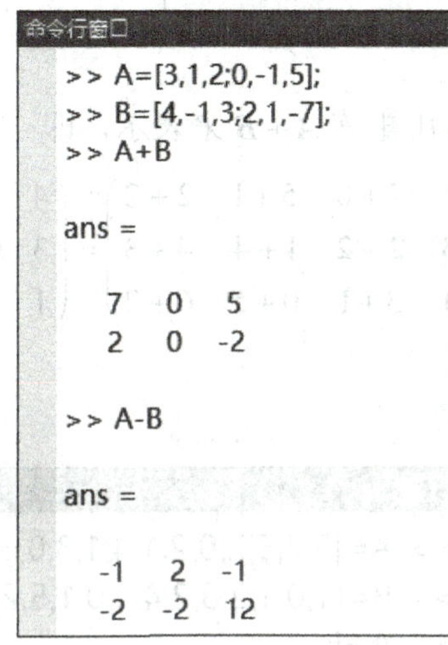

例 4　将某物质从 3 个产地调运到 4 个销售地，第一次调运方案如表 4-5 所示，第二次调运方案如表 4-6 所示，试用矩阵表示每条调运线两次共调运了多少物质.

表 4-5

产地	调运量/吨			
	销售地 a	销售地 b	销售地 c	销售地 d
A	3	7	5	2
B	0	2	1	4
C	1	3	0	6

表 4-6

产地	调运量/吨			
	销售地 a	销售地 b	销售地 c	销售地 d
A	1	0	1	2
B	3	2	4	3
C	0	1	5	2

解 用 $\boldsymbol{A}$ 矩阵表示第一次调运方案中每条调运线的调运量，$\boldsymbol{B}$ 矩阵表示第二次调运方案中每条调运线的调运量，即

$$\boldsymbol{A}=\begin{pmatrix}3&7&5&2\\0&2&1&4\\1&3&0&6\end{pmatrix},\quad \boldsymbol{B}=\begin{pmatrix}1&0&1&2\\3&2&4&3\\0&1&5&2\end{pmatrix},$$

则每条调运线的两次调运总量可用矩阵 $\boldsymbol{A}+\boldsymbol{B}$ 来表示，即

$$\boldsymbol{A}+\boldsymbol{B}=\begin{pmatrix}3+1&7+0&5+1&2+2\\0+3&2+2&1+4&4+3\\1+0&3+1&0+5&6+2\end{pmatrix}=\begin{pmatrix}4&7&6&4\\3&4&5&7\\1&4&5&8\end{pmatrix}.$$

利用 MATLAB 求解

命令行窗口

```
>> A=[3,7,5,2;0,2,1,4;1,3,0,6];
>> B=[1,0,1,2;3,2,4,3;0,1,5,2];
>> A+B

ans =

    4    7    6    4
    3    4    5    7
    1    4    5    8
```

3. 矩阵的数乘

定义 4 由数 k 乘以矩阵 $\boldsymbol{A}=(a_{ij})_{m\times n}$ 的每一个元素所得到的矩阵 $\boldsymbol{C}=(ka_{ij})_{m\times n}$ 称为数 k 与矩阵 $\boldsymbol{A}$ 的乘积，记为

$$\boldsymbol{C}=k\boldsymbol{A}=(ka_{ij})_{m\times n}.$$

若 k，l 为实数，容易验证，数与矩阵的乘法满足以下运算规律.

（1）$k(\boldsymbol{A}+\boldsymbol{B})=k\boldsymbol{A}+k\boldsymbol{B}$.

（2）$(k+l)\boldsymbol{A}=k\boldsymbol{A}+l\boldsymbol{A}$.

（3）$(kl)\boldsymbol{A}=k(l\boldsymbol{A})$.

矩阵的加减、数乘运算统称为矩阵的线性运算.

例 5　设 $\boldsymbol{A}=\begin{pmatrix}4&3&7\\6&1&5\end{pmatrix}$，$\boldsymbol{B}=\begin{pmatrix}4&-1&5\\-2&9&7\end{pmatrix}$，计算 $2\boldsymbol{A}+3\boldsymbol{B}$.

解

$$2\boldsymbol{A}+3\boldsymbol{B}=2\begin{pmatrix}4&3&7\\6&1&5\end{pmatrix}+3\begin{pmatrix}4&-1&5\\-2&9&7\end{pmatrix}=\begin{pmatrix}8&6&14\\12&2&10\end{pmatrix}+\begin{pmatrix}12&-3&15\\-6&27&21\end{pmatrix}$$

$$=\begin{pmatrix}8+12&6-3&14+15\\12-6&2+27&10+21\end{pmatrix}=\begin{pmatrix}20&3&29\\6&29&31\end{pmatrix}.$$

例 6　已知矩阵 $\boldsymbol{A}$，$\boldsymbol{B}$ 满足

$$\begin{cases}2\boldsymbol{A}+2\boldsymbol{B}=\boldsymbol{C},\\2\boldsymbol{A}-2\boldsymbol{B}=\boldsymbol{D}.\end{cases}$$

其中，$\boldsymbol{C}=\begin{pmatrix}7&10&-2\\1&-5&-10\end{pmatrix}$，$\boldsymbol{D}=\begin{pmatrix}5&-2&-6\\-5&-15&-14\end{pmatrix}$，求矩阵 $\boldsymbol{A}$，$\boldsymbol{B}$.

解　与解代数方程组一样，联立方程组并求解可得

$$\boldsymbol{A}=\frac{1}{4}(\boldsymbol{C}+\boldsymbol{D})=\frac{1}{4}\left[\begin{pmatrix}7&10&-2\\1&-5&-10\end{pmatrix}+\begin{pmatrix}5&-2&-6\\-5&-15&-14\end{pmatrix}\right]=\begin{pmatrix}3&2&-2\\-1&-5&-6\end{pmatrix},$$

$$\boldsymbol{B}=\frac{1}{4}(\boldsymbol{C}-\boldsymbol{D})=\frac{1}{4}\left[\begin{pmatrix}7&10&-2\\1&-5&-10\end{pmatrix}-\begin{pmatrix}5&-2&-6\\-5&-15&-14\end{pmatrix}\right]=\begin{pmatrix}\frac{1}{2}&3&1\\\frac{3}{2}&\frac{5}{2}&1\end{pmatrix}.$$

利用 MATLAB 求解

例 5

命令行窗口

```
>> A=[4,3,7;6,1,5];
>> B=[4,-1,5;-2,9,7];
>> 2*A+3*B

ans =

    20     3    29
     6    29    31

>>
```

例 6

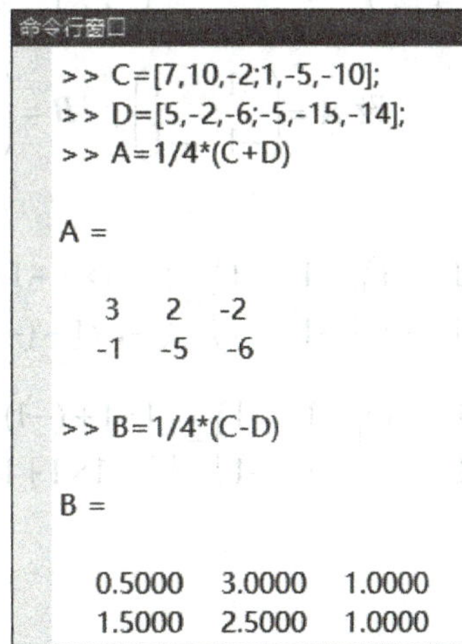

4. 矩阵的乘法

定义 5 设矩阵 $\boldsymbol{A}=(a_{ij})_{m\times l}$，$\boldsymbol{B}=(b_{ij})_{l\times n}$，则由元素

$$c_{ij}=a_{i1}b_{1j}+a_{i2}b_{2j}+\cdots+a_{il}b_{lj}\ (i=1,2,\cdots,m;\ j=1,2,\cdots,n)$$

构成的 $m\times n$ 阶矩阵 $\boldsymbol{C}=(c_{ij})_{m\times n}$ 称为矩阵 $\boldsymbol{A}$ 与 $\boldsymbol{B}$ 的乘积，记为 $\boldsymbol{C}=\boldsymbol{AB}$.

由此可见，乘积矩阵 $\boldsymbol{AB}=\boldsymbol{C}$ 中的元素 c_{ij} 就是 $\boldsymbol{A}$ 的第 i 行与 $\boldsymbol{B}$ 的第 j 列的乘积.

注意

(1) 两个矩阵必须满足前一个矩阵 $\boldsymbol{A}$ 的列数 l 与后一个矩阵 $\boldsymbol{B}$ 的行数 l 相同，才能相乘.

(2) 矩阵相乘的结果是一个新的矩阵 $\boldsymbol{C}$，其行数为前一个矩阵 $\boldsymbol{A}$ 的行数 m，列数为后一个矩阵 $\boldsymbol{B}$ 的列数 n.

例 7 设 $\boldsymbol{A}=(1\quad -2\quad 3)$，$\boldsymbol{B}=\begin{pmatrix}-1\\0\\2\end{pmatrix}$，求 $\boldsymbol{AB}$，$\boldsymbol{BA}$.

解 $\boldsymbol{AB}=(1\quad -2\quad 3)\begin{pmatrix}-1\\0\\2\end{pmatrix}=(1\times(-1)+(-2)\times 0+3\times 2)=(5)$，

$$\boldsymbol{BA}=\begin{pmatrix}-1\\0\\2\end{pmatrix}(1\quad -2\quad 3)=\begin{pmatrix}-1\times 1 & -1\times(-2) & -1\times 3\\ 0\times 1 & 0\times(-2) & 0\times 3\\ 2\times 1 & 2\times(-2) & 2\times 3\end{pmatrix}=\begin{pmatrix}-1 & 2 & -3\\ 0 & 0 & 0\\ 2 & -4 & 6\end{pmatrix}.$$

例 8 设 $\boldsymbol{A}=\begin{pmatrix}1 & 1\\ -1 & -1\end{pmatrix}$，$\boldsymbol{B}=\begin{pmatrix}1 & -1\\ -1 & 1\end{pmatrix}$，求 $\boldsymbol{AB}$，$\boldsymbol{BA}$.

解

$$\boldsymbol{AB}=\begin{pmatrix}1 & 1\\ -1 & -1\end{pmatrix}\begin{pmatrix}1 & -1\\ -1 & 1\end{pmatrix}=\begin{pmatrix}1\times 1+1\times(-1) & 1\times(-1)+1\times 1\\ -1\times 1+(-1)\times(-1) & -1\times(-1)+(-1)\times 1\end{pmatrix}=\begin{pmatrix}0 & 0\\ 0 & 0\end{pmatrix},$$

$$\boldsymbol{BA}=\begin{pmatrix}1 & -1\\ -1 & 1\end{pmatrix}\begin{pmatrix}1 & 1\\ -1 & -1\end{pmatrix}=\begin{pmatrix}1\times 1+(-1)\times(-1) & 1\times 1+(-1)\times(-1)\\ -1\times 1+1\times(-1) & -1\times 1+1\times(-1)\end{pmatrix}=\begin{pmatrix}2 & 2\\ -2 & -2\end{pmatrix}.$$

利用 MATLAB 求解

例 7

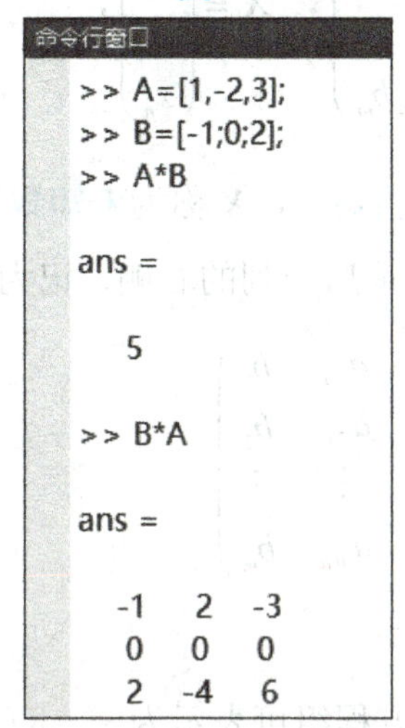

例 8

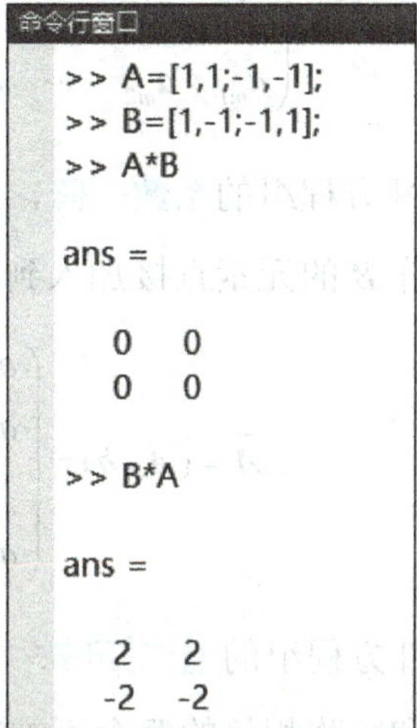

容易验证，矩阵的乘法满足以下运算规律.

（1）$(\boldsymbol{AB})\boldsymbol{C}=\boldsymbol{A}(\boldsymbol{BC})$.

（2）$k(\boldsymbol{AB})=(k\boldsymbol{A})\boldsymbol{B}=\boldsymbol{A}(k\boldsymbol{B})$，其中 k 为实数.

（3）$\boldsymbol{A}(\boldsymbol{B}+\boldsymbol{C})=\boldsymbol{AB}+\boldsymbol{AC}$.

（4）$(\boldsymbol{B}+\boldsymbol{C})\boldsymbol{A}=\boldsymbol{BA}+\boldsymbol{CA}$.

（5）$\boldsymbol{AE}=\boldsymbol{A}$，$\boldsymbol{EA}=\boldsymbol{A}$，$\boldsymbol{E}$ 为单位矩阵.

注意

（1）一般情况下，$\boldsymbol{AB}\neq\boldsymbol{BA}$，因此矩阵的乘法要分左乘和右乘. $\boldsymbol{AB}$ 读作 $\boldsymbol{A}$ 左乘 $\boldsymbol{B}$，$\boldsymbol{BA}$ 读作 $\boldsymbol{A}$ 右乘 $\boldsymbol{B}$.

（2）若 $\boldsymbol{AB}=\boldsymbol{O}$，则不能得到 $\boldsymbol{A}=\boldsymbol{O}$ 或 $\boldsymbol{B}=\boldsymbol{O}$.

5. 线性方程组的矩阵表示

有了矩阵乘法的概念，线性方程组 $\begin{cases}a_{11}x_1+a_{12}x_2+\cdots+a_{1n}x_n=b_1,\\ a_{21}x_1+a_{22}x_2+\cdots+a_{2n}x_n=b_2,\\ \cdots\cdots\\ a_{n1}x_1+a_{n2}x_2+\cdots+a_{nn}x_n=b_n\end{cases}$ 用矩阵表示就简单多了. 令

$$A=\begin{pmatrix} a_{11} & a_{12} & \cdots & a_{1n} \\ a_{21} & a_{22} & \cdots & a_{2n} \\ \vdots & \vdots & & \vdots \\ a_{m1} & a_{m2} & \cdots & a_{mn} \end{pmatrix},\quad B=\begin{pmatrix} b_1 \\ b_2 \\ \vdots \\ b_m \end{pmatrix},\quad X=\begin{pmatrix} x_1 \\ x_2 \\ \vdots \\ x_n \end{pmatrix},$$

我们将 $\boldsymbol{A}$ 称为线性方程组的系数矩阵，$\boldsymbol{B}$ 称为常数项矩阵，$\boldsymbol{X}$ 称为未知数矩阵.

将常数项矩阵 $\boldsymbol{B}$ 的元素直接加入到系数矩阵 $\boldsymbol{A}$ 最后一列的右侧，记为 $\overline{\boldsymbol{A}}=(\boldsymbol{A},\boldsymbol{b})$，即

$$\overline{A}=(A,b)=\begin{pmatrix} a_{11} & a_{12} & \cdots & a_{1n} & b_1 \\ a_{21} & a_{22} & \cdots & a_{2n} & b_2 \\ \vdots & \vdots & & \vdots & \vdots \\ a_{m1} & a_{m2} & \cdots & a_{mn} & b_m \end{pmatrix},$$

我们将它称为线性方程组的增广矩阵.

由矩阵相乘和矩阵相等的概念不难得到，线性方程组可表示为

$$AX=B.$$

由此可以看出，研究线性方程组就等于研究方程 $\boldsymbol{AX}=\boldsymbol{B}$．方程 $\boldsymbol{AX}=\boldsymbol{B}$ 的解取决于矩阵 $\boldsymbol{A}$ 与矩阵 $\boldsymbol{B}$，因此，用矩阵来研究线性方程组就很方便了.

6．矩阵的转置

定义 6 把 $m\times n$ 阶矩阵 $\boldsymbol{A}$ 的行、列互换所得到的 $n\times m$ 阶矩阵，称为矩阵 $\boldsymbol{A}$ 的转置矩阵，记为 $\boldsymbol{A}^{\mathrm{T}}$.

例如，若 $A=\begin{pmatrix} 4 & 1 & 5 \\ -7 & 2 & 6 \end{pmatrix}$，则 $A^{\mathrm{T}}=\begin{pmatrix} 4 & -7 \\ 1 & 2 \\ 5 & 6 \end{pmatrix}$.

若 k 为实数，容易验证，矩阵的转置满足以下运算规律.

（1）$(A^{\mathrm{T}})^{\mathrm{T}}=A$.

（2）$(A+B)^{\mathrm{T}}=A^{\mathrm{T}}+B^{\mathrm{T}}$.

（3）$(kA)^{\mathrm{T}}=kA^{\mathrm{T}}$.

（4）$(AB)^{\mathrm{T}}=B^{\mathrm{T}}A^{\mathrm{T}}$.

4.1.3 数学建模案例赏析

产品的总收益模型

1. 实际问题

某商场电子柜台 5 月部分产品的单价和销量如表 4-7 所示，求销售这几种产品的总收益.

表 4-7

产品	单价/元	销量/个
平板电脑	1 200	80
移动硬盘	360	100
点读机	800	200

2. 模型假设

（1）在整个 5 月，产品没有涨价或者降价.

（2）产品没有质量问题.

3. 模型建立

若用矩阵 $\boldsymbol{P}=\begin{pmatrix}1\,200\\360\\800\end{pmatrix}$ 表示产品的单价，用矩阵 $\boldsymbol{Q}=\begin{pmatrix}80\\100\\200\end{pmatrix}$ 表示产品的销量，则 $\boldsymbol{P}$ 的转置矩阵 $\boldsymbol{P}^{\mathrm{T}}$ 与 $\boldsymbol{Q}$ 相乘表示销售这几种产品的总收益，即

$$\boldsymbol{R}=\boldsymbol{P}^{\mathrm{T}}\boldsymbol{Q}=(1\,200\ \ 360\ \ 800)\begin{pmatrix}80\\100\\200\end{pmatrix}.$$

4. 模型求解

根据矩阵的乘法运算，可得

$$\boldsymbol{R}=(1\,200\times80+360\times100+800\times200)=(292\,000).$$

5. 模型分析

由以上计算可知，销售这几种产品的总收益为 292 000 元.

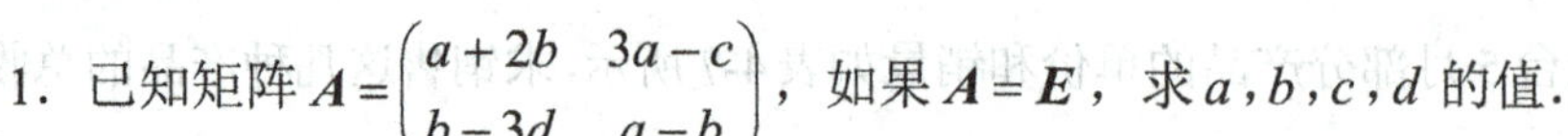

习题 4.1

1. 已知矩阵 $\boldsymbol{A}=\begin{pmatrix} a+2b & 3a-c \\ b-3d & a-b \end{pmatrix}$，如果 $\boldsymbol{A}=\boldsymbol{E}$，求 a,b,c,d 的值.

2. 某仓库中维生素 C 和维生素 E 的库存量如表 4-8 所示，试用一个矩阵表示这一信息.

表 4-8

品类	库存量/瓶		
	100 片/瓶	200 片/瓶	300 片/瓶
维生素 C	22	19	16
维生素 E	18	15	13

3. 判断下列矩阵是否为行最简阶梯形矩阵.

（1）$\begin{pmatrix} 1 & -1 & -1 & 1 \\ 0 & -1 & 1 & -3 \\ 0 & 0 & 0 & 3 \end{pmatrix}$.　　（2）$\begin{pmatrix} 1 & 0 & 3 & 1 \\ 0 & 1 & 5 & 4 \\ 0 & 0 & 4 & -1 \end{pmatrix}$.

4. 已知 $\boldsymbol{A}=\begin{pmatrix} 3 & 1 & 0 \\ -1 & 2 & 0 \\ 3 & 4 & 2 \end{pmatrix}$，$\boldsymbol{B}=\begin{pmatrix} 1 & 0 & 2 \\ -1 & 1 & 1 \\ 2 & 1 & 1 \end{pmatrix}$，求 $\frac{3}{2}\boldsymbol{A}-\frac{1}{2}\boldsymbol{B}$.

5. 设 $\boldsymbol{A}=\begin{pmatrix} 2 & 4 \\ 1 & 2 \end{pmatrix}$，$\boldsymbol{B}=\begin{pmatrix} 2 & -2 \\ -1 & 1 \end{pmatrix}$，求 $\boldsymbol{AB}$，$\boldsymbol{BA}$.

6. 设 $\boldsymbol{A}=\begin{pmatrix} 2 & 0 & -1 \\ 1 & 3 & 2 \end{pmatrix}$，$\boldsymbol{B}=\begin{pmatrix} 1 & 7 & -1 \\ 4 & 2 & 3 \\ 2 & 0 & 1 \end{pmatrix}$，求 $(\boldsymbol{AB})^{\mathrm{T}}$.

4.2 矩阵的初等变换

知识目标

（1）了解矩阵的秩的概念.

（2）理解逆矩阵的概念及性质.

（3）掌握初等变换的概念.

能力目标

（1）能结合矩阵知识求矩阵的秩、逆矩阵.

（2）能运用矩阵知识解决实际问题.

素质目标

（1）培养由繁化简、由简及繁、由烦化趣、由趣融烦的职业素养.

（2）培养分析问题、解决问题的能力和归纳总结能力.

引例 （浓度问题）已知工业生产中的某道工序需要浓度为86%的硫酸溶液100 g，现有两种硫酸溶液，浓度分别为90%和70%，问两种浓度的硫酸溶液各取多少克才能满足要求？

解 设浓度为90%和70%的硫酸溶液各取x_1 g和x_2 g，则

$$\begin{cases} x_1+x_2=100, \\ 0.9x_1+0.7x_2=86, \end{cases}$$

通过加减消元，可得原方程组的解为$x_1=80$，$x_2=20$.

实际上，利用加减消元法解方程组时，经常会用到以下三种同解变换.

（1）互换变形：交换方程组中某两个方程的位置.

（2）倍乘变形：用一个非零常数k乘以某一个方程.

（3）倍加变形：将一个方程的倍数加到另一个方程上.

以上三种运算都不会改变方程组的解，我们称之为方程组的初等变换.

类似于上述三种同解变换，矩阵的初等变换也有三种.

4.2.1 初等变换的概念

矩阵的初等变换

定义 1 以下三种变换都称为矩阵的初等行变换.

（1）互换矩阵某两行的位置，记为$r_i \leftrightarrow r_j$.

（2）用一个非零数k乘以矩阵的某一行，记为kr_i.

（3）将矩阵某一行的k倍加到另一行上（第i行的k倍加到第j行上），记为$r_j + kr_i$.

把定义 1 中的“行”换成“列”，并把所有记号“r”换成“c”，即得到矩阵的初等列变换. 矩阵的初等行变换与矩阵的初等列变换统称为矩阵的初等变换.

本章只介绍初等行变换.

例如，设矩阵$\boldsymbol{A}=\begin{pmatrix} a_1 & a_2 \\ b_1 & b_2 \\ c_1 & c_2 \end{pmatrix}$，其初等行变换如下.

（1）互换$\boldsymbol{A}$的第 1 行和第 2 行的位置，得

$$\begin{pmatrix} a_1 & a_2 \\ b_1 & b_2 \\ c_1 & c_2 \end{pmatrix} \xrightarrow{r_1 \leftrightarrow r_2} \begin{pmatrix} b_1 & b_2 \\ a_1 & a_2 \\ c_1 & c_2 \end{pmatrix}.$$

（2）用一个非零常数k乘以矩阵$\boldsymbol{A}$的第 2 行，得

$$\begin{pmatrix} a_1 & a_2 \\ b_1 & b_2 \\ c_1 & c_2 \end{pmatrix} \xrightarrow{r_2 \times k} \begin{pmatrix} a_1 & a_2 \\ kb_1 & kb_2 \\ c_1 & c_2 \end{pmatrix}.$$

（3）将矩阵$\boldsymbol{A}$第 1 行的k倍加到第 3 行上，得

$$\begin{pmatrix} a_1 & a_2 \\ b_1 & b_2 \\ c_1 & c_2 \end{pmatrix} \xrightarrow{r_3 + kr_1} \begin{pmatrix} a_1 & a_2 \\ b_1 & b_2 \\ c_1 + ka_1 & c_2 + ka_2 \end{pmatrix}.$$

定理 1 任何$m \times n$阶非零矩阵$\boldsymbol{A}$都可以通过初等行变换化成$m \times n$阶行阶梯形矩阵，并且能进一步化为$m \times n$阶行最简阶梯形矩阵.

例 1 将矩阵$\boldsymbol{A}=\begin{pmatrix} 1 & -1 & 2 & 2 \\ -1 & -1 & 2 & 0 \\ 3 & 1 & -2 & 2 \end{pmatrix}$化为行最简阶梯形矩阵.

解　$A=\begin{pmatrix}1&-1&2&2\\-1&-1&2&0\\3&1&-2&2\end{pmatrix}\xrightarrow[r_3-3r_1]{r_2+r_1}\begin{pmatrix}1&-1&2&2\\0&-2&4&2\\0&4&-8&-4\end{pmatrix}\xrightarrow{r_3+2r_2}\begin{pmatrix}1&-1&2&2\\0&-2&4&2\\0&0&0&0\end{pmatrix}$

$$\xrightarrow{r_2\times\left(-\frac{1}{2}\right)}\begin{pmatrix}1&-1&2&2\\0&1&-2&-1\\0&0&0&0\end{pmatrix}\xrightarrow{r_1+r_2}\begin{pmatrix}1&0&0&1\\0&1&-2&-1\\0&0&0&0\end{pmatrix}.$$

利用 MATLAB 求解

命令行窗口

```
>> A=[1,-1,2,2;-1,-1,2,0;3,1,-2,2];
>> rref(A)

ans =

     1     0     0     1
     0     1    -2    -1
     0     0     0     0
```

4.2.2　矩阵的秩

定义 2　矩阵 $\boldsymbol{A}$ 的行阶梯形矩阵的非零行行数称为矩阵 $\boldsymbol{A}$ 的秩，记为秩$(\boldsymbol{A})$或 $r(\boldsymbol{A})$．特别地，当 $\boldsymbol{A}=\boldsymbol{O}$ 时，规定 $r(\boldsymbol{A})=0$．

定理 2　矩阵的初等行变换不改变矩阵的秩.

由此可知，可以通过实施初等行变换来求矩阵的秩．例如，例 1 中矩阵 $\boldsymbol{A}$ 的秩为 $r(\boldsymbol{A})=2$．

定义 3　对于 n 阶方阵 $\boldsymbol{A}$，如果 $r(\boldsymbol{A})=n$，则称 $\boldsymbol{A}$ 为满秩矩阵.

定理 3　任何一个满秩矩阵都能通过初等行变换化为单位矩阵.

例 2　求以下矩阵的秩.

（1）$\boldsymbol{A}=\begin{pmatrix}2&1&3&0&5\\0&0&-1&1&1\\0&0&0&1&2\\0&0&0&0&0\end{pmatrix}$．　（2）$\boldsymbol{B}=\begin{pmatrix}3\\0\\1\end{pmatrix}$．　（3）$\boldsymbol{E}_4=\begin{pmatrix}1&0&0&0\\0&1&0&0\\0&0&1&0\\0&0&0&1\end{pmatrix}$．

解 （1）$\boldsymbol{A}$ 是行阶梯形矩阵，可直接判断 $r(\boldsymbol{A})=3$.

（2）$\boldsymbol{B}$ 是列矩阵，它的行阶梯形矩阵是 $\begin{pmatrix}3\\0\\0\end{pmatrix}$，故 $r(\boldsymbol{B})=1$.

（3）$\boldsymbol{E}_4$ 是4阶方阵，也是行阶梯形矩阵，所以 $r(\boldsymbol{E}_4)=4$，$\boldsymbol{E}_4$ 是满秩矩阵.

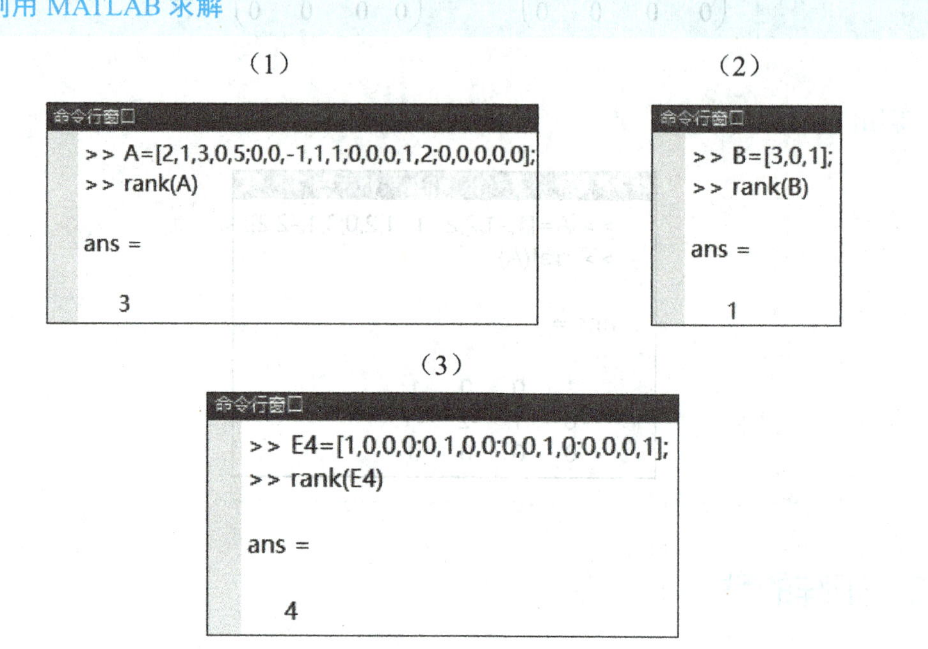

例 3 设矩阵 $\boldsymbol{C}=\begin{pmatrix}1&3&-1&-2\\2&-1&2&3\\3&2&1&1\end{pmatrix}$，求 $\boldsymbol{C}$ 和 $\boldsymbol{C}^{\mathrm{T}}$ 的秩.

解 由已知不能直接判断 $\boldsymbol{C}$ 和 $\boldsymbol{C}^{\mathrm{T}}$ 的秩是多少，可先对它们实施初等行变换使其化为行阶梯形矩阵，再进行判断.

$$\boldsymbol{C}=\begin{pmatrix}1&3&-1&-2\\2&-1&2&3\\3&2&1&1\end{pmatrix}\xrightarrow[r_3-3r_1]{r_2-2r_1}\begin{pmatrix}1&3&-1&-2\\0&-7&4&7\\0&-7&4&7\end{pmatrix}\xrightarrow{r_3-r_2}\begin{pmatrix}1&3&-1&-2\\0&-7&4&7\\0&0&0&0\end{pmatrix}.$$

$$\boldsymbol{C}^{\mathrm{T}}=\begin{pmatrix}1&2&3\\3&-1&2\\-1&2&1\\-2&3&1\end{pmatrix}\xrightarrow[\substack{r_3+r_1\\r_4+2r_1}]{r_2-3r_1}\begin{pmatrix}1&2&3\\0&-7&-7\\0&4&4\\0&7&7\end{pmatrix}\xrightarrow[r_4+r_2]{r_3+\frac{4}{7}r_2}\begin{pmatrix}1&2&3\\0&-7&-7\\0&0&0\\0&0&0\end{pmatrix}.$$

所以，$r(\boldsymbol{C})=2$，$r(\boldsymbol{C}^{\mathrm{T}})=2$.

利用 MATLAB 求解

```
命令行窗口
>> C=[1,3,-1,-2;2,-1,2,3;3,2,1,1];
>> rank(C)

ans =

     2

>> rank(C')

ans =

     2
```

由例 3 可知，矩阵 $\boldsymbol{C}$ 与它的转置矩阵 $\boldsymbol{C}^{\mathrm{T}}$ 的秩相等，容易证明这一结论具有一般性.

4.2.3　逆矩阵

1. 逆矩阵的概念

定义 4　对于 n 阶方阵 $\boldsymbol{A}$，如果存在另一个方阵 $\boldsymbol{B}$，使得

$$\boldsymbol{AB}=\boldsymbol{BA}=\boldsymbol{E}\ ,$$

则称方阵 $\boldsymbol{A}$ 是可逆的，并称方阵 $\boldsymbol{B}$ 是方阵 $\boldsymbol{A}$ 的逆矩阵，记为 $\boldsymbol{A}^{-1}$，即

$$\boldsymbol{A}^{-1}=\boldsymbol{B}\text{ 且 }\boldsymbol{AA}^{-1}=\boldsymbol{A}^{-1}\boldsymbol{A}=\boldsymbol{E}\ .$$

并非所有的方阵都存在逆矩阵，例如，零矩阵就不存在逆矩阵，矩阵 $\begin{pmatrix}1 & 0\\ -1 & 0\end{pmatrix}$ 也不存在逆矩阵.

定理 4　方阵 $\boldsymbol{A}$ 可逆的充分必要条件是 $\boldsymbol{A}$ 为满秩矩阵.

定理 5　如果方阵 $\boldsymbol{A}$ 是可逆的，则 $\boldsymbol{A}$ 的逆矩阵是唯一的.

注意

如果要验证方阵 $\boldsymbol{B}$ 是方阵 $\boldsymbol{A}$ 的逆矩阵，只需验证 $\boldsymbol{AB}=\boldsymbol{E}$ 或 $\boldsymbol{BA}=\boldsymbol{E}$，且两者之一成立即可.

2. 用初等变换求逆矩阵

定理 6 如果 n 阶方阵 A 可逆，将 A 和 n 阶单位矩阵 E 合写为一个 $n\times 2n$ 阶矩阵 $(A\vdots E)$，然后对它实施一系列初等行变换，当左边的矩阵 A 变成单位矩阵时，右边的矩阵 E 就变成 A 的逆矩阵 A^{-1}，即

$$(A\vdots E)\xrightarrow{\text{初等行变换}}\cdots\xrightarrow{\text{初等行变换}}(E\vdots A^{-1}).$$

定理 6 给出了求逆矩阵的一种方法，即初等变换法.

例 4 用初等变换法求 $A=\begin{pmatrix}-1 & 2\\ 3 & -6\end{pmatrix}$ 的逆矩阵.

解 $(A\vdots E)=\left(\begin{array}{cc:cc}-1 & 2 & 1 & 0\\ 3 & -6 & 0 & 1\end{array}\right)\xrightarrow{r_2+3r_1}\left(\begin{array}{cc:cc}-1 & 2 & 1 & 0\\ 0 & 0 & 3 & 1\end{array}\right).$

$(A\vdots E)$ 中的左半边经过初等行变换后出现零行，说明 A 不是满秩矩阵，即 A 不可逆，故所求逆矩阵不存在.

例 5 用初等变换法求 $A=\begin{pmatrix}0 & 1 & 2\\ 1 & 1 & 4\\ 2 & -1 & 0\end{pmatrix}$ 的逆矩阵.

解 $(A\vdots E)=\left(\begin{array}{ccc:ccc}0 & 1 & 2 & 1 & 0 & 0\\ 1 & 1 & 4 & 0 & 1 & 0\\ 2 & -1 & 0 & 0 & 0 & 1\end{array}\right)\xrightarrow{r_1\leftrightarrow r_2}\left(\begin{array}{ccc:ccc}1 & 1 & 4 & 0 & 1 & 0\\ 0 & 1 & 2 & 1 & 0 & 0\\ 2 & -1 & 0 & 0 & 0 & 1\end{array}\right)$

$$\xrightarrow{r_3-2r_1}\left(\begin{array}{ccc:ccc}1 & 1 & 4 & 0 & 1 & 0\\ 0 & 1 & 2 & 1 & 0 & 0\\ 0 & -3 & -8 & 0 & -2 & 1\end{array}\right)\xrightarrow[r_1-r_2]{r_3+3r_2}\left(\begin{array}{ccc:ccc}1 & 0 & 2 & -1 & 1 & 0\\ 0 & 1 & 2 & 1 & 0 & 0\\ 0 & 0 & -2 & 3 & -2 & 1\end{array}\right)$$

$$\xrightarrow[r_1+r_3]{r_2+r_3}\left(\begin{array}{ccc:ccc}1 & 0 & 0 & 2 & -1 & 1\\ 0 & 1 & 0 & 4 & -2 & 1\\ 0 & 0 & -2 & 3 & -2 & 1\end{array}\right)\xrightarrow{r_3\times\left(-\frac{1}{2}\right)}\left(\begin{array}{ccc:ccc}1 & 0 & 0 & 2 & -1 & 1\\ 0 & 1 & 0 & 4 & -2 & 1\\ 0 & 0 & 1 & -\frac{3}{2} & 1 & -\frac{1}{2}\end{array}\right)$$

$=(E\vdots A^{-1}).$

所以 A 的逆矩阵为

$$A^{-1}=\begin{pmatrix}2 & -1 & 1\\ 4 & -2 & 1\\ -\frac{3}{2} & 1 & -\frac{1}{2}\end{pmatrix}.$$

例 6 设 $\boldsymbol{A}=\begin{pmatrix}1&1&0\\2&1&-1\\3&4&2\end{pmatrix}$，$\boldsymbol{B}=\begin{pmatrix}0&1\\1&0\\-2&3\end{pmatrix}$，若 $\boldsymbol{AX}=\boldsymbol{B}$，求 $\boldsymbol{X}$.

解 若 $\boldsymbol{A}$ 可逆，则 $\boldsymbol{AX}=\boldsymbol{B}\Rightarrow\boldsymbol{A}^{-1}\boldsymbol{AX}=\boldsymbol{A}^{-1}\boldsymbol{B}\Rightarrow\boldsymbol{EX}=\boldsymbol{A}^{-1}\boldsymbol{B}\Rightarrow\boldsymbol{X}=\boldsymbol{A}^{-1}\boldsymbol{B}$.

因为 $(\boldsymbol{A}\vdots\boldsymbol{E})=\left(\begin{array}{ccc:ccc}1&1&0&1&0&0\\2&1&-1&0&1&0\\3&4&2&0&0&1\end{array}\right)\to\cdots\to\left(\begin{array}{ccc:ccc}1&0&0&-6&2&1\\0&1&0&7&-2&-1\\0&0&1&-5&1&1\end{array}\right)$，所以

$$\boldsymbol{A}^{-1}=\begin{pmatrix}-6&2&1\\7&-2&-1\\-5&1&1\end{pmatrix}.$$

于是

$$\boldsymbol{X}=\boldsymbol{A}^{-1}\boldsymbol{B}=\begin{pmatrix}-6&2&1\\7&-2&-1\\-5&1&1\end{pmatrix}\begin{pmatrix}0&1\\1&0\\-2&3\end{pmatrix}=\begin{pmatrix}0&-3\\0&4\\-1&-2\end{pmatrix}.$$

利用 MATLAB 求解

例 5 例 6

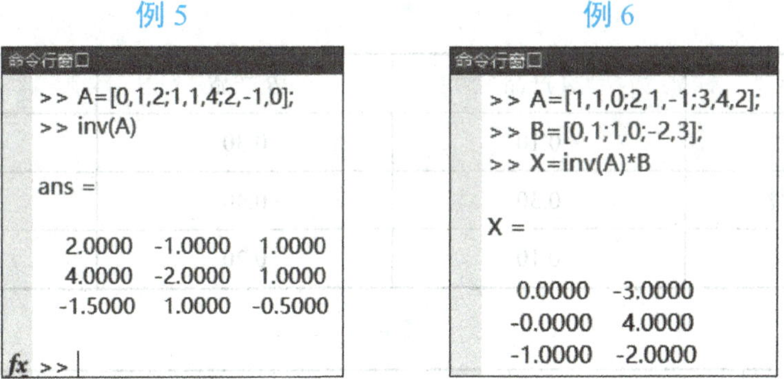

3. 逆矩阵的运算法则

设 $\boldsymbol{A}$，$\boldsymbol{B}$ 均为 n 阶可逆方阵，由逆矩阵的概念，不难得到以下运算法则.

（1）$(\boldsymbol{A}^{-1})^{-1}=\boldsymbol{A}$.

（2）$(k\boldsymbol{A})^{-1}=\dfrac{1}{k}\boldsymbol{A}^{-1}$，其中 k 为不等于 0 的常数.

（3）$(\boldsymbol{AB})^{-1}=\boldsymbol{B}^{-1}\boldsymbol{A}^{-1}$.

（4）$(\boldsymbol{A}^{\mathrm{T}})^{-1}=(\boldsymbol{A}^{-1})^{\mathrm{T}}$.

思想火炬

矩阵在初等变换过程中，形式虽变了但秩不变，就是所谓“形变质不变”思想. 在实际生活中，遇事只有化繁为简，化难为易，化未知为已知，以“不变”为根、为纽带，以“变”为契机、为突破，才能寻找到解决问题的最佳途径.

4.2.4 数学建模案例赏析

生产成本模型

1. 实际问题

某工厂生产 A,B,C 三种产品，每种产品的原料费、工资支付费、管理费如表 4-9 所示，每季度生产每种产品的数量如表 4-10 所示.

表 4-9　　单位：元/个

成本	A 产品	B 产品	C 产品
原料费	0.10	0.30	0.15
工资支付费	0.30	0.40	0.25
管理费	0.10	0.20	0.15

表 4-10　　单位：个

产品	第一季度	第二季度	第三季度	第四季度
A	4 000	4 500	4 500	4 000
B	2 000	2 600	2 400	2 200
C	5 800	6 200	6 000	6 000

该工厂希望在股东会议上用一个表格直观地展示以下数据.

（1）每一季度中每类费用的总数.

（2）每一季度中三类费用的总数.

（3）一年中每类费用的总数.

2. 模型假设

（1）在一年内，该工厂生产运转正常，没有出现事故，没有遭到自然灾害和社会问题的干扰.

（2）产品质量都合格.

3. 模型建立

将表 4-9、表 4-10 分别表示为矩阵 $\boldsymbol{M}$ 和 $\boldsymbol{P}$，即

$$\boldsymbol{M}=\begin{pmatrix}0.10 & 0.30 & 0.15\\ 0.30 & 0.40 & 0.25\\ 0.10 & 0.20 & 0.15\end{pmatrix},\quad \boldsymbol{P}=\begin{pmatrix}4\,000 & 4\,500 & 4\,500 & 4\,000\\ 2\,000 & 2\,600 & 2\,400 & 2\,200\\ 5\,800 & 6\,200 & 6\,000 & 6\,000\end{pmatrix}.$$

$\boldsymbol{M}$ 与 $\boldsymbol{P}$ 相乘得

$$\boldsymbol{MP}=\begin{pmatrix}1\,870 & 2\,160 & 2\,070 & 1\,960\\ 3\,450 & 3\,940 & 3\,810 & 3\,580\\ 1\,670 & 1\,900 & 1\,830 & 1\,740\end{pmatrix},$$

$\boldsymbol{MP}$ 中的第一行元素表示每一季度生产三种产品的总原料费；第二行元素表示每一季度生产三种产品的总工资支付费；第三行元素表示每一季度生产三种产品的总管理费. $\boldsymbol{MP}$ 中每一行元素相加得到一年中每类费用的总数；每一列相加得到每一季度中三类费用的总数.

4. 模型求解

由以上内容，可汇总出如表 4-11 所示的总费用.

表 4-11　　单位：元

费用种类	第一季度	第二季度	第三季度	第四季度	全年
原料费	1 870	2 160	2 070	1 960	8 060
工资支付费	3 450	3 940	3 810	3 580	14 780
管理费	1 670	1 900	1 830	1 740	7 140
总计	6 990	8 000	7 710	7 280	29 980

5. 模型分析

由表 4-11 可以直观地得出以下结论.

（1）一、二、三、四季度生产三种产品的总原料费分别为 1 870 元、2 160 元、2 070 元、1 960 元；这一年生产产品的总原料费为 8 060 元.

（2）一、二、三、四季度生产三种产品的总工资支付费分别为 3 450 元、3 940 元、3 810 元、3 580 元；这一年生产产品的总工资支付费为 14 780 元.

（3）一、二、三、四季度生产三种产品的总管理费分别为 1 670 元、1 900 元、1 830 元、1 740 元；这一年生产产品的总管理费为 7 140 元.

（4）第一季度生产三种产品的总费用为 6 990 元；第二季度生产三种产品的总费用为 8 000 元；第三季度生产三种产品的总费用为 7 710 元；第四季度生产三种产品的总费用为 7 280 元；全年生产三种产品的总费用为 29 980 元.

习题 4.2

1．求出下列矩阵的秩.

（1）$\begin{pmatrix} 1 & -1 & 1 & 2 \\ 2 & 3 & 3 & 2 \\ 1 & 1 & 2 & 1 \end{pmatrix}$.　　（2）$\begin{pmatrix} 1 & 3 & -1 & -2 \\ 2 & -1 & 2 & 3 \\ 3 & 2 & 1 & 1 \\ 1 & -4 & 3 & 5 \end{pmatrix}$.

2．求出下列矩阵的逆矩阵.

（1）$\begin{pmatrix} 1 & 2 & -1 \\ 2 & -3 & 1 \\ 4 & 1 & -1 \end{pmatrix}$.　　（2）$\begin{pmatrix} 1 & -3 & 2 \\ 2 & 1 & -1 \\ 3 & 1 & 1 \end{pmatrix}$.

3．设 $\boldsymbol{A}=\begin{pmatrix} 2 & 5 \\ 1 & 3 \end{pmatrix}$，$\boldsymbol{B}=\begin{pmatrix} 4 & -6 \\ 2 & 1 \end{pmatrix}$，求解下列矩阵方程.

（1）$\boldsymbol{AX}=\boldsymbol{B}$.

（2）$\boldsymbol{XA}=\boldsymbol{B}$.

4．已知 $\boldsymbol{A}=\begin{pmatrix} 0 & 1 & 0 \\ -1 & 1 & 1 \\ -1 & 0 & -1 \end{pmatrix}$，$\boldsymbol{B}=\begin{pmatrix} 1 & -1 \\ 2 & 0 \\ 5 & -3 \end{pmatrix}$，且满足 $\boldsymbol{AX}+\boldsymbol{B}=\boldsymbol{X}$，求 $\boldsymbol{X}$.

5．已知矩阵 $\boldsymbol{A}=\begin{pmatrix}1 & 4 & -1\\ 0 & 3 & 2\end{pmatrix}$，$\boldsymbol{B}=\begin{pmatrix}2 & 1\\ -1 & 4\\ 0 & 3\end{pmatrix}$，求 $[(\boldsymbol{AB})^{\mathrm{T}}]^{-1}$．

6．设矩阵 $\boldsymbol{A}=\begin{pmatrix}0 & -1 & -3\\ -2 & -2 & -7\\ -3 & -4 & -8\end{pmatrix}$，求 $(\boldsymbol{E}-\boldsymbol{A})^{-1}$．

本章小结

1．学习的主要内容

本章内容主要包括矩阵的概念及运算、矩阵的初等变换．

2．重点与难点

学习重点：矩阵的概念与运算、矩阵的初等行变换．

学习难点：矩阵的乘法运算、矩阵的秩的概念、逆矩阵的运算．

3．学习策略

（1）从实例理解矩阵的概念与运算，掌握矩阵满足的运算规律与不满足的运算规律．

（2）矩阵的初等行变换是一种非常重要的变换，我们可以用它求矩阵的阶梯形矩阵、矩阵的秩和逆矩阵等．

数学文化（四）　千年世界名题——“百钱买百鸡”问题

“百钱买百鸡”问题出自《算经》，至今已有千年的历史。问题如下：今有鸡翁一，值钱五；鸡母一，值钱三；鸡雏三，值钱一，凡百钱买鸡百只，问鸡翁、母、雏各几何？这段话的意思是：公鸡 5 块钱 1 只；母鸡 3 块钱 1 只；小鸡 1 块钱 3 只，现在要用 100 块钱买 100 只鸡，问公鸡、母鸡、小鸡各买几只？

设公鸡、母鸡、小鸡各买 x，y，z 只，则有线性不定方程组

$$\begin{cases}5x+3y+\dfrac{1}{3}z=100,\\ x+y+z=100.\end{cases}$$

消去 z，再化简，即得

$$7x+4y=100\,.$$

从这个二元一次不定方程出发，就很容易求出其正整数解．该问题有三组正整数解，即

$$\begin{cases}x=4,\\y=18,\\z=78,\end{cases}\quad\begin{cases}x=8,\\y=11,\\z=81,\end{cases}\quad\begin{cases}x=12,\\y=4,\\z=84.\end{cases}$$

《算经》中有一句话：“鸡翁每增四，鸡母每减七，鸡雏每益三，即得．”这句话道破了三组解 x，y，z 之间的增减变化，即

$$\begin{cases}x=4\xrightarrow{\text{增}4}\\y=18\xrightarrow{\text{减}7}\\z=78\xrightarrow{\text{益}3}\end{cases}\begin{cases}x=8\xrightarrow{\text{增}4}\\y=11\xrightarrow{\text{减}7}\\z=81\xrightarrow{\text{益}3}\end{cases}\begin{cases}x=12,\\y=4,\\z=84.\end{cases}$$

经过 1 500 年，我国的数论专家闵嗣鹤和严士健合著了《初等数论》，在提到本问题时，又补充了一组解，即 $\begin{cases}x=0,\\y=25,\\z=75.\end{cases}$ 这就把原先的正整数解推广到非负整数解了．这组新解与原来的三组解之间仍然符合“增四、减七、益三”的规律，即

$$\begin{cases}x=0\xrightarrow{\text{增}4}\\y=25\xrightarrow{\text{减}7}\\z=75\xrightarrow{\text{益}3}\end{cases}\begin{cases}x=4\xrightarrow{\text{增}4}\\y=18\xrightarrow{\text{减}7}\\z=78\xrightarrow{\text{益}3}\end{cases}\begin{cases}x=8\xrightarrow{\text{增}4}\\y=11\xrightarrow{\text{减}7}\\z=81\xrightarrow{\text{益}3}\end{cases}\begin{cases}x=12,\\y=4,\\z=84.\end{cases}$$

按此思路继续下去，还可以得出 $\begin{cases}x=-4,\\y=32,\\z=72.\end{cases}$ 此时，可以理解为卖掉 4 只公鸡的同时，买回 32 只母鸡和 72 只小鸡．这使得该问题的解从正整数解推广到整数解．

当然，我们可以按此规律找出这个不定方程组的无穷多解，具体的参数表达式为

$$\begin{cases}x=4t,\\y=25-7t,(t\text{为任意整数}).\\z=75+3t\end{cases}$$

接下来我们用线性方程组的一般解法得到这个结果．

$$(\boldsymbol{A},\boldsymbol{b})=\begin{pmatrix}5&3&1/3&100\\1&1&1&100\end{pmatrix}\xrightarrow{r_1\leftrightarrow r_2}\begin{pmatrix}1&1&1&100\\5&3&1/3&100\end{pmatrix}\xrightarrow{r_2-3r_1}\begin{pmatrix}1&1&1&100\\2&0&-8/3&-200\end{pmatrix}$$

$$\xrightarrow{r_2\times\left(-\frac{3}{8}\right)}\begin{pmatrix}1 & 1 & 1 & 100\\ -3/4 & 0 & 1 & 75\end{pmatrix}\xrightarrow{r_1-r_2}\begin{pmatrix}7/4 & 1 & 0 & 25\\ -3/4 & 0 & 1 & 75\end{pmatrix}.$$

所以，一般解为$\begin{cases}y=25-\dfrac{7}{4}x,\\ z=75+\dfrac{3}{4}x.\end{cases}$令 $x=4t$，即得$\begin{cases}x=4t,\\ y=25-7t,(t\text{为任意整数}).\\ z=75+3t\end{cases}$

此时，“百钱买百鸡”问题便成为一个数学问题.

复习题 4

1. 填空题

（1）设 $\boldsymbol{A}=\begin{pmatrix}1 & 1\\ 0 & 1\end{pmatrix}$，$\boldsymbol{B}=\begin{pmatrix}-1 & 2\\ 1 & 1\end{pmatrix}$，则 $(\boldsymbol{AB})^{\mathrm{T}}=$____________.

（2）设 $\boldsymbol{A}=\begin{pmatrix}1 & 0 & 3\\ 0 & 2 & 1\\ 0 & 0 & 1\end{pmatrix}$，$\boldsymbol{B}=\begin{pmatrix}1 & 0 & 0\\ 0 & 2 & 1\\ 3 & 0 & 1\end{pmatrix}$，则 $(\boldsymbol{A}+\boldsymbol{B})(\boldsymbol{A}-\boldsymbol{B})=$____________；

$\boldsymbol{A}^2-\boldsymbol{B}^2=$____________.

（3）设 $\boldsymbol{A}=\begin{pmatrix}0 & 1 & 2\\ 2 & 1 & 3\\ 1 & -1 & 0\end{pmatrix}$，$\boldsymbol{B}=\begin{pmatrix}0 & 1\\ 1 & 0\\ 0 & 1\end{pmatrix}$，则 $\boldsymbol{AB}=$____________.

2. 选择题

（1）设 $\boldsymbol{A},\boldsymbol{B}$ 均为 n 阶方阵，则 $(\boldsymbol{A}+\boldsymbol{B})(\boldsymbol{A}-\boldsymbol{B})=\boldsymbol{A}^2-\boldsymbol{B}^2$ 的充要条件是（　　）.

A. $\boldsymbol{A}=\boldsymbol{E}$　　B. $\boldsymbol{B}=\boldsymbol{O}$

C. $\boldsymbol{AB}=\boldsymbol{BA}$　　D. $\boldsymbol{A}=\boldsymbol{B}$

（2）已知矩阵 $\boldsymbol{A}=\begin{pmatrix}1 & -3 & 4\\ 1 & 1 & -2\end{pmatrix}$，$\boldsymbol{B}=\begin{pmatrix}1 & 3\\ 0 & 4\\ 2 & -1\end{pmatrix}$，则 $\boldsymbol{AB}$ 是（　　）矩阵.

A. 3 行 2 列　　B. 3 行 3 列

C. 2 行 2 列　　D. 2 行 3 列

3. 计算题

（1）求下列矩阵的秩.

① $A=\begin{pmatrix}2&1&-1&1&4\\0&3&1&8&0\\0&0&0&1&2\\0&0&0&0&0\end{pmatrix}$.　　② $B=\begin{pmatrix}1&-1&1&2\\1&1&2&1\\2&0&3&2\end{pmatrix}$.

（2）已知矩阵 $A=\begin{pmatrix}2&1&-3\\1&2&-2\\-1&3&2\end{pmatrix}$，$B=\begin{pmatrix}1&-1\\2&0\\-2&5\end{pmatrix}$，求矩阵 X，使 $AX=B$.

（3）用初等行变换求下列矩阵的逆矩阵.

① $A=\begin{pmatrix}0&-2&1\\3&8&-2\\1&3&0\end{pmatrix}$.　　② $B=\begin{pmatrix}1&2&2\\3&1&0\\-1&-1&-1\end{pmatrix}$.

（4）设 $A=\begin{pmatrix}2&1&1\\1&3&1\\1&1&4\end{pmatrix}$，且三阶方阵 B 满足 $A+B=AB$，求 B.

（5）设 $A=\begin{pmatrix}x&1&1\\1&x&1\\1&1&x\end{pmatrix}$，求 $r(A)$.

第 5 章 简单线性规划及其应用

本章寄语

线性规划是进行科学管理的一种重要的数学方法，它广泛应用于经济、工农业、军事、社会科学等各个领域. 本章将简单介绍线性规划问题的数学模型、图解法、标准形式、单纯形解法，以及线性规划的一些案例应用.

5.1 线性规划问题

知识目标

（1）了解线性规划模型的建立背景.

（2）熟悉线性规划模型的建立方法.

（3）掌握线性规划模型的求解方法.

能力目标

（1）能求出线性规划模型的最优解.

（2）能解决简单的线性规划实际问题.

（3）能运用 MATLAB 计算线性规划问题.

素质目标

（1）培养将理论与实践相结合的意识.

（2）培养科学严谨、精益求精的态度.

5.1.1 线性规划问题的数学模型

常见的线性规划问题数学模型

引例 1 某工厂生产甲、乙、丙三种产品，三种产品均以 A,B 两种材料为原料．已知生产每单位甲种产品分别需要 4 kg 的 A 原料和 3 kg 的 B 原料，生产每单位乙种产品分别需要 2 kg 的 A 原料和 4 kg 的 B 原料，生产每单位丙种产品分别需要 2 kg 的 A 原料和 1 kg 的 B 原料．生产每单位甲、乙、丙产品可分别获利 8 元、7 元和 5 元．工厂现有的 A,B 两种原料分别为 4 000 kg 和 3 500 kg．试问工厂应生产甲、乙、丙三种产品各多少才能使工厂获得最大利润？

【分析】 设 x_1,x_2,x_3 分别为生产甲、乙、丙三种产品的数量．根据题意可得约束条件为

$$\begin{cases}4x_1+2x_2+2x_3\leqslant 4\,000,\\3x_1+4x_2+x_3\leqslant 3\,500,\\x_1,x_2,x_3\geqslant 0.\end{cases}$$

求工厂获得的最大利润，就是求目标函数 $S=8x_1+7x_2+5x_3$ 的最大值．

这样就得到了线性规划问题的数学模型：

求 $\max S=8x_1+7x_2+5x_3$，并满足约束条件

$$\begin{cases}4x_1+2x_2+2x_3\leqslant 4\,000,\\3x_1+4x_2+x_3\leqslant 3\,500,\\x_1,x_2,x_3\geqslant 0.\end{cases}$$

在一组等式或不等式的约束条件下，求某个目标函数的最大值或最小值，而约束条件与目标函数又都是线性的，我们把具有这种数学模型的问题称为线性规划问题．

线性规划问题数学模型的一般形式为

求 $\min(\max)S=c_1x_1+c_2x_2+\cdots+c_nx_n$，并满足约束条件

$$\begin{cases} a_{11}x_1 + a_{12}x_2 + \cdots + a_{1n}x_n \leqslant (\geqslant) b_1, \\ a_{21}x_1 + a_{22}x_2 + \cdots + a_{2n}x_n \leqslant (\geqslant) b_2, \\ \quad\quad\quad\quad \cdots\cdots \\ a_{m1}x_1 + a_{m2}x_2 + \cdots + a_{mn}x_n \leqslant (\geqslant) b_m, \\ d_{11}x_1 + d_{12}x_2 + \cdots + d_{1n}x_n = e_1, \\ d_{21}x_1 + d_{22}x_2 + \cdots + d_{2n}x_n = e_2, \\ \quad\quad\quad\quad \cdots\cdots \\ d_{k1}x_1 + d_{k2}x_2 + \cdots + d_{kn}x_n = e_k, \\ x_i \geqslant 0\ (i = 1, 2, \cdots, n). \end{cases}$$

我们把满足所有约束条件的一组变量取值 $x_1, x_2, \cdots, x_n$ 称为线性规划问题的可行解，所有可行解的集合称为可行域．使目标函数最大（或最小）的可行解称为线性规划问题的最优解．

注意

约束条件可记作“$s.t.$”．“$s.t.$”是“subject to”的缩写，表示“在…… 约束条件之下”或者“约束为……”．

5.1.2 线性规划问题的图解法

两个变量的线性规划问题可以用图解方式求出，称为线性规划问题的图解法．下面举例说明这一方法．

例 1　用图解法求下列线性规划问题．

$$\max S = 50x_1 + 30x_2,$$

$$s.t. \begin{cases} 2x_1 + x_2 \leqslant 80, \\ x_1 \geqslant 10, \\ x_2 \leqslant 40, \\ x_1, x_2 \geqslant 0. \end{cases}$$

解 （1）求可行域（见图 5-1）.

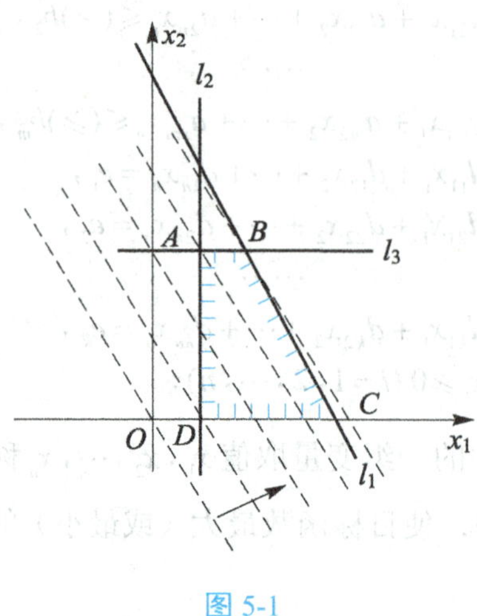

图 5-1

① 建立直角坐标系 x_1Ox_2.

② 作直线 $l_1: x_2 = 80 - 2x_1$，则满足 $2x_1 + x_2 \leqslant 80$ 的部分在直线 l_1 的左下半平面.

③ 作直线 $l_2: x_1 = 10$，则满足 $x_1 \geqslant 10$ 的部分在直线 l_2 的右半平面.

④ 作直线 $l_3: x_2 = 40$，则满足 $x_2 \leqslant 40$ 的部分在直线 l_3 的下半平面.

于是，根据约束条件可知，由 l_1, l_2, l_3 及 x_1 轴围成的区域 $ABCD$ 是该线性规划问题的可行域.

（2）求最优解.

对于可行域内的任一点 (x_1, x_2)，都对应一个目标函数值 $S = 50x_1 + 30x_2$．而对于不同的 S 值，$S = 50x_1 + 30x_2$ 表示斜率 $k = -\dfrac{5}{3}$ 的平行直线族 $x_2 = -\dfrac{5}{3}x_1 + \dfrac{1}{30}S$，且对每一条直线来说，其上的任何一点都使目标函数 S 取同一个数值．于是，使线性规划问题取得最优解的点应在过可行域 $ABCD$ 且使 S 取最大值的直线上．为此，令 $S = 0, 30, 80, \cdots$，可以看出，随着直线沿箭头方向平行移动，对应的目标函数值越来越大，并在 B 点处达到最大.

解方程组 $\begin{cases} x_2 = 80 - 2x_1, \\ x_2 = 40, \end{cases}$ 得点 $B(20, 40)$，故最优值 $\max S = 50 \times 20 + 30 \times 40 = 2\,200$.

例 2　用图解法求下列线性规划问题.

$$\min S = x_1 + 2x_2,$$

$$s.t.\begin{cases} x_1 - x_2 \geqslant -2, \\ x_1 + x_2 \geqslant 2, \\ x_1, x_2 \geqslant 0. \end{cases}$$

解　(1) 求可行域（见图 5-2）.

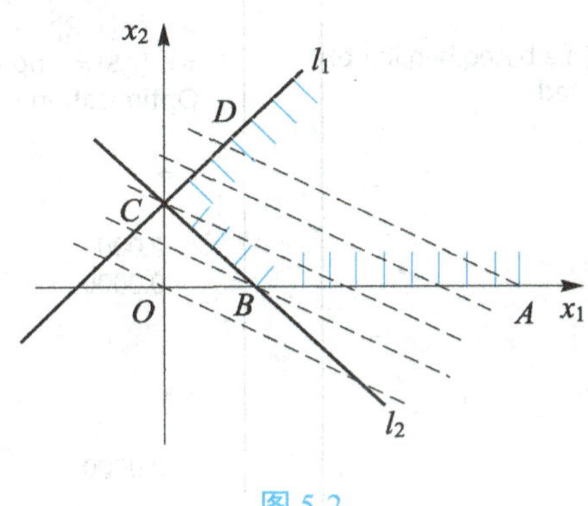

图 5-2

① 建立直角坐标系 x_1Ox_2.

② 作直线 $l_1: x_2 = 2 + x_1$，则满足 $x_1 - x_2 \geqslant -2$ 的部分在直线 l_1 的右下半平面.

③ 作直线 $l_2: x_2 = 2 - x_1$，则满足 $x_1 + x_2 \geqslant 2$ 的部分在 l_2 的右上半平面.

于是，根据约束条件可知，无界区域 $ABCD$ 是该线性规划问题的可行域.

(2) 求最优解.

在可行域内，目标函数 $S = x_1 + 2x_2$ 对应的平行直线族为 $x_2 = -\frac{1}{2}x_1 + \frac{1}{2}S$. 可以看出，该直线离原点越近，对应的目标函数值越小，并在 B 点处达到最小.

解方程组 $\begin{cases} x_2 = 2 - x_1, \\ x_2 = 0, \end{cases}$ 得点 $B(2, 0)$，故最优值 $\min S = 2 + 2 \times 0 = 2$.

利用 MATLAB 求解

例 1

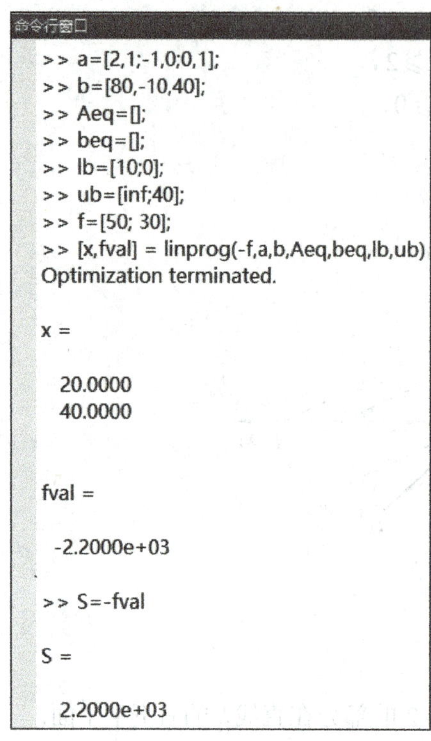

例 2

```
命令行窗口
>> a=[-1,1;-1,-1];
>> b=[2,-2];
>> Aeq=[];
>> Aeq=[];
>> lb=[0;0];
>> ub=[inf;inf];
>> f=[1; 2];
>> [x,S] = linprog(f,a,b,Aeq,beq,lb,ub)
Optimization terminated.

x =

    2.0000
    0.0000


S =

    2.0000

fx >> |
```

5.1.3 线性规划问题的标准形式

前面我们给出了线性规划问题数学模型的一般形式，从中不难看出，线性规划问题的数学模型有很多形式．为了建立求线性规划问题的统一解法，我们需要将其统一为标准形式．下列形式就是线性规划问题数学模型的标准形式，简称为**线性规划问题的标准形式**：

$$\max S = c_1x_1 + c_2x_2 + \cdots + c_nx_n ,$$

$$s.t.\begin{cases} a_{11}x_1 + a_{12}x_2 + \cdots + a_{1n}x_n = b_1 , \\ a_{21}x_1 + a_{22}x_2 + \cdots + a_{2n}x_n = b_2 , \\ \qquad\qquad \cdots\cdots \\ a_{m1}x_1 + a_{m2}x_2 + \cdots + a_{mn}x_n = b_m , \\ x_1 , x_2 , \cdots , x_n \geqslant 0 . \end{cases}$$

其中，$b_i \geqslant 0$，$i=1,2,\cdots,m$.

标准形式的特点如下.

（1）求目标函数的最大值.

（2）所有的变量都是非负的.

（3）所有的约束条件（变量非负约束除外）都是等式约束.

（4）每一约束条件右端的常数是非负的.

根据实际问题所建立的线性规划问题的数学模型都可以化为上面的标准形式，其主要包括以下四个步骤.

（1）将约束条件中的线性不等式转化为线性等式.

如果约束条件中第 r 个线性不等式为

$$a_{r1}x_1 + a_{r2}x_2 + \cdots + a_{rn}x_n \leqslant b_r ,$$

为使它变成等式，只需要在不等式左端加上一个非负的变量 x_{n+r}，使得

$$a_{r1}x_1 + a_{r2}x_2 + \cdots + a_{rn}x_n + x_{n+r} = b_r ,$$

其中 $x_{n+r} \geqslant 0$，称为松弛变量（松弛变量在目标函数中的系数为零）.

如果约束条件中第 s 个约束不等式为

$$a_{s1}x_1 + a_{s2}x_2 + \cdots + a_{sn}x_n \geqslant b_s ,$$

为使它变成等式，只需要在不等式左边减去一个非负变量 x_{n+s}，使得

$$a_{s1}x_1 + a_{s2}x_2 + \cdots + a_{sn}x_n - x_{n+s} = b_s ,$$

其中 $x_{n+s} \geqslant 0$，也称为松弛变量.

例如，将线性规划问题

$$\max S = 3x_1 + 4x_2 ,$$
$$s.t.\begin{cases} x_1 + x_2 \leqslant 6, \\ x_1 + 2x_2 \leqslant 8, \\ x_1 , x_2 \geqslant 0, \end{cases}$$

化为标准形式，只需要引入两个松弛变量 $x_3 \geqslant 0 , x_4 \geqslant 0$，使两个不等式变成等式，即

$$\max S = 3x_1 + 4x_2 + 0x_3 + 0x_4 ,$$
$$s.t.\begin{cases} x_1 + x_2 + x_3 = 6, \\ x_1 + 2x_2 + x_4 = 8, \\ x_1 , x_2 , x_3 , x_4 \geqslant 0. \end{cases}$$

（2）如果是求目标函数最小值的线性规划问题，则需要将其转化为求目标函数最大值的线性规划问题．因为使 $\min S = c_1x_1 + c_2x_2 + \cdots + c_nx_n$ 的一组值 $x_1 , x_2 , \cdots , x_n$，必然使

$S'=-S$ 取得最大值，所以这时只需要将目标函数的全部系数变号即可.

（3）如果某一变量不是非负约束的，则需要将其转化为非负约束的. 例如，若变量 x_i 不是非负约束的，则可以引入两个新的非负变量 x_s 和 x_t，令 $x_i=x_s-x_t$，将其代入原目标函数和约束条件中，就可以使变量变成非负约束的.

（4）如果常数项有负数，则这个负数可转化为正数. 这时，只需要将相应约束条件等式的两边乘以 -1 即可.

例 3　将下面的线性规划问题化为标准形式.

$$\min S=2x_1-x_2,$$

$$s.t.\begin{cases}x_1+x_2\geqslant 4,\\ x_2\leqslant 3,\\ x_1,x_2\geqslant 0.\end{cases}$$

解　引进松弛变量 $x_3\geqslant 0$，$x_4\geqslant 0$，则原线性规划问题的标准形式为

$$\max S'=-2x_1+x_2,$$

$$s.t.\begin{cases}x_1+x_2-x_3=4,\\ x_2+x_4=3,\\ x_1,x_2,x_3,x_4\geqslant 0.\end{cases}$$

例 4　将下面的线性规划问题化为标准形式.

$$\max S=2x_1-x_2,$$

$$s.t.\begin{cases}x_1+x_2=2,\\ 3x_1-x_2=1,\\ x_1\geqslant 0.\end{cases}$$

解　令 $x_2=x_3-x_4$，且 $x_3\geqslant 0$，$x_4\geqslant 0$，则原线性规划问题的标准形式为

$$\max S=2x_1-x_3+x_4,$$

$$s.t.\begin{cases}x_1+x_3-x_4=2,\\ 3x_1-x_3+x_4=1,\\ x_1,x_3,x_4\geqslant 0.\end{cases}$$

例 5　将下面的线性规划问题化为标准形式.

$$\max S = 6x_1 - 4x_2 + x_3,$$
$$\begin{cases} x_1 - 2x_2 + x_3 = -4, \\ 2x_1 + x_2 - 3x_3 = 6, \\ x_1, x_2, x_3 \geqslant 0. \end{cases}$$

解　将第一个约束条件的等式两边乘以 -1，则原线性规划问题的标准形式为

$$\max S = 6x_1 - 4x_2 + x_3,$$
$$s.t. \begin{cases} -x_1 + 2x_2 - x_3 = 4, \\ 2x_1 + x_2 - 3x_3 = 6, \\ x_1, x_2, x_3 \geqslant 0. \end{cases}$$

5.1.4　线性规划问题的单纯形解法

单纯形解法是求解线性规划问题的一种迭代方法. 在介绍定义前，先介绍线性规划问题解的一些相关概念.

设线性规划问题

$$\max S = \boldsymbol{CX},$$
$$s.t. \begin{cases} \boldsymbol{AX} = \boldsymbol{b}, \\ \boldsymbol{X} \geqslant \boldsymbol{O}, \end{cases}$$

满足约束条件的 $\boldsymbol{X}^{(0)} = (x_1^{(0)}, x_2^{(0)}, \cdots, x_n^{(0)})^{\mathrm{T}}$ 称为线性规划问题的可行解.

对于可行解 $\boldsymbol{X}^{(0)}$，若 $\boldsymbol{X}^{(0)} = \boldsymbol{O}$，或者 $\boldsymbol{X}^{(0)}$ 的非零分量所对应的系数列向量线性无关，则可行解 $\boldsymbol{X}^{(0)}$ 称为基础可行解.

使目标函数为最大值的可行解，称为最优解.

使目标函数为最大值的基础可行解，称为基础最优解.

下面通过引例给出单纯形解法的思路.

引例 2　求解下列线性规划问题.

$$\max S = 12x_1 + 10x_2,$$
$$s.t. \begin{cases} 2x_1 + 3x_2 \leqslant 600, \\ 2x_1 + x_2 \leqslant 400, \\ x_1 \geqslant 0, \\ x_2 \geqslant 0. \end{cases}$$

【分析】为了对照方便，我们先画出该线性规划问题的图，如图 5-3 所示．引进松弛变量 x_3，x_4，将原线性规划问题化为标准形式，即

$$\max S = 12x_1 + 10x_2,$$
$$s.t.\begin{cases} 2x_1 + 3x_2 + x_3 = 600, \\ 2x_1 + x_2 + x_4 = 400, \\ x_1, x_2, x_3, x_4 \geqslant 0. \end{cases}$$

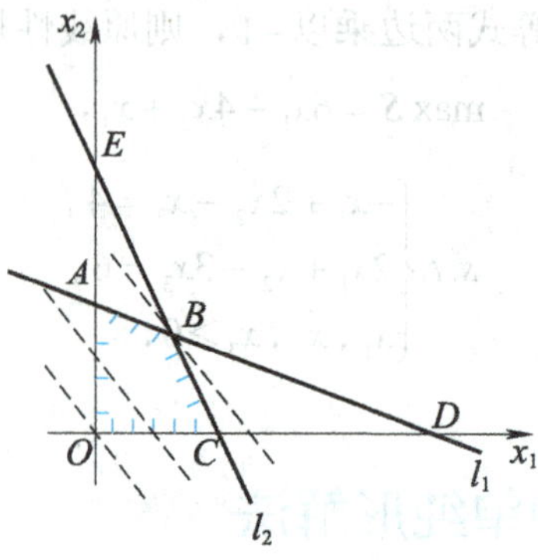

图 5-3

解这一线性规划问题，其实就是求线性方程组

$$\begin{cases} 2x_1 + 3x_2 + x_3 = 600, \\ 2x_1 + x_2 + x_4 = 400 \end{cases} \tag{5-1}$$

的一个非负解（即这个线性规划问题的一个可行解），并且使目标函数

$$S = 12x_1 + 10x_2$$

的值最大．

方程组（5-1）的系数矩阵是

$$\boldsymbol{A} = (\boldsymbol{P}_1, \boldsymbol{P}_2, \boldsymbol{P}_3, \boldsymbol{P}_4) = \begin{pmatrix} 2 & 3 & 1 & 0 \\ 2 & 1 & 0 & 1 \end{pmatrix}.$$

可以看出向量 $\boldsymbol{P}_3, \boldsymbol{P}_4$ 为单位向量，它们构成的矩阵为单位矩阵

$$\boldsymbol{B}_0 = (\boldsymbol{P}_3, \boldsymbol{P}_4) = \begin{pmatrix} 1 & 0 \\ 0 & 1 \end{pmatrix},$$

其行列式的值为 1，故 $\boldsymbol{P}_3, \boldsymbol{P}_4$ 线性无关．从约束方程组中解出 x_3, x_4 得

$$\begin{cases} x_3 = 600 - 2x_1 - 3x_2, \\ x_4 = 400 - 2x_1 - x_2. \end{cases}$$

在上面的式子中，x_1, x_2 可任意取值，求得 x_3, x_4 的相应值，均构成原线性规划问题的解，而其中的非负解都是原线性规划问题的可行解．显然，令 $x_1 = 0, x_2 = 0$，可得原线性规划问题的一个可行解为

$$X^{(0)}=(0,0,600,400)^{\mathrm{T}},$$

相应的目标函数值为

$$S_0=0.$$

由于 $\boldsymbol{P}_3, \boldsymbol{P}_4$ 线性无关，因此这个可行解为基础可行解.

由图 5-3 可知，基础可行解 $X^{(0)}$ 对应可行域的极点 O. 因此，可行解 $X^{(0)}$ 不是最优解. 从目标函数 $S=12x_1+10x_2$ 来看，如果 x_1, x_2 不取零而取正值，那么目标函数值还可以增加.

现在的问题是，如何求出另一个可行解使目标函数值增加呢？方法是改进可行解 $X^{(0)}$.

为了使目标函数值增加，考虑让变量 x_1 取正值，而变量 x_2 仍然取零，这是因为：在目标函数中 x_1 的系数比 x_2 的大，这样做可使目标函数值增加得多些，但是 x_1 的增加不是无限的，它要受到一定约束. 下面我们分析 x_1 的约束.

令 $x_2=0$，约束方程组变为

$$\begin{cases}2x_1+x_3=600,\\2x_1+x_4=400\end{cases}$$

或

$$\begin{cases}x_3=600-2x_1,\\x_4=400-2x_1.\end{cases}$$

x_1 的增加必须满足非负约束，即

$$\begin{cases}x_3=600-2x_1\geqslant 0,\\x_4=400-2x_1\geqslant 0.\end{cases}$$

取 $x_1=\min\left\{\dfrac{600}{2},\dfrac{400}{2}\right\}=200$，这就是在各变量非负的前提下，$x_1$ 能够取的最大值. 这时

$$x_4=400-2x_1=400-2\times 200=0,$$

这相当于把变量 x_1 与 x_4 互换.

在约束方程组（5-1）的系数矩阵 $\boldsymbol{A}$ 中，变量 x_3, x_1 对应的列向量构成的子矩阵为

$$\boldsymbol{B}_1=(\boldsymbol{P}_3,\boldsymbol{P}_1)=\begin{pmatrix}1&2\\0&2\end{pmatrix},$$

其行列式值为 $2\neq 0$，故 $\boldsymbol{P}_3, \boldsymbol{P}_1$ 线性无关.

现在需要将 $\boldsymbol{B}_1$ 化为单位矩阵，这只需将向量 $\boldsymbol{P}_1$ 化为单位向量．为此，对方程组

$$\begin{cases}2x_1+3x_2+x_3=600, & ①\\ 2x_1+x_2+x_4=400 & ②\end{cases}$$

作同解变形（即对方程组的增广矩阵作初等行变换），即

$$②\times(-1)+①，得\ 2x_2+x_3-x_4=200；$$
$$②\times\frac{1}{2}，得\ x_1+\frac{1}{2}x_2+\frac{1}{2}x_4=200．$$

于是得与原约束方程组等价的约束方程组

$$\begin{cases}2x_2+x_3-x_4=200,\\ x_1+\dfrac{1}{2}x_2+\dfrac{1}{2}x_4=200.\end{cases} \tag{5-2}$$

从中解出 x_3, x_1 得

$$\begin{cases}x_3=200-2x_2+x_4,\\ x_1=200-\dfrac{1}{2}x_2-\dfrac{1}{2}x_4,\end{cases}$$

代入目标函数，得

$$S=2\,400+4x_2-6x_4.$$

令 $x_2=0$，$x_4=0$，立即得到另一个可行解

$$\boldsymbol{X}^{(1)}=(200,0,200,0)^{\mathrm{T}},$$

相应的目标函数值为

$$S_1=2\,400.$$

由于 x_3, x_1 所对应的系数列向量 $\boldsymbol{P}_3, \boldsymbol{P}_1$ 线性无关，因此这个解是基础可行解．这个基础可行解 $\boldsymbol{X}^{(1)}$ 对应可行域的极点 C.

可行解 $\boldsymbol{X}^{(1)}$ 也不是最优解，因为目标函数 $S=2\,400+4x_2-6x_4$ 中 x_2 的系数为正数．如果 x_2 不取零，而取正值，那么目标函数值还可能增加．

为了得到更好的可行解，与前面方法相同，让 x_2 取正值，x_4 仍为零．在约束方程组(5-2)中，令 $x_4=0$，得

$$\begin{cases}2x_2+x_3=200,\\ x_1+\dfrac{1}{2}x_2=200,\end{cases}$$

即

$$\begin{cases} x_3 = 200 - 2x_2, \\ x_1 = 200 - \dfrac{1}{2}x_2. \end{cases}$$

x_2 的增加必须满足

$$\begin{cases} x_3 = 200 - 2x_2 \geqslant 0, \\ x_1 = 200 - \dfrac{1}{2}x_2 \geqslant 0. \end{cases}$$

取 $x_2 = \min\left\{\dfrac{200}{2}, \dfrac{200}{\frac{1}{2}}\right\} = 100$，这时 $x_3 = 0$，所以让 x_2 与 x_3 互换，变量 x_2，x_1 对应的列向量构成的矩阵为

$$\boldsymbol{B}_2 = (\boldsymbol{P}_2, \boldsymbol{P}_1) = \begin{pmatrix} 3 & 2 \\ 1 & 2 \end{pmatrix},$$

其行列式的值为 $4 \neq 0$，故 $\boldsymbol{P}_2$，$\boldsymbol{P}_1$ 线性无关. 将 $\boldsymbol{B}_2$ 化为单位矩阵，为此直接对约束方程组（5-2）作同解变形，化为如下等价形式：

$$\begin{cases} x_2 + \dfrac{1}{2}x_3 - \dfrac{1}{2}x_4 = 100, \\ x_1 - \dfrac{1}{4}x_3 + \dfrac{3}{4}x_4 = 150. \end{cases}$$

从中解出 x_2，x_1，得

$$\begin{cases} x_2 = 100 - \dfrac{1}{2}x_3 + \dfrac{1}{2}x_4, \\ x_1 = 150 + \dfrac{1}{4}x_3 - \dfrac{3}{4}x_4, \end{cases}$$

代入目标函数 $S = 2\,400 + 4x_2 - 6x_4$，得

$$S = 2\,800 - 2x_3 - 4x_4.$$

令 $x_3 = 0$，$x_4 = 0$，又得可行解

$$\boldsymbol{X}^{(2)} = (150, 100, 0, 0)^{\mathrm{T}},$$

相应的目标函数值为

$$S = 2\,800.$$

这个可行解也是基础可行解，对应可行域的极点 B，从图解法知道，它是最优解.

从目标函数 $S = 2\,800 - 2x_3 - 4x_4$ 来看，变量 x_3，x_4 的系数都不是正数，让它们之中的任何一个取正值都不可能使目标函数值增加，所以可行解 $\boldsymbol{X}^{(2)}$ 是最优解. 因此，原问题的最

优解是

$$\begin{cases} x_1 = 150, \\ x_2 = 100, \end{cases}$$

最优值是 $S = 2\,800$．求解结束．

通过这个例子可以看出，最优解的获得是从一个极点（基础可行解）迭代到另一个极点（基础可行解），而相应的目标函数值逐次增加，由于可行域的极点个数有限，所以，经过有限次迭代就可以取得最优解．上述这种逐步逼近的求解方法就是单纯形解法．

综上，单纯形解法的基本思路是：从线性规划的标准形式出发，找到可行域的一个极点，并用一个判定准则检验这个极点是否为最优解．如果是最优解，则求解结束；如果不是最优解，则按一定的方法对这个极点加以改进，找出一个更优的极点（即目标函数值更接近最优值的极点）．重复以上步骤，直到获得最优极点为止．

5.1.5 数学建模案例赏析

合理下料模型

1．实际问题

现有 2 m 及 3 m 长的条钢各 10 根，需要将其截成规格分别为 0.6 m 和 0.8 m 长的零件毛坯，其中 0.6 m 长的毛坯需要 20 个，0.8 m 长的毛坯需要 30 个．请问：为使材料不浪费，且使所用条钢根数最小，该如何设计下料方案？

2．模型假设

（1）条钢可以任意分割．

（2）截的零件毛坯都合格．

（3）为使材料不浪费，2 m 长的条钢可截成 2 个 0.6 m 长的零件毛坯、1 个 0.8 m 长的零件毛坯，3 m 长的条钢可截成 1 个 0.6 m 长的零件毛坯、3 个 0.8 m 长的零件毛坯．

3．模型建立

设需要截 x_1 根 2 m 长的条钢、x_2 根 3 m 长的条钢，所用条钢根数为 S，则可得如下数学模型：

$$\min S = x_1 + x_2,$$
$$s.t.\begin{cases} 2x_1 + x_2 \geqslant 20, \\ x_1 + 3x_2 \geqslant 30, \\ 0 \leqslant x_1 \leqslant 10, \\ 0 \leqslant x_2 \leqslant 10. \end{cases}$$

4. 模型求解

（1）求可行域.

① 建立直角坐标系 x_1Ox_2，如图 5-4 所示.

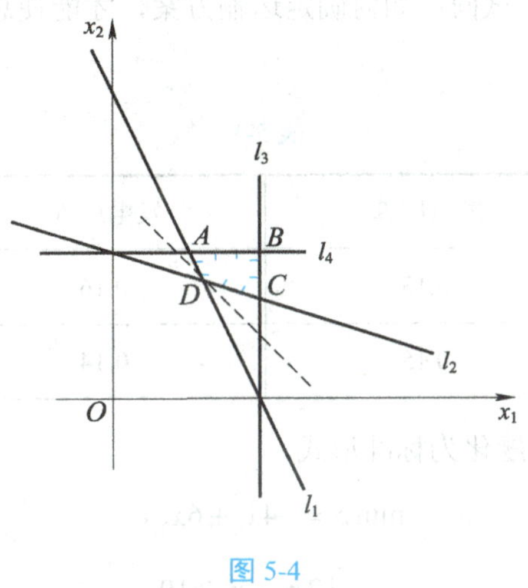

图 5-4

② 作直线 $l_1: x_2 = 20 - 2x_1$，满足约束条件 $2x_1 + x_2 \geqslant 20$ 的部分在直线 l_1 的右上半平面.

③ 作直线 $l_2: x_2 = 10 - \frac{1}{3}x_1$，满足 $x_1 + 3x_2 \geqslant 30$ 的部分在直线 l_2 的右上半平面.

④ 作直线 $l_3: x_1 = 10$，满足 $x_1 \leqslant 10$ 的部分在直线 l_3 的左半平面.

⑤ 作直线 $l_4: x_2 = 10$，满足 $x_2 \leqslant 10$ 的部分在直线 l_4 的下半平面.

于是，根据约束条件可知，由 l_1, l_2, l_3, l_4 围成的区域 $ABCD$ 是该线性规划问题的可行域.

（2）求最优解.

在可行域内，目标函数 $S = x_1 + x_2$ 对应的平行直线族为 $x_2 = -x_1 + S$. 可以看出，S 在 D 点处取得最小值.

解方程组 $\begin{cases} 2x_1 + x_2 = 20, \\ x_1 + 3x_2 = 30, \end{cases}$ 得点 $D(6, 8)$，故最优值

$$\min S = 6 + 8 = 14.$$

5. 模型分析

由以上计算可知，合理的下料方案：使用 2 m 长的条钢 6 根、3 m 长的条钢 8 根.

习题 5.1

1．有 A_1，A_2 两个煤矿向三个发电厂 B_1，B_2，B_3 供煤，这两个煤矿的日产量分别为 9 000 吨和 12 000 吨，这三个电厂每日的煤耗量分别为 6 000 吨、8 000 吨和 7 000 吨．每吨煤的运价如表 5-1 所示．试问：如何确定运输方案，才能使总的运费最少？写出该线性规划问题的数学模型.

表 5-1

单位：万元

煤矿	发电厂 B_1	发电厂 B_2	发电厂 B_3
A_1	0.13	0.16	0.12
A_2	0.15	0.14	0.16

2．将下列线性规划问题化为标准形式.

$$\min S = -4x_1 + 6x_2,$$

$$s.t.\begin{cases} 2x_1 + x_2 \geqslant 10, \\ x_1 + 3x_2 \geqslant 12, \\ x_2 \leqslant 6, \\ x_1, x_2 \geqslant 0. \end{cases}$$

3．用图解法求解下列线性规划问题.

$$\max S = 50x_1 + 40x_2,$$

$$s.t.\begin{cases} 3x_1 + 2x_2 \leqslant 60, \\ 2x_1 + 4x_2 \leqslant 80, \\ x_1, x_2 \geqslant 0. \end{cases}$$

5.2 线性规划案例应用

知识目标

（1）了解资源配置模型和物资调运模型.

（2）熟悉资源配置模型和物资调运模型的建立方法.

（3）掌握资源配置模型和物资调运模型的优化及求解方法.

能力目标

（1）能建立资源配置模型、物资调运模型，并进行优化、求解.

（2）能运用资源配置模型和物资调运模型知识解决实际问题.

素质目标

（1）培养理论来源于实践，且理论服务于实践的意识.

（2）培养认真思考问题、科学分析问题和理性处理问题的习惯.

5.2.1　资源配置模型

例 1　某企业生产甲、乙两种产品需要钢材和煤两种原料．每生产一件甲产品分别耗用 2 kg 钢材和 2 kg 煤，其产值为 24 元；每生产一件乙产品分别耗用 3 kg 钢材和 1 kg 煤，其产值为 20 元．现在该企业有 600 kg 钢材和 400 kg 煤．问：应各生产多少件甲、乙产品，才能使企业的总产值最大？

解　设企业计划生产 x_1 件甲产品，生产 x_2 件乙产品，容易得到它的数学模型，即

$$\max S = 24x_1 + 20x_2 ,$$

$$s.t.\begin{cases}2x_1 + 3x_2 \leqslant 600, \\ 2x_1 + x_2 \leqslant 400, \\ x_1 \geqslant 0, \\ x_2 \geqslant 0.\end{cases}$$

（1）求可行域.

① 建立直角坐标系 x_1Ox_2，如图 5-5 所示.

② 作直线 $l_1: x_2 = 200 - \frac{2}{3}x_1$，满足约束条件 $2x_1 + 3x_2 \leqslant 600$ 的部分在直线 l_1 的左下半平面.

③ 作直线 $l_2: x_2 = 400 - 2x_1$，满足 $2x_1 + x_2 \leqslant 400$ 的部分在直线 l_2 的左下半平面.

于是，根据约束条件可知，由 l_1，l_2 及 x_1，x_2 轴围成的区域 $ABCO$ 是该线性规划问题的可行域.

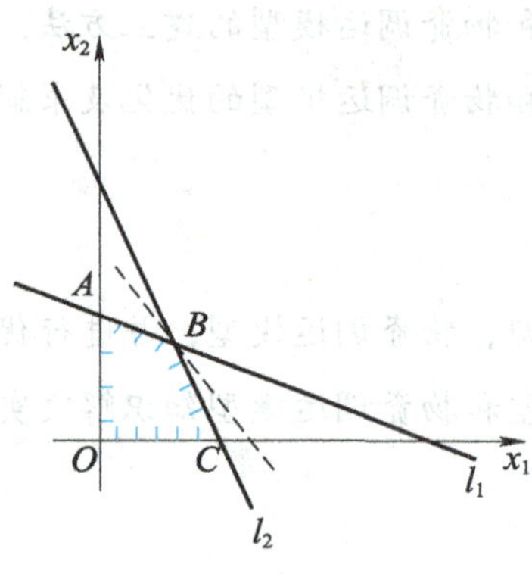

图 5-5

（2）求最优解.

在可行域内，目标函数 $S = 24x_1 + 20x_2$ 对应的平行直线族为 $x_2 = -\frac{6}{5}x_1 + \frac{1}{20}S$．可以看出，$S$ 在 B 点处取得最大值.

解方程组 $\begin{cases} x_2 = 200 - \frac{2}{3}x_1, \\ x_2 = 400 - 2x_1, \end{cases}$ 得点 $B(150, 100)$，故最优值

$$\max S = 24 \times 150 + 20 \times 100 = 5\,600,$$

即当该企业安排生产 150 件甲产品和 100 件乙产品时，获得的总产值最大，最大总产值为 5 600 元.

5.2.2 物资调运模型

例 2 A，B 两仓库各有 50 万个和 30 万个编织袋，由于抗洪抢险的需要，现需调运 40 万个到甲地、20 万个到乙地．已知从 A 仓库调运到甲、乙两地的运费分别为 120 元/万个、180 元/万个；从 B 仓库调运到甲、乙两地的运费分别为 100 元/万个、150 元/万个．问：如何调运，能使总运费最小？总运费的最小值是多少？

解　设从 A 仓库调运 x_1 万个编织袋到甲地、调运 x_2 万个编织袋到乙地，总运费记为 S 元，那么需要从 B 仓库调运 $40-x_1$ 万个编织袋到甲地、调运 $20-x_2$ 万个编织袋到乙地，从而有以下数学模型：

$$\min S=120x_1+180x_2+100(40-x_1)+150(20-x_2)=20x_1+30x_2+7\,000,$$

$$s.t.\begin{cases}x_1+x_2\leqslant 50,\\ x_1+x_2\geqslant 30,\\ 0\leqslant x_1\leqslant 40,\\ 0\leqslant x_2\leqslant 20.\end{cases}$$

（1）求可行域.

① 建立直角坐标系 x_1Ox_2，如图 5-6 所示.

② 作直线 $l_1:x_2=50-x_1$，满足约束条件 $x_1+x_2\leqslant 50$ 的部分在直线 l_1 的左下半平面.

③ 作直线 $l_2:x_2=30-x_1$，满足 $x_1+x_2\geqslant 30$ 的部分在直线 l_2 的右上半平面.

④ 作直线 $l_3:x_1=40$，满足 $x_1\leqslant 40$ 的部分在直线 l_3 的左半平面.

⑤ 作直线 $l_4:x_2=20$，满足 $x_2\leqslant 20$ 的部分在直线 l_4 的下半平面.

于是，根据约束条件可知，由 l_1,l_2,l_3,l_4 及 x_1 轴围成的区域 $ABCDE$ 是该线性规划问题的可行域.

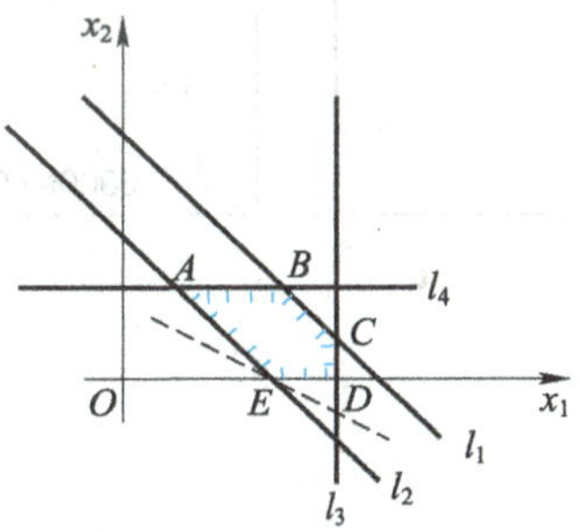

图 5-6

（2）求最优解.

在可行域内，目标函数 $S=20x_1+30x_2+7\,000$ 对应的平行直线族为

$$x_2=-\frac{2}{3}x_1+\frac{1}{30}S-\frac{700}{3}.$$

可以看出，S 在 E 点处取得最小值.

解方程组 $\begin{cases}x_1+x_2=30,\\ x_2=0,\end{cases}$ 得点 $E(30,0)$，故最优值

$$\min S=20\times 30+30\times 0+7\,000=7\,600,$$

即从 A 仓库调运 30 万个编织袋到甲地，从 B 仓库调运 10 万个编织袋到甲地、调运 20 万个编织袋到乙地，可使总运费最小，且总运费的最小值为 7 600 元.

利用 MATLAB 求解

例 1

```
命令行窗口
>> a=[2,3;2,1];
>> b=[600,400];
>> Aeq=[];
>> beq=[];
>> lb=[0;0];
>> ub=[inf;inf];
>> f=[24;20];
>> [x,fval] = linprog(-f,a,b,Aeq,beq,lb,ub)
Optimization terminated.

x =

  150.0000
  100.0000


fval =

  -5.6000e+03

>> S=-fval

S =

  5.6000e+03
```

例 2

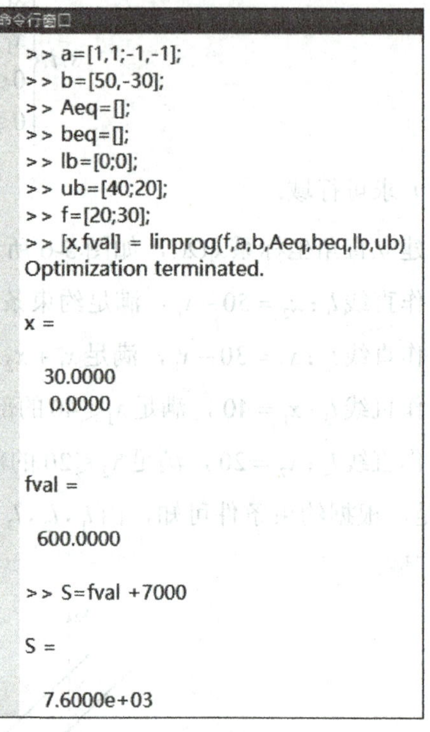

```
命令行窗口
>> a=[1,1;-1,-1];
>> b=[50,-30];
>> Aeq=[];
>> beq=[];
>> lb=[0;0];
>> ub=[40;20];
>> f=[20;30];
>> [x,fval] = linprog(f,a,b,Aeq,beq,lb,ub)
Optimization terminated.

x =

  30.0000
  0.0000


fval =

  600.0000

>> S=fval +7000

S =

  7.6000e+03
```

思想火炬

线性规划模型可以在满足所有约束条件的情况下，经逐步分析、精准计算，取得最优方案，解决实际问题. 俗话说“国有国法，家有家规”，生活中我们也要在自觉遵守规章制度的前提下，遇事冷静思考、沉着应对、锁定目标、逐步推进，向他人传递正能量.

5.2.3　数学建模案例赏析

生产成本模型

1. 实际问题

某工厂用甲、乙两种原料生产 A, B 两种产品，生产每吨产品所需原料数量及工厂现有原料数量如表 5-2 所示．已知每生产 1 吨 A, B 可分别获利 2 万元和 3 万元．请问：在现有原料下，如何组织生产才能使利润最大？

表 5-2

原料	生产每吨产品所需原料数量/吨		工厂现有原料数量/吨
	产品 A	产品 B	
甲	2	1	4
乙	0	3	6

2. 模型假设

（1）原料没有浪费．

（2）产品质量都合格．

3. 模型建立

设分别生产 x_1 吨 A 产品、x_2 吨 B 产品时，可获利润 S 万元，则该线性规划问题的数学模型为

$$\max S = 2x_1 + 3x_2,$$
$$s.t.\begin{cases} 2x_1 + x_2 \leqslant 4, \\ 3x_2 \leqslant 6, \\ x_1 \geqslant 0, \\ x_2 \geqslant 0. \end{cases}$$

4. 模型求解

（1）求可行域.

① 建立直角坐标系 x_1Ox_2，如图 5-7 所示.

② 作直线 $l_1 : x_2 = 4 - 2x_1$，满足约束条件 $2x_1 + x_2 \leqslant 4$ 的部分在直线 l_1 的左下半平面.

③ 作直线 $l_2 : x_2 = 2$，满足 $3x_2 \leqslant 6$ 的部分在直线 l_2 的下半平面.

于是，根据约束条件可知，由 l_1, l_2 及 x_1, x_2 轴围成的区域 $ABCO$ 是该线性规划问题的可行域，如图 5-7 所示.

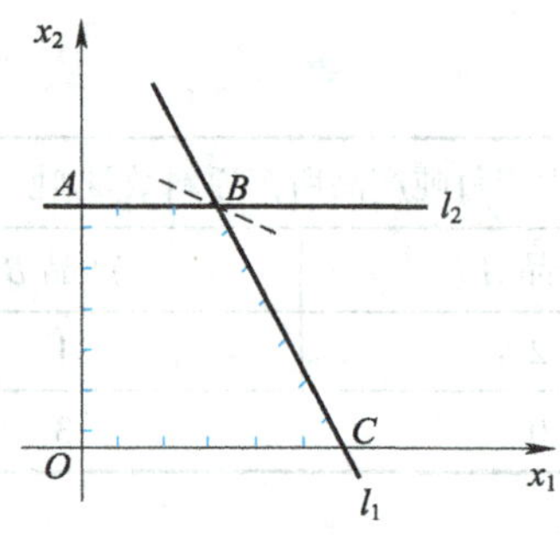

图 5-7

（2）求最优解.

在可行域内，目标函数 $S = 2x_1 + 3x_2$ 对应的平行直线族为 $x_2 = -\frac{2}{3}x_1 + \frac{1}{3}S$. 可以看出，$S$ 在 B 点处取得最大值.

解方程组 $\begin{cases} 2x_1 + x_2 = 4, \\ 3x_2 = 6, \end{cases}$ 得点 $B(1, 2)$. 故最优值

$$\max S = 2\times1 + 3\times2 = 8 .$$

5. 模型分析

由以上计算可知，当生产 1 吨 A 产品、2 吨 B 产品时，可获得最大利润，最大利润为 8 万元.

习题 5.2

1．某公司生产甲、乙两种产品，需要两种资源：劳动力和原材料．生产每件甲产品和乙产品所需的劳动力数量分别为 4 个和 2 个，所需的原材料数量分别为 2 kg 和 4 kg．已知现有的劳动力数量为 400 个、原材料数量为 500 kg，每生产 1 件甲、乙产品可分别获利 100 元和 80 元．请问：公司应如何安排生产，才能获得最大利润？

2．某饲养场用玉米和高粱配制混合饲料．每千克玉米和高粱中甲、乙、丙三种营养成分的含量和每千克混合饲料中应含三种营养成分的最低含量如表 5-3 所示．已知玉米和高粱的市场价格分别为 4 元/千克和 3 元/千克．请问：要使成本尽可能低，应如何配料？

表 5-3

营养成分	每千克玉米和高粱中营养成分的含量/g		每千克混合饲料中应含三种营养成分的最低含量/g
	玉米	高粱	
甲	2	1	25
乙	1	3	30
丙	1	1	20

本章小结

1．学习的主要内容

本章内容主要包括线性规划问题的数学模型、图解法、标准形式、单纯形解法，以及线性规划的案例应用．

2．重点与难点

学习重点：线性规划问题的图解法、标准形式．

学习难点：线性规划的单纯形解法．

3. 学习策略

(1) 能够根据线性规划的实际问题，列出数学模型.

(2) 学会运用图解法求解线性规划问题.

数学文化（五） 首次登上伦敦数学会讲台的中国人——柯召

柯召，数学家，教育家，研究领域涉及数论、组合数学与代数学. 1910 年，柯召出生在浙江温岭，他自幼聪慧，成绩优异.

1926 年，柯召考入厦门大学预科. 1928 年，柯召升入厦门大学数学系. 1931 年，柯召通过考试转学到清华大学.

1933 年，柯召去天津南开大学数学系当助教. 1935 年，他考上了中英庚款的公费留学生，去英国曼彻斯特大学深造，在导师的指导下研究二次型. 柯召在表二次型为线性型平方和的研究上，取得了优异成绩，并应邀在伦敦数学会上做报告，受到当代著名数学家哈代的好评. 在英国的 3 年，柯召学习刻苦、工作勤奋，为他毕生从事数学的教学和研究打下了坚实的基础. 到 1938 年，才华横溢的柯召已在《数论学报》《牛津数学季刊》《伦敦数学会杂志》《伦敦数学会会报》等国际一流杂志上发表了 10 多篇极为出色的论文.

1938 年夏，柯召不顾老师的再三挽留，满怀报国之心，毅然回到祖国，受聘为四川大学教授，讲授代数和几何方面的课程. 翌年夏，他任四川大学数学系主任，坚持教书育人，积极从事科学研究. 他很注重科研工作和学生能力的培养，除课堂教学外，会定期举办全系的学术讨论会.

1946 年，柯召应聘到重庆大学数学系任教授，他孜孜不倦从事教学工作，精心讲授“群论”“数论”等课程，深受学生的欢迎，培养出陈重穆等优秀的学生. 1953 年，他调回四川大学任教. 在这期间，他以满腔的热情投入教学和科研工作，为国家培养了许多优秀的数学人才，在科研上硕果累累. 与此同时，他还先后担任了四川大学教务长、副校长、校长、数学研究所所长等职务.

柯召很重视数学的应用工作. 早在 20 世纪 50 年代初期，他就在四川大学数学系提出要发展微分方程、概率统计和计算数学这三个有重要应用价值的数学分支. 20 世纪 60 年代初，他曾亲自参加线性规划的推广和应用工作. 1972—1973 年，他不辞辛苦地同一些中

青年教师一道到四川的泸州、广元、成都等地去推广优选法，举办讲座．1974—1975 年，他亲自编写了国内第一部组合论讲义．他支持他的学生魏万迪从事组合数学的研究，支持孙琦、郑德勋等开展快速数论变换的研究，因此四川大学在这两个方面都取得了较好的成绩．20 世纪 80 年代初，他又积极带领四川大学数论组的教师从事国防应用数学的研究，开拓了数论应用的新领域，取得了丰硕的成果．

复习题 5

1．计算题

（1）将下列线性规划问题化为标准形式．

$$\min S = 2x_1 + 3x_2 + 5x_3,$$

$$s.t.\begin{cases} x_1 + x_2 - x_3 \geqslant -5, \\ -6x_1 + 7x_2 - 3x_3 = 15, \\ 9x_1 - 7x_2 + 2x_3 \leqslant 13, \\ x_1, x_2 \geqslant 0. \end{cases}$$

（2）用图解法求解下列线性规划问题．

① $$\max S = 20x_1 + 40x_2,$$

$$s.t.\begin{cases} 3x_1 + 2x_2 \leqslant 60, \\ 2x_1 + 4x_2 \leqslant 80, \\ x_1, x_2 \geqslant 0. \end{cases}$$

② $$\max S = x_1 + x_2,$$

$$s.t.\begin{cases} -2x_1 + x_2 \leqslant 4, \\ x_1 - x_2 \leqslant 2, \\ x_1, x_2 \geqslant 0. \end{cases}$$

2．应用题

（1）某企业生产Ⅰ,Ⅱ两种产品，需要 A , B 两种原料．生产每吨产品所需的原料数量、该企业所能利用的原料总数量如表 5-4 所示．已知生产每吨Ⅰ,Ⅱ产品，可分别获利 2 万元和 3 万元．试问：在现有条件下，应如何安排两种产品的生产量，才能使总利润最大？写

出该线性规划问题的数学模型.

表 5-4

原料	生产每吨产品所需的原料数量/吨		原料总数量/吨
	产品 I	产品 II	
A	2	1	4
B	0	3	6

（2）某饲养场每月需用大批饲料喂养家禽，现有七种饲料 $A_j\ (j=1,2,\cdots,7)$，含有三种营养素 $V_i\ (i=1,2,3)$．每千克饲料的营养素含量及家禽对营养素的最低需要量如表 5-5 所示．已知七种饲料 $A_j\ (j=1,2,\cdots,7)$ 每千克的价格（单位：元）分别为 40，10，30，16，35，9，20．试问：在满足营养素要求的条件下，饲料应如何混合组成，才能使所配制饲料的成本最低？写出该线性规划问题的数学模型.

表 5-5

营养素	每千克饲料的营养素含量/g							家禽对营养素的最低需要量/g
	A_1	A_2	A_3	A_4	A_5	A_6	A_7	
V_1	5	0	2	0	3	1	2	100
V_2	3	1	5	0	2	0	1	80
V_3	1	0	3	1	2	0	6	120

习题答案

第 1 章

习题 1.1

1. -1，0，$\frac{5}{4}$.

2. $[-1,1)\cup(1,+\infty)$.

3. $y=\mathrm{e}^{\sin 2^x}$.

4. $y=\ln u$，$u=\sin v$，$v=\mathrm{e}^x$.

5. $L=\begin{cases}200p-1\,600, & p\leqslant 40,\\ -4p^2+392p-2\,880, & 40<p\leqslant 90.\end{cases}$

习题 1.2

1. 存在，0.

2. （1）1.　（2）5.　（3）$\frac{3}{5}$.　（4）$\mathrm{e}^{\frac{1}{2}}$.

3. 如果不加以控制，那么将有 100 万人感染这种疾病.

习题 1.3

1. （1）连续.　（2）连续.

2. 略.

3. 连续.

4. 略.

复习题 1

1.（1）0，4.　（2）$[-1,1]$.　（3）$\dfrac{1+x}{1-x}$.　（4）$(0,4)\cup(4,+\infty)$.

（5）$\left(0,\dfrac{1}{4}\right)\cup\left(\dfrac{1}{4},2\right]$.　（6）$y=\sqrt{u}$，$u=\arctan v$，$v=3x+1$.

（7）$\ln(\sin x)$，$\sin(\ln x)$.

（8）$\lim\limits_{x\to x_0^+}f(x)=\lim\limits_{x\to x_0^-}f(x)$.　（9）0.　（10）$x=0$.

2. BCBCDBC.

3.（1）① $-\dfrac{1}{2}$.　② $\dfrac{1}{2}$.　③ e^2.

（2）略.

第 2 章

习题 2.1

1.（1）$3x^2$，3，12.　（2）$-\dfrac{1}{16}$.

2.（1）$\dfrac{2}{3\sqrt[3]{x}}$.　（2）$-\dfrac{2}{x^3}$.

（3）$\dfrac{3\sqrt{x}}{2}$.　（4）$\dfrac{5x\sqrt{x}}{2}$.

3.（1）$\dfrac{\sqrt{3}}{2}$.

（2）切线方程为$3x-y-2=0$，法线方程为$x+3y-4=0$.

习题 2.2

1.（1）$5x^4+\dfrac{1}{\sqrt{x}}$.　（2）$6x^2-10x+7$.

（3）$2^x\ln 2+\dfrac{1}{x^2}+\dfrac{1}{x\ln 2}$.　（4）$\dfrac{3}{4}x^{-\frac{1}{4}}$.

(5) $2x\ln x+x+\frac{1}{x}$.　　(6) $e^{x}\tan x+(e^{x}+1)\sec^{2}x$.

(7) $\frac{\cos x}{x}-\frac{\sin x}{x^{2}}$.　　(8) $\frac{1-x^{2}}{(x^{2}+1)^{2}}$.

2. (1) $20(2x+5)^{9}$.　　(2) $\frac{x}{\sqrt{x^{2}+1}}$.

(3) $2xe^{x^{2}+1}$.　　(4) $-2x\sec^{2}(1-x^{2})$.

(5) $-\frac{3}{2}\cos^{2}\frac{x}{2}\sin\frac{x}{2}$.　　(6) $\frac{6x}{3x^{2}+2}$.

3. $-\frac{1}{\sqrt{e}}$.

习题 2.3

1. (1) "$\frac{0}{0}$", $\frac{\alpha}{\beta}$.　　(2) "$\frac{0}{0}$", $\cos a$.

(3) "$\frac{\infty}{\infty}$", 0.　　(4) "$\frac{0}{0}$", $\frac{m}{n}a^{m-n}$.

2. (1) 1.　　(2) 2.

(3) $-\frac{1}{8}$.　　(4) $\frac{5}{3}a^{2}$.

3. 单调增加.

4. (1) 单调减少区间 $[-2,0),(0,2]$，单调增加区间 $(-\infty,-2],[2,+\infty)$.

(2) 单调减少区间 $\left[0,\frac{\pi}{3}\right],\left[\frac{5}{3}\pi,2\pi\right]$，单调增加区间 $\left[\frac{\pi}{3},\frac{5}{3}\pi\right]$.

(3) 单调减少区间 $\left(0,\frac{1}{3}\right]$，单调增加区间 $\left[\frac{1}{3},+\infty\right)$.

5. $a=-2$，$b=4$.

6. (1) 极小值 $y|_{x=0}=0$.

(2) 极小值 $y|_{x=e}=e$.

7. (1) 最大值 $y|_{x=4}=0$，最小值 $y|_{x=-1}=-85$.

(2) 最大值 $y|_{x=3}=11$，最小值 $y|_{x=2}=-14$.

习题 2.4

1. (1) $\frac{2x}{x^2-4}dx$.　(2) $-\frac{dx}{(x-1)^2}$.

2. (1) $2\sin x$.　(2) $\cos x-\sin x$.

3. (1) 1.01.　(2) 0.995.

复习题 2

1. (1) -2 .　(2) $-\frac{2}{(x+1)^2}$.　(3) $-\frac{2x}{2-2x^2+x^4}$.

(4) $\frac{1}{e}$.　(5) $-6\sin 3x(1+\cos 3x)$.　(6) $2x(\ln(x^2+1)+1)$.

(7) $\left(-\frac{1}{x^2}+\frac{1}{\sqrt{x}}\right)dx$.　(8) -2 .

2. CADAB.

3. (1) ① $6x^2-10x+3$.　② $2e^x\cos x$.

③ $\frac{1}{x^2}\sin\frac{1}{x}$.　④ $\frac{1}{x-1}$.

(2) ① $-\left(\frac{1}{x^2}+1\right)dx$.　② $-6\cot 3x\csc^2 3xdx$.

第 3 章

习题 3.1

1. (1) $\frac{1}{3}x^3$（不唯一）.　(2) $\frac{1}{\sqrt{1-x^2}}$.

(3) $x+C$.　(4) x^2e^x+C .

2. (1) $\frac{1}{3}e^{3x-1}+C$.　(2) $\frac{1}{12}(2x+3)^6+C$.

(3) $\sqrt{x^2+4}+C$.　(4) $\ln(1+x^2)+C$.

(5) $\ln|\ln x+1|+C$.　(6) $-\frac{1}{\omega}\cos(\omega t+\varphi)+C$.

（7）$\sqrt{1+2x}+C$.　　（8）$2\arctan\sqrt{x}+C$.

（9）$2\arctan\sqrt{x+1}+C$.　　（10）$-\dfrac{\sqrt{x^2+1}}{x}+C$.

3.（1）$x\sin x+\cos x+C$.　　（2）$\dfrac{1}{2}x^2\ln x-\dfrac{1}{4}x^2+C$.

（3）$-\mathrm{e}^{-x}(x+1)+C$.　　（4）$\dfrac{1}{3}\mathrm{e}^{3x}\left(x^2-\dfrac{2}{3}x+\dfrac{2}{9}\right)+C$.

习题 3.2

1.（1）0.　　（2）0.　　（3）0.　　（4）0.

2.（1）$\int_1^2 x^3\mathrm{d}x$.　　（2）$\int_0^1 (x+1)\mathrm{d}x-\int_0^1 \mathrm{e}^{-x}\mathrm{d}x$.

3.（1）$\dfrac{1}{2}$.　　（2）6.　　（3）$\dfrac{\pi}{2}$.

4.（1）$\leqslant$.　　（2）$\leqslant$.　　（3）$\geqslant$.　　（4）$\geqslant$.

5.（1）$[1,2]$.　　（2）$[0,4]$.

6.（1）$y'=\mathrm{e}^{x^2-x}$.　　（2）$y'=\dfrac{1}{2\sqrt{x}}\cos(x+1)$.

（3）$y'=-\dfrac{\sin x}{x}$.　　（4）$y'=\sin x^2$.

7.（1）$\dfrac{22}{3}$.　　（2）$2(2-\arctan 2)$.

8.（1）π .　　（2）1.

9.（1）$\dfrac{32}{3}$.　　（2）$\dfrac{3}{2}-\ln 2$.　　（3）2.

10.（1）$\dfrac{15}{2}\pi$　　（2）$\dfrac{128}{7}\pi$.

11.（1）$\dfrac{\sqrt{2}}{2}p+\dfrac{p}{2}\ln(\sqrt{2}+1)$.　　（2）$\sqrt{2}(\mathrm{e}^{\frac{\pi}{2}}-1)$.

复习题 3

1.（1）不定积分.

（2）$3x^2$.

（3）$F(b)-F(a)$.

（4）-1.

（5）$\int_0^1 \sqrt{1+4x^2}\,\mathrm{d}x$.

2. CACDBCCC.

3. （1）① $-\frac{1}{3}\mathrm{e}^{-3x+1}+C$.　　② $-\mathrm{e}^{-x^2}+C$.

③ $\frac{1}{3}(2+x^2)^{\frac{3}{2}}+C$.　　④ $\frac{1}{2}\ln|2x+3|+C$.

（2）① $45\frac{1}{6}$.　② $\frac{29}{6}$.　③ 1.　④ $\frac{17}{12}$.

（3）$\frac{4}{3}$.

第 4 章

习题 4.1

1. $a=1$，$b=0$，$c=3$，$d=0$.

2. $\begin{pmatrix} 22 & 19 & 16 \\ 18 & 15 & 13 \end{pmatrix}$.

3. （1）不是.　　（2）不是.

4. $\begin{pmatrix} 4 & \frac{3}{2} & -1 \\ -1 & \frac{5}{2} & -\frac{1}{2} \\ \frac{7}{2} & \frac{11}{2} & \frac{5}{2} \end{pmatrix}$.

5. $\boldsymbol{AB}=\begin{pmatrix} 0 & 0 \\ 0 & 0 \end{pmatrix}$，$\boldsymbol{BA}=\begin{pmatrix} 2 & 4 \\ -1 & -2 \end{pmatrix}$.

6. $(\boldsymbol{AB})^{\mathrm{T}}=\begin{pmatrix} 0 & 17 \\ 14 & 13 \\ -3 & 10 \end{pmatrix}$.

习题 4.2

1.（1）3.（2）2.

2.（1）不可逆.（2）可逆，其逆矩阵为$\begin{pmatrix} \frac{2}{15} & \frac{1}{3} & \frac{1}{15} \\ -\frac{1}{3} & -\frac{1}{3} & \frac{1}{3} \\ -\frac{1}{15} & -\frac{2}{3} & \frac{7}{15} \end{pmatrix}$.

3.（1）$\begin{pmatrix} 2 & -23 \\ 0 & 8 \end{pmatrix}$.（2）$\begin{pmatrix} 18 & -32 \\ 5 & -8 \end{pmatrix}$.

4. $\begin{pmatrix} 3 & -1 \\ 2 & 0 \\ 1 & -1 \end{pmatrix}$.

5. $\begin{pmatrix} 3 & \frac{1}{2} \\ -\frac{7}{3} & -\frac{1}{3} \end{pmatrix}$.

6. $\begin{pmatrix} 1 & -3 & 2 \\ -3 & 0 & 1 \\ 1 & 1 & -1 \end{pmatrix}$.

复习题 4

1.（1）$\begin{pmatrix} 0 & 1 \\ 3 & 1 \end{pmatrix}$.（2）$\begin{pmatrix} -9 & 0 & 6 \\ -6 & 0 & 0 \\ -6 & 0 & 9 \end{pmatrix}$；$\begin{pmatrix} 0 & 0 & 6 \\ -3 & 0 & 0 \\ -6 & 0 & 0 \end{pmatrix}$.（3）$\begin{pmatrix} 1 & 2 \\ 1 & 5 \\ -1 & 1 \end{pmatrix}$.

2. CC.

3.（1）① $r(A)=3$.② $r(A)=3$.

（2）$\begin{pmatrix} -4 & 2 \\ 0 & 1 \\ -3 & 2 \end{pmatrix}$.

（3）① $\begin{pmatrix} \frac{6}{5} & \frac{3}{5} & -\frac{4}{5} \\ -\frac{2}{5} & -\frac{1}{5} & \frac{3}{5} \\ \frac{1}{5} & -\frac{2}{5} & \frac{6}{5} \end{pmatrix}$.　　② $\begin{pmatrix} -1 & 0 & -2 \\ 3 & 1 & 6 \\ -2 & -1 & -5 \end{pmatrix}$.

（4）$\begin{pmatrix} \frac{7}{2} & -1 & -\frac{1}{2} \\ -1 & 2 & 0 \\ -\frac{1}{2} & 0 & \frac{3}{2} \end{pmatrix}$.

（5）当 $x \neq 1$ 且 $x \neq -2$ 时，$r(A)=3$；当 $x=1$ 时，$r(A)=1$；当 $x=-2$ 时，$r(A)=2$.

第 5 章

习题 5.1

1．$\min S = 0.13x_{11} + 0.16x_{12} + 0.12x_{13} + 0.15x_{21} + 0.14x_{22} + 0.16x_{23}$，

$$s.t.\begin{cases} x_{11}+x_{12}+x_{13}=9\,000, \\ x_{21}+x_{22}+x_{23}=12\,000, \\ x_{11}+x_{21}=6\,000, \\ x_{12}+x_{22}=8\,000, \\ x_{13}+x_{23}=7\,000, \\ x_{ij}\geqslant 0 \ (i=1,2;\ j=1,2,3). \end{cases}$$

2．引进松弛变量 $x_3 \geqslant 0, x_4 \geqslant 0, x_5 \geqslant 0$，得标准形式如下：

$$\max S' = 4x_1 - 6x_2,$$

$$s.t.\begin{cases} 2x_1+x_2-x_3=10, \\ x_1+3x_2-x_4=12, \\ \qquad x_2+x_5=6, \\ x_i \geqslant 0\,(i=1,2,\cdots,5). \end{cases}$$

3．$x_1=10$，$x_2=15$，$\max S=1100$.

习题 5.2

1. 生产 50 件甲产品、100 件乙产品，能获得最大利润，最大利润为 13 000 元.

2. 用 5 千克玉米、15 千克高粱配制混合饲料时，可使成本最低，最低成本为 65 元.

复习题 5

1. (1) 令 $x_3 = x_4 - x_5$，且 $x_4 \geqslant 0, x_5 \geqslant 0$. 引进松弛变量 $x_6 \geqslant 0, x_7 \geqslant 0$，得标准形式如下：

$$\max S' = -2x_1 - 3x_2 - 5(x_4 - x_5),$$

$$s.t. \begin{cases} -x_1 - x_2 + x_4 - x_5 + x_6 = 5, \\ -6x_1 + 7x_2 - 3(x_4 - x_5) = 15, \\ 9x_1 - 7x_2 + 2(x_4 - x_5) + x_7 = 13, \\ x_1, x_2, x_4, x_5, x_6, x_7 \geqslant 0. \end{cases}$$

(2) ① 无穷多最优解，最优值为 800；② 无最优解.

2. (1) $\max S = 2x_1 + 3x_2$,

$$s.t. \begin{cases} 2x_1 + x_2 \leqslant 4, \\ 3x_2 \leqslant 6, \\ x_1, x_2 \geqslant 0. \end{cases}$$

(2) $\min S = 40x_1 + 10x_2 + 30x_3 + 16x_4 + 35x_5 + 9x_6 + 20x_7$,

$$s.t. \begin{cases} 5x_1 + 2x_3 + 3x_5 + x_6 + 2x_7 \geqslant 100, \\ 3x_1 + x_2 + 5x_3 + 2x_5 + x_7 \geqslant 80, \\ x_1 + 3x_3 + x_4 + 2x_5 + 6x_7 \geqslant 120, \\ x_j \geqslant 0 \ (j = 1, 2, \cdots, 7). \end{cases}$$

参考文献

[1] 周黎、潘传中．高等数学［M］．北京：航空工业出版社，2019.

[2] 胡桐春．应用高等数学［M］．2 版．北京：航空工业出版社，2018.

[3] 曾庆柏．应用高等数学．上［M］．长沙：湖南科学技术出版社，2018.

[4] 林峰、张秀兰．数学建模与实验［M］．2 版．北京：化学工业出版社，2017.

[5] 蔡天新．数学与人类文明［M］．3 版．杭州：浙江大学出版社，2016.

[6] 罗柳容、何闰丰．应用高等数学［M］．北京：机械工业出版社，2015.

[7] 董蕊、魏俊领、王晓欣．高等数学［M］．北京：航空工业出版社，2014.